U0852581

阅读成就思想……

Read to Achieve

亲密关系与
家庭治疗**系列**

消失的父亲、焦虑的母亲和失控的孩子

家庭功能失调与家庭治疗

[美] 迈克尔 · P. 尼科尔斯（Michael P. Nichols）著
王尔笙　译

INSIDE FAMILY THERAPY

A Case Study in Family Healing

第2版
Second Edition

中国人民大学出版社
· 北京 ·

图书在版编目（CIP）数据

消失的父亲、焦虑的母亲和失控的孩子 ：家庭功能失调与家庭治疗 ：第2版 / （美）迈克尔·P.尼科尔斯（Michael P. Nichols）著 ；王尔笙译. -- 北京 ：中国人民大学出版社，2021.1
ISBN 978-7-300-28766-9

Ⅰ. ①消… Ⅱ. ①迈… ②王… Ⅲ. ①家庭一心理疏导 Ⅳ. ①B846

中国版本图书馆CIP数据核字(2020)第248795号

消失的父亲、焦虑的母亲和失控的孩子：家庭功能失调与家庭治疗（第2版）
［美］迈克尔·P.尼科尔斯（Michael P. Nichols） 著
王尔笙 译
Xiaoshi de Fuqin、Jiaolü de Muqin he Shikong de Haizi : Jiating Gongneng Shitiao yu Jiating Zhiliao（Di 2 Ban）

出版发行	中国人民大学出版社		
社　　址	北京中关村大街 31 号	**邮政编码**	100080
电　　话	010-62511242（总编室）		010-62511770（质管部）
	010-82501766（邮购部）		010-62514148（门市部）
	010-62515195（发行公司）		010-62515275（盗版举报）
网　　址	http：//www.crup.com.cn		
经　　销	新华书店		
印　　刷	天津中印联印务有限公司		
开　　本	720 mm×1000 mm　1/16	**版　次**	2021 年 1 月第 1 版
印　　张	20.5　插页 1	**印　次**	2025 年 4 月第 15 次印刷
字　　数	285 000	**定　价**	85.00 元

推荐序
FORWARD

需要解释的是，家庭治疗并不是我的专长，有幸与该书结缘始于疫情期间。在过去的几个月，作为教育部华中师范大学心理援助热线平台咨询业务的负责人，我一直忙于组织海内外4000多名心理咨询师为受疫情影响的公众提供24小时心理援助，特别是新冠肺炎患者及其家属、医护人员、安保人员及志愿者、海外留学生及华人华侨等重点人群。在此期间，平台接到了诸多与家庭问题相关的求助，几乎每起个案都让我们的咨询师很是头疼，又爱莫能助。机缘巧合下，出版社的编辑给我推荐了这本刚译完的书《消失的父亲、焦虑的母亲和失控的孩子：家庭功能失调与家庭治疗（第2版）》。我即刻就被标题吸引，这是一个多么熟悉的中国式家庭模式：在家庭教育中，置身事外的父亲，万般焦虑的母亲，以及一个顽劣的青春期孩子，形成了一个时刻动荡的小世界，而受疫情应激影响，家庭成员之间的关系变得尤为糟糕。如何缓解错综复杂的家庭问题？或许我们可以从该书中找到答案。

抛开专业人员的身份，我以一名普通读者的视角认真地阅读完了此书。

因为一个正值青春期、难以管教的男孩，萨拉萨尔一家走进了作者的治疗室。故事一小节一小节地展开，我们看到了这家人何以成为今天这个样子，也看到家庭治疗师是如何工作、令孩子和家庭一起成长的。不管拿起这本书的你是谁，你都很容易进入这个故事。因为这是最为平实的家庭故事，使每一个人都很有代入感。萨拉萨尔一家人的案例贯穿始终，富有生活气息的各式案例和有趣细节遍布全书、引人入胜。但它并不是一部小说。是的，你可以看到两个人，他们从各自的原生家庭中长大，他们相爱结婚，生第一个小孩，生第二个小孩；他们适应不良，痛苦不堪；他们竭力地挣扎、纠缠和疏远。从这本书中，或许你可以领悟到家庭是多么复杂而生动的系统，并被它深深打动。

如今，民众对于心理健康的渴求逐渐高涨，他们的原生家庭意识也在日益苏醒。本书恰逢其时，正是被需要、被渴求的甘霖。年轻的恋人、慌张的父母、不快乐的中年夫妻，对于任何一个深受家庭问题困扰的读者，本书都可以成为其理解、解决问题的手册。本书并不晦涩，但足够专业。在各种贩卖原生家庭焦虑、批判“丧偶式育儿”、煽动恐婚恐育情绪的软文中，它堪称一股清流，像是一本教你如何认识自己、认识家庭的通俗读物。另一个让我印象深刻的是关于家庭中夫妻关系的新视角。现代社会，基于性别刻板印象的传统互补型婚姻观念在年轻人中间逐渐解体，新型的平等对称、相互依赖的关系受到推崇。但在这个过程中我们将会面临的种种挑战，我们不能说自己很有头绪或早已做好准备。对此，本书第 8 章提供了更有益的视角，而非打着女权或平等旗号、大行挑拨性别对立之事。

如上所述，普通读者可以从该书中学会自助处理家庭问题的技能。当然，该书也适合专业人员阅读。

对于年轻的家庭治疗师，本书坦率地展现了家庭治疗师的工作和生活，以及他们在对客户家庭进行治疗期间的心理过程。作者慷慨地分享出他的视角，让我们有机会和他一起站在“单面镜”后面，观察萨拉萨尔一家如何互动，以家庭治疗师的视角思考。与此同时，本书让我们感受到，其实我们一直都与作者坐在治疗室，待在充满矛盾冲突的一家人中间，一起感受家庭治疗师的挫折、沮丧和愤怒，理解治疗师的希冀、努力和自豪。

这是一条家庭治疗师的成长之路，能给出一些真正有益的指导和经验。也许你不会记住书中的术语，但在深入了解萨拉萨尔一家人的生活时，年轻的家庭治疗师有机会去真正理解家庭是一个多么生动灵活的功能单元，同一个家庭一起合作与为个体来访者治疗是多么不同，这其中充满怎样的挑战和乐趣。此外，家庭治疗师的工作是创造清晰、有机的人际界限的过程；家庭治疗师的职责是建立起一个功能更加完备的家庭系统，教给家庭成员家庭系统重构的技巧，像培养一个孩子一样促使家庭成长，最后再把责任交还给家庭，功成身退。这个过程激动人心。

值得一提的是，这不是一本严肃规整的家庭治疗教科书，它更像是个案离析。在心理治疗理念的视域下，家庭系统的理念、关于家庭结构的理解，以及策略性的技术都在书中融合得润物细无声。精神分析的概念化，行为主义的方法，也让从个体咨询向家庭治疗转换的咨询师能够更加自由地探索和过渡。

本书清晰而生动地展现了一场家庭治疗的复杂过程，这一过程并不容易总结，但作者还是给出了具体的指导：第一，进行系统评估，以一种暴露问题的方式了解既有矛盾；第二，考察家庭成员如何让既有问题久拖不决；第三，深入了解家庭成员，以及他们为什么会那么做；第四，确保评估准确，并且讨论如何改变以保证治疗效果。作者还指出，若要使家庭治疗达到长期的效果，原则有二：第一，要让家庭发生结构上的转变，而非只是让某人做出艰难的改变；第二，要让家庭成员看到自己的行为及其后果，他们与其他家庭成员的行为之间是相互作用和互为因果的。这些具体的技术展现和反思非常有益，发人深省。

总之，本书的引进令人兴奋，相信对普通公众和关注家庭治疗的咨询师都能有所收获，也期望以此书更好地培养适应中国文化的家庭治疗师，推动中国家庭治疗的发展。

任志洪

华中师范大学心理学院教授

前言
PREFACE

家庭治疗的故事讲述起来还是有些特别的。主题可能与家庭有关，但观察的视角却来自治疗师，所以按照治疗师的工作思路，我们需要将注意力集中在家庭功能失调的动因上，如互补关系、联盟关系和三角关系。另外，还要突出治疗目标。与这些饱受痛苦折磨的家庭成员面对面交流时，我们可能很难发现他们对潜在动因的抱怨。当治疗师将复杂的人际关系简化为可以应对的关系类别时，他们确实可以找到家庭成员遭受痛苦的若干原因，但某些东西却不可避免地被忽视掉了。

你将要读到的这本书会为你带来耳目一新的感觉。我不会像站在讲台上那样照本宣科地灌输枯燥的内容，而是把你带到咨询室，让你亲自观察事态是如何发展的。你将结识接受了几年家庭治疗的一家人，了解他们在治疗过程内外的生活。治疗师将分析、探索家庭问题的动因和治疗过程中所面临的各种挑战。你所看到的不再是枯燥、抽象的数据，而是治疗过程中所呈现的实际问题。本书将带你深入了解这个家庭的治疗过程，当然也包括治疗师在此期间总结的各种经验教训。

治疗期间，家庭成员的行为和他们之间的互动极为引人注目，所以我们很容易忽视他们的内心世界。我们接触到了桀骜不驯的子女，也见识了缺乏默契的伴侣。当家庭成员告诉我们他们所认为的真相时，我们得到的并非全部的事实真相。任何完整的家庭故事均包含了诸多因素，如温柔、情感、欲望、背叛、伤心、报复、誓言、谎言、慰藉、责任、乏味的工作、父母、子女、激动、嫉妒、和睦、耻辱、妥协、尊重和家庭琐事等。

作为治疗师，我们的内心世界也会泛起波澜。我们为求助者担忧，我们试图避免在接受诊疗的家庭中选边站队，不会因为他们的坏运气去责备他们。但结果并不总是令人满意，而且我们在提供帮助时总是患得患失。本书所提出的观点来自一位步履维艰的治疗师，而不是一个无所不能、无所不知的评论员。在治疗的第一阶段，你会看到我在应对这个家庭赋予我的挑战时，并不是很成功。随后，你还会看到我在刚一开始是如何“误入歧途”的，我想当然地以为，我可以直截了当地告诉一个青少年应当改正错误，而且还是为了他好。但我希望你也能看到坚持的意义——无论在对来访者的关心和理解方面，还是在推动来访者家庭系统模式发生改变方面。

当我第一次见到萨拉萨尔一家时（我就这样称呼他们吧），这对已经束手无策的夫妻正在徒劳地训诫儿子詹森，而孩子则时不时地流露出无视和反抗的情绪。你将看到他们在努力实现个人生活与家庭生活的平衡，但这也令萨拉萨尔一家的男女主人走向两个极端：男方完全沉浸在自己的工作中，女方则要通过他人来定义自己的身份。自打接到他们的第一个求助电话后，我便一直跟踪这一家人的治疗，对每堂临床训练课都做了详细记录，补充了参与者的个人经历，使内容更加丰富。

如果你并不单单把家庭成员视为专业研究对象，而是深入探究他们的内心世界，那或许你会认为，与其说他们是由治疗师导演的戏剧中的角色，倒不如说他们是自己人生故事的创作者。我希望萨拉萨尔一家人的故事能启发你对自己的经历进行反思——无论是作为一位治疗师还是一个普通人。要知道来访者并不是唯一被盲目的、强大的习惯力量所束缚的人。

熟悉这本书第一版的朋友将会发现新版增加了很多内容。你不能随意修改诊疗记录，所以关于我在萨拉萨尔一家治疗之初的那些曲折而难堪的经历并未改动，它们依然是本书的核心内容。不过我在某些方面增加了大量的评论内容，譬如有关人际吸引动因的话题，以及有关青少年性体验和吸毒的最新研究成果。另外，我还增加了相当数量的、有关家庭治疗的一般性建议。希望你能喜欢。

目录
CONTENTS

04

第 4 章 相爱容易相守难

05

第 5 章 家庭关系紧张的替罪羊：姻亲关系

06

第 6 章 抑郁的年轻母亲

07 第 7 章 为什么詹森做事没有规矩

08 第 8 章 干涉过多的母亲和置身事外的父亲

09 第 9 章 家庭积怨

10

第 10 章 忠贞之殇

11

第 11 章 离婚、再婚和继父母的教养行为

12

第 12 章 叛逆的青少年

13

第 13 章　萨拉萨尔一家的家庭治疗

14

第 14 章　放手

第 1 章

打破平静

Inside Family Therapy
A Case Study in Family Healing

你能帮助我们吗

我刚要离开办公室，电话铃响了。我想，响就响吧，不管它，我还要回家呢。不过，你越不想接它，它越响个不停，你有过这种经历吗？

“哈啰，我是尼科尔斯医生。”

电话另一端的声音听起来很烦躁，带着哭腔。一般来讲，大多数求助者都很有礼貌，并稍稍有些犹豫不决。但我想说这个女人的心情想必糟糕到了极点，因为她一上来就自顾自地讲起了她的故事。

“医生，我叫沙伦·萨拉萨尔。我想和你聊聊我的儿子詹森。我已经完全管不了他了。他太叛逆、太粗鲁了。他想干什么就干什么，不管不顾。他一点儿都不尊重我和他的父亲。他曾经是个很优秀的学生，但从今年开始，他的学习成绩一落千丈。上周六晚上，他凌晨 2:00 才回家，浑身酒气。气得我们罚他一个月不能出去玩。他变得很狂躁，冲着我们骂骂咧咧，后来摔门而出，整夜未归。我们知道他去哪儿了，就是他的朋友凯文家，但至于出去做什么了，我们就一点都不知道了。你能帮助我们吗？”

“好像你们很不开心，”我说，“家里其他人受到影响了吗？”

这便是我的开场白，我把问题所涉范围扩大了。当家人遇到“不服管教的”孩子时，他们希望有人能介入进来并掌控局面。作为一名家庭治疗师，我需要搞清楚为什么他们自己无法负起责任。

“詹森的问题让我们的夫妻关系变得很紧张。斯图尔特经常不回家，偶尔回来也是希望能在家踏实待会儿。所以他要么对詹森视而不见，要么对其求全责备。关詹森一个月禁闭就是他的主意。我们的小女儿希瑟——好吧，她一点也不小了，她已经上九年级了——她和她哥截然不同。她行为端正。我不想她跟着哥哥学坏。”

“你打电话寻求帮助是个不错的选择，”我说，“不过我希望能安排和你的家人见一面，看看你们的具体情况，这样我才能知道是否可以帮助你们。”

“我们一家四口你都想见一下吗？”

“是的。我希望见到每位家庭成员，我需要获取尽可能多的信息。”

“好吧，不过我还不能保证，因为我丈夫恐怕不会来。他是一所大学的教授，而且他的工作很忙。”

“我明白。但倾听每个人的想法是基本要求。我会给你解释的。下周六上午 9:00 我有空。为什么你不能和你的丈夫说，我想见到所有人呢？哪怕是为了做评估？如果你能做到的话，就给我回电话确认一下。”

“好吧。”她说。但她好像并不开心。我回到家，盼着她给我回电话。

转天下午，我参加完一次教师会议，回办公室喝了杯咖啡，之后便匆匆驱车赶到市里的一间廉价诊所，那里还有一群由我负责管理的治疗师等着我去开会。当我查看信息的时候，看到萨拉萨尔夫人已经打过电话了，说他们会在周六上午 9:00 到我的办公室。

我想我本应该感到高兴才对，但在遇到青春期孩子的家庭案例时，我从未真正轻松过。不管这些家庭所涉及的是什么问题，通常都是根深蒂固的。尽管处理此类问题是我的本职工作，但萨拉萨尔夫人的电话却让我感到很不轻松——既因为这家人所承受的痛苦，也因为此次治疗所面临的巨大挑战，并且我自身也感受到了不小的压力。当然对孩子们来说，他们不会想那么多。

* * *

绝大多数申请治疗的来访者都会说某些家庭成员不能来或不会来，通常是父亲，但也可能是问题儿童的兄弟姐妹。对求助人的担忧表达同情之心很重要。但除非你坚持，否则你将很难见到家庭的全部成员。而且如果你见不到家庭的全部成员，便不会获得完整的家庭情况。

在与部分家庭成员会面时可以与他们商量一下，让缺席的成员下次与会——但如果在这次见面的时候不着重提出来，这一目标也不太可能实现。

来访者：萨拉萨尔一家

当我周六早上 9:00 走进办公室之后，萨拉萨尔一家已经坐在候诊室里了。我认为这是一个很好的兆头。人们要是迟到或没把全家都带来总是有理由的（“堵车太严重了”“金杰感冒了”），而那些很难把家人召集在一起准时就诊的人，似乎也很难被成功治愈。

我首先做了自我介绍，而后萨拉萨尔先生站起身来。他身材修长，一头已经泛白的金发梳向后面，并戴着一副金边眼镜。“嗨，我叫斯图尔特·萨拉萨尔。这位是我的妻子沙伦。这个是希瑟，那个是詹森。”

萨拉萨尔夫人和我握了握手，但没有笑。她的神情很凝重、表情很僵硬，而且是一副怒气冲冲的样子。她的黑发中隐现缕缕白发，这让她看上去愈发冷峻。

希瑟点了点头。她长得像父亲，很苗条，当然她的外貌也很有特点。她的头发呈金毛猎犬的那种金红色，又长又蓬松。她很漂亮，但她自己似乎还不知道。

詹森无精打采地坐在屋角的一把椅子上。谁是那个坏小子一看便知。

“请跟我来。”我一边说一边看着他们走进我的办公室。詹森是最后一个进来的。他低着头，耸着肩，头发挡着眼睛，双手插在破烂的蓝色牛仔裤口袋里——典型的不良少年形象。

我的咨询室里只有一些简单的功能家具。一侧临窗的位置摆放着一张很大的橡木写字台。沿墙设有四把看着并不“安乐”的安乐椅。其中一把椅子已经有些摇晃。我早就计划把它修好，不过大多数坐在上面的人也不太在意，因为他们的心思并不在这儿。

我把椅子摆成了半圆形，我坐的那把稍稍靠前。当萨拉萨尔一家相继落座后，他们不像在候诊室时那么拘谨，而是恢复到了他们平时的状态。萨拉萨尔先生的这种变化还是很明显的。这位先生在候诊室里和我打招呼时很直接、很认真。尽管今天是周六，但他还是穿了一件运动夹克和一条黑灰色的休闲裤。他直视着我，语气显得很自信。但这个男人和家人坐在一起后便不再是那个很有风度的萨拉萨尔教授。现在他是丈夫和父亲，其举止与此前判若两人。他看上去更衰老，忧心忡忡，也根本端不起架子来。

希瑟和母亲坐在沙发上。詹森依旧坐在角落里，总之是坐得越远越好。

“好啦，”我说，“谁先发言？”

萨拉萨尔先生看着妻子说：“为什么你不先说呢？”

“好吧，”她顺势把抱怨一股脑说了出来。“就像我在电话里和你说过的那样，就是詹森。他太不尊重人了。他以为他可以不管不顾，为所欲为，而且无论我们和他说什么，他都无动于衷。他只会不断地惹麻烦。此前在电话里我没和你说，他最近迷恋上了色情的东西。几个礼拜前我在他的床垫下发现了那种下流的杂志。恶心死我了！我把它们都扔了，但就在这个礼拜，我在他的小柜子里又翻出来不少。”

她的语气非常严厉、刻薄。我有些惊讶。一位受过良好教育的女士怎么如此守旧和偏执呢？我的第一反应是想质问她：“一个十几岁的男孩子看裸体女人照片有那么惊世骇俗吗？”但她如此愤怒的样子让我打消了念头，因为那样只会把我置于一个尴尬的位置，成为另一个反对她的人。

我瞟了一眼詹森，观察这件事是否让他感到难堪了。但我看到的只有一丝冷笑。是在故作镇定？我其实可以点拨他一下，让他对自己的妈妈有所回应，但现在不合适。首先，我需要听取每个人的想法，这样才能在着手解决问题之前建立一个谅解联盟。我转过身对萨拉萨尔先生说：“你怎么看？”

“沙伦说得对。詹森确实有问题。他小时候就很任性、顽皮，现在长大了，他便觉得可以为所欲为。所以在这一点上我支持沙伦，只是……可能有时她过于担心了。至于杂志这件事，我不清楚这对于他这个年龄的男孩子来说，是否真的有那么不正常。”

“恐怕你认为咱们家里塞满这种乱七八糟的东西对他来说没什么！你根本不关心这种事对男孩子有什么影响。如果他沉迷于色情怎么办？”

“好的，请继续，”我说，“这件事我们回头再说，但首先我希望了解一下每个人。”

第一次面谈进行得就很艰难。在某种程度上讲，让家庭成员一如平常地争吵很重要，这样你便能看到会出现什么情况：谁好斗，谁忍让，以及谁和谁是一边的。不过对他们来说，这似乎是司空见惯的场景——这是他们躲都躲不开的、令人感到沮丧的日常生活。我开始希望他们能暴露他们的矛盾，但后来我的想法有所改变。我希望他们看到两个家庭成员之间的争吵如何对整个家庭结构产生影响，而我也希望拥有充分的影响力，引导所有家庭成员摒弃那些通常来说徒劳无益的争吵。

* * *

那么到目前为止发生了什么事呢？首先，我们了解到，有一个“桀骜不驯的青少年”。接着，萨拉萨尔夫人的抱怨演变成了冗长的说教，先是针对她的儿子，而后是她的丈夫。或许她是一个“过于强势的母亲”。我们很容易陷入对这位母亲进行责备的网罗之中。对大多数人来说，一位愤怒的母亲通常会跻身于最难相处的家庭成员之列，很难让人对其产生同情。但问题可能出在萨拉萨尔先生身上——他并不支持自己的妻子。然而，单纯地将矛头从一个人转向另一个人于事无补。所以对于冲突中的每个人来说，想不受指责很难，想置身度外更难。但家庭治疗的秘诀就在于：探究毫不相干的问题，以及家庭成员间的争吵与该家庭整体结构的内在联系。

* * *

接着，我和詹森聊了起来。“你对父母的抱怨有什么想说的吗？”（我故意说成“父母”是因为我不希望过早地聚焦于沙伦和斯图尔特之间的分歧。或许最终证明，他们之间的分歧才是问题的关键，但这不是他们现在必须解决的。不管接下来他们听不听我的意见，我都希望他们下周能回来接受诊疗。）

“她总是看我不顺眼。无论我做什么都不会让她开心。所以我做了尝试又有什么用呢？我不知道到这里来有什么用。”

尽管父母有极大的权力决定家庭成员是否要回到诊所继续治疗，但与每位家庭成员建立起融洽的关系更为重要。问题是，在一些家庭里，在不疏远其他人的情况下，与任何一个人产生共鸣都是很难的。我将尽力而为。

“我明白了。你认为你的父母对你太苛刻了，而你也不想来这里。看起来，即便你们家的生活方式改变了，你似乎什么也都得不到。”我并未等他做任何辩解，而是换了一个谈话对象：“你好，希瑟，当你们家充斥着这种争吵时，你在哪儿呢？”

“我不知道。”希瑟抿着下嘴唇，眼睛盯着小地毯，看来她不习惯被问问题，或者习惯了不予回答。

“你现在上几年级，希瑟？”

“九年级。”她说，眼睛依然盯着地板。

“你和詹森在同一所学校吗？”

“是的。只不过我不常见到他。他都是和大孩子一起玩。”

“希瑟，詹森总和父母争吵，他们是不是影响到你了？”这个暗藏玄机的问题是为了确定她站在哪一边。

“是的。他总惹事。我不知道他为什么不做他应该做的事。”你看，我的答案有了：萨拉萨尔夫人的精神状态尚属可控，希瑟也没有逃避。“只是……”

萨拉萨尔夫人替女儿做了总结：“希瑟不喜欢嘈杂的环境。她好静，喜欢读书。”

“‘只是’什么？”我问，试图捕捉到希瑟的眼神。

“什么？”她的母亲想哄她说话。

希瑟摇摇头。正如我将要发现的那样，她可能就是这么固执。沉默是她的权力——她唯一的权力。

* * *

我现在和每个人都有了简单的交流。我发现萨拉萨尔夫人在家里说了算，是一个盛气凌人、爱生气的女人，或者说被迫做出这种姿态的女人。而且我发现詹森是唯一敢公开顶撞她的人。萨拉萨尔先生声称站在妻子一边，但并不太让人信服。如果说他确实支持她，也是那种比较勉强的支持。而希瑟看上去符合一个好女孩的标准，只是……只是，我的感觉很模糊。不过，我还无法确定这些印象是否准确，或者说它们是怎么组合到一起的。

艰难的对话：观察系统启动

为了了解这个家庭表达不满和解决问题的方式，我现在已经做好让他们开口说话的准备了。不过，我对他们说什么并不太在意；相反，我更关注谁和谁说了什么，以及他们说话的方式，而且我希望看到在第三人介入之前，两人之间的对话能够深入到什么程度。

然而，有一件事我并不感兴趣，那就是詹森和母亲都很擅长毫无意义的争吵。我准备激活两个边缘化的家庭成员——希瑟和萨拉萨尔先生，进而探究这一家人的灵活性。

“萨拉萨尔先生，我想请教个问题：詹森最让你讨厌的地方是什么？”

萨拉萨尔先生瞅了一眼自己的妻子，然后扭过头和我说：“我不知道。我猜是那种目中无人的样子吧。我辛辛苦苦地养家糊口。我们有一所漂亮的房子，他们想要什么就有什么，但他们都以为这是理所当然的事。这些孩子真是身在福中不知福。”

詹森在一旁小声嘟囔，“真的吗？爸爸，给我们讲讲过去的好时光吧。”

“你刚说什么了？”我问。

“什么都没说。”詹森回答。

“瞧见了吧？这就是我想表达的意思。他太粗鲁了，你都没法和他说话。”

“似乎很令人遗憾。如果一个人无法和自己的儿子沟通，那这两个人就没有办法做到相互了解了。你没有感觉到他对你的尊重。而他，怎么说呢，我还不太确定他心里是怎么想的。为什么你不问问他呢？现在就试着和他聊会儿吧。”

“詹森，你听到医生的话了吧？你必须学会尊重我，你知道，我是你的父亲。”

“别挑刺儿了，斯图尔特，”萨拉萨尔夫人突然插话道，“医生说你应当试着了解詹森的感受。”

“很有意思，”我说，“你认为你丈夫做不到，所以你插了进来。你们在家里也是这个样子吗？”

“哈！简直是笑话，”萨拉萨尔夫人说，“他从不和那小子说话；他想说什么都要靠我转告。”

她把自己的儿子称为“那小子”，这种说法很特别。她没有叫他的名字，好像他不是“詹森”，不是一个独立的人，只是自己的儿子而已。这是一个很独特的保持距离的方法。

萨拉萨尔先生试图回应妻子的抱怨：“你从没给过我机会。你总是批评我没有给予他足够的关心，但无论我说什么话，你都站在他那边。”

我打断了他的话，并转向萨拉萨尔夫人：“你在电话里说詹森让你们产生了隔阂。孩子们当然知道如何分化和控制你们。似乎你和丈夫在教育孩子的问题上稍稍有些不同意见。或许你们两个人可以开诚布公地谈一下。”

* * *

这番话可能是这次面谈的一个转折点。我的建议可能会产生不良后果。两位家长还没到公开翻脸的程度；他们转而希望我为詹森做些什么。很遗憾，我目前唯一想做的是探究这两个人之间的矛盾。当孩子们做错事时，父母二人的做法十有八九都是对立的。

* * *

萨拉萨尔夫人感觉很受伤、很无助。她期望治疗能采取对话的形式，但希望这种对话的对象是一个局外人、一位专家。这个人会站在自己这一边，会提供帮助，不会要求自己做无从下手的事。因为她不清楚自己在激怒詹森的过程中所扮演的角色，所以她觉得与丈夫没有什么好讨论的。不过，她对我的建议很在意，就像一只猫在你告诉它不要追逐小鸟后的表现一样。她没理会丈夫，而是扭头对詹森说："你根本不照我说的去做，而且你还撒谎！"

"我从来没有……"但他没有继续说下去。多数家庭成员出现矛盾时都是陷入冷战，但这二人却是剑拔弩张。她憋着满腔怒火指责他，而他虽然试图给予回击，但又比不过她——至少话茬子不行。

* * *

生气归生气，但这两个人还是一心想着对方的。他们之间或许有矛盾，但他们的感情和万能胶一样牢固。不管其中一个人说什么，他们都会互相指责。当我提出一个问题时，他们满嘴都是讥讽的话，并娴熟地给对方下套。他们吵架时就像小狗干仗——龇着牙大声吼叫，轻轻撕咬对方，但并不真的掐架。或许詹森和母亲之间的矛盾缓解了父母之间更为严重的冲突。与此同时，因为父母无法形成统一战线，形势会变得更糟。我想认真考察这种互动模式，并通过让父母直接展开对话的策略，检验这种模式的灵活性。

* * *

"除非你们二位消除分歧并想出教育他的方法，否则我认为你们在这个问题上不会取得什么进展。而且我也认为，如果任由詹森妨碍你们的思路，你们也不会成功。你要和你的丈夫交流，告诉他你希望他怎么做？而作为丈夫，你有什么想法也要和妻子说。你们两个需要精诚合作。"我说道。

这一次他们都没有反驳对方。

萨拉萨尔先生将左腿搭在右腿上，双手护膝，并保持这个姿势。他看我时，我也在看他。我注意到沙伦·萨拉萨尔已经有了眼袋，眼神中隐含着疲惫。这是一张很精致的面庞，棕色的大眼睛，丰满的嘴唇，浓密的卷发，从这张脸上可以看到妙龄少女向中年妇人缓慢转变的痕迹，压力和苦楚可以从她的眼角和嘴角体现出来。另外，她的头发中隐现一缕缕灰色的（实际上是白色的）头发。这张脸确实很漂亮，不过当她面对自己的丈夫时，脸却绷得紧紧的。

“你所关心的只有你那宝贵的工作。这么多年来，我试图让你多关心关心这个家，但你一直很忙。这些年你把家里的大事小事都甩给我了。是谁每天开车送孩子们上下学的？当詹森回家晚了，是谁一等就是好几个小时？不是你。你可不愿意浪费自己宝贵的睡眠时间。你知道詹森的期中考试成绩单长什么样吗？你甚至都没正眼瞧过它。”

“我没见过。在哪儿？”

“上周六晚上我就给你了。你说，‘我现在没时间看。’”她的语气中充满了讥讽，“你总是‘现在没时间’，也不知道你什么时候才有时间。”

萨拉萨尔先生的面颊有些泛红。他扭过脸去，不再吭声。

不过我并不准备让事情就这么结束。有时一位治疗师的工作并不比给一场拳击赛当裁判复杂多少。你只需盯着不要让观众跳上擂台，并阻止参赛者在结束比赛前离开拳击台即可。“你能回答她吗？”

“不能，”他盯着我说，“她不想听我的意见。她只是希望什么事都依她。”

“告诉她。”我鼓动他。

“有用吗？她抱怨我不管孩子。或许她说得没错。但并不是因为我是那种自私的家伙。或许我是对她没完没了的批评感到厌倦了。如果你希望了解我是怎么想的，那我就告诉你，当孩子惹到她的时候，她就把矛头转向我。”

“这不公平，”她说着说着就哭了，“你总是没错。你那么无辜。你好可怜。事情都是我引起的，都是我的错。”她现在已经变成抽泣了。

“我很抱歉，亲爱的。我没有说我都对，而你都错。你明白我的意思。只是……有时面对铺天盖地的批评，我受不了。”他身体前倾，抓住她的手。她把他推开。

家庭不和睦的根源：婚姻问题

另一种错误的结论可能是，萨拉萨尔一家所面临的实际困难是家长的婚姻问题，即父母关系不和睦导致这个男孩子行为不端。这种说法没错，但这只是问题的一个方面。

从某种程度上讲，詹森的叛逆源自他母亲的占有欲，而这种占有欲是其父亲退避三舍的产物。当家庭成员意识到上述或类似的关联时，他们会思考其因果关系并寻找发难的对象。这种类型的思维把他们错误地塑造成刻板的角色——反叛的青少年、管家婆式的母亲，以及置身事外的父亲，从而模糊了所有家庭成员间复杂的联系。

线性因果关系 VS 循环因果关系

在线性因果关系中，A 是 B 的起因。这种因果关系对于某些事非常适用。如果你的天竺葵变黄了（结果），那就着手寻找一个简单的原因。最终证明，光照不足或浇水过多可能是你的花长势不好的原因。

导致人类不开心的因果关系却有点儿复杂。从循环因果关系的角度看，人的行为是一个重复循环中的一系列运动或反向运动。单边影响的错觉诱使萨拉萨尔家的每个成员相信所有结果（B）都是由某一个（特定的）原因（A）导致的。詹森认为，是母亲过分的要求令他产生违拗的心理（“如果她更理性一些，我应该会按照她所希望的去做”）。而沙伦认为，如果他刚好按照她所要求的去做了，她也不会喋喋不休地批评他。他们每个人都相信只要另一个人改变了，事情就会好起来。一旦家庭成员陷入这样一个反复出现的循环中，改变便极少发生，因为这个循环中的参与者并未打破这种循环，而只是将其更强烈地表现了出来。

从相互影响的角度思考问题会促使我们用一种新颖的、更富创造性的观点处理人际关系问题。你是否与上司的关系处理不好？与其担心这是谁的错，倒不如把这种人际关系视为在一个循环中进行的一系列运动和反向运动。他把你叫进他的办公室讨论一张新评估表，并从行为学的角度跟你讲解实现目标和遵循《精神障碍诊断和统计手册（第 4 版）》（*DSM-IV*）指导原则的必要性。你很恭敬地听他讲，但感到越来越厌烦，因为他更关心纸面文字而不是人。你基本同意他的意见，但在他讲解如何填制表格时，你时不时插一两句嘴，这样浪费了很多时间。他变得有些恼怒，并告诉你就照他说的去做，这次碰头会的结局是你们两个都不高兴，而且原因何在，两人都心知肚明。

在循环思维中，你很清楚，当他做 X 时，你做 Y；而且当他做更多 X 时，你做更多 Y，以此类推。切记，如果 Y 是你做的，那么 Y 是你唯一能改变的事情。这并不意味着他是对的，或者你是错的，甚至并不说明你不得不屈服于他。例如，在此类循环中，改变现状的一种可能是：你同意上司的意见，然而接下来你还是首先按照你所希望的方式做事。这种做法也许能解决问题，也可能解决不了问题。如果他的真正意图是希望告诉你应该怎么做，并让你赞同他，那么有可能解决问题；如果他的真实想法是严格监控你的行为（大多数上司不会这么做），那么就有可能解决不了问题。

为了了解萨拉萨尔一家的循环过程，就必须承认这个循环属于三方互动，而非双边互动。大多数家庭问题都符合这一判断。因为詹森和沙伦的关系与沙伦和斯图尔特的关系有关联（而斯图尔特和詹森的关系与詹森和沙伦的关系也有关联），所以只要这些关系中的任何一个关系发生改变，都会对其他关系产生影响。说得通俗点，要求沙伦对詹森的态度有所软化就需要让斯图尔特多多配合她（或者需要她的朋友或其他成年人多多配合她）。你无法做到改变三角形一个边的同时不影响另外两个边。

在詹森和父母形成的这个三角关系中，我希望看到三个变化：（1）詹森和他的母亲疏远一些；（2）斯图尔特和沙伦亲密一些；（3）斯图尔特和詹森的关系拉近一些。不要忘了，这三人是相互关联的。

解决问题的突破口往往要从最疏远的，即最不容易招致冲突的家人关系中打开，所以我决定尝试一下，看是否能让萨拉萨尔先生与詹森的关系密切一些。接下来我会处理更为棘手的问题，即让他与妻子的关系融洽一些，从而让沙伦不再死盯着詹森。除非我能想出办法完成这个目标，否则萨拉萨尔夫人试图控制儿子的举动很容易让一个基本正常的青少年做出更为极端的叛逆行为。

* * *

“萨拉萨尔夫人，你看上去很沮丧。你是否有一种无论做什么和说什么都无济于事的感觉？事情似乎没有一丝改善？”我问道。

“是的。”她平静地说。

“在教育詹森的问题上，你愿意稍微妥协一下并让你的丈夫发挥更为积极的作用吗？”

“愿意？是的，当然，这也是我一直想告诉你的。”

“那么，萨拉萨尔先生，你同意更加积极地引导詹森吗？”

“同意，我想可以。”他毫不犹豫地说。

“到底是哪个？‘同意’还是‘我想可以’？”

“我说我会的。”

“好的，不错。现在就和詹森商量，你这一周愿意看到他在哪个方面有所改进。只需选一件事，你们试着达成一致。”

“好吧，詹森，你听到医生的话了吧？先从你的家庭作业开始怎么样？在完成作业前不许出去玩或看电视。”

詹森心不在焉地看了一眼自己的父亲，又同样朝我瞟了一眼，然后与母亲四目相对并说：“我什么时候写作业，关你们什么事？只要我考得好，我觉得就应该让我说了算。另外，我可以在学校的自习室做一半作业，回家后在书房完成另一半作业。”

萨拉萨尔夫人的心火腾地一下就起来了并对他说：“你说谎！你说你做家庭作业，但你根本没做。事实证明，你做的每件事我们都不能相信。你已经变成了一个堕落的、惯坏了的孩子！”

这些趾高气扬的话被她一股脑说了出来。她狠狠地批评詹森。当她发泄完后，父亲和儿子的目光同时转向了我。他们的眼神似乎在说："你说我们怎么配合吧？"

随之而来的寂静足足持续了几分钟。

* * *

家人之间的互动通常发生在熟悉的范围内，也是受到维持稳态（homeostasis）的习惯控制的。所谓稳态是一种由可预见的惯例达成的平衡稳定状态。治疗师的职责是增加迫使家庭成员的行为跨越临界值的强度。你必须大声说话，让大家都能听到，但不能大到把他们都吓跑。

* * *

"萨拉萨尔夫人，你确实希望詹森将来成熟起来吗？因为你现在所做的努力没什么效果。"

詹森插话："她别想控制我！我是个独立的人。"

"你当然是了，但你的独立性是在你感觉自己不得不反抗父母权威时所产生的。这就好像你认为只有违抗他们你才能成为一个男人。"

接着我和萨拉萨尔先生说："你这种逃避的态度让你的妻子不堪重负。你为什么要这样做呢？你一定有苦衷。"

"还不是因为他那宝贝工作嘛，"萨拉萨尔夫人脱口而出，"他认为那才是世界上最重要的事情。"

我试图刺激他给予回击。"又回到你这儿了。她又需要你的帮助了。你会怎么做？"

"我一句话都不说！"

"那倒是。"

"你说我应当和詹森说话。好吧，我试了。你看到发生什么了吧。她对我可不放心。"

“在我看来，萨拉萨尔先生，每当你希望妥协时，你的妻子就会得寸进尺。那么有没有某种方式能够让你的妻子感觉她不必那么强势？而你，萨拉萨尔夫人，每当你批评他对待詹森的方式时，他便会退缩。那么有没有某种方式能够让你的丈夫主动参与进来而不是用言语刺激他呢？”

“我想我可以不那么强势，就像你说的那样，休息一下，给予斯图尔特更多参与的机会。”

“不错，但詹森是不会让你得逞的。他已经习惯了和你拌嘴。他知道他有办法和你周旋，但他还不确定如何搞定自己的父亲。当詹森用 13 岁男孩子的那种倔强行为试探你时，你怎么回应？你总是中招吗？”

我觉得，如果詹森和父亲聊得来，他就不会总缠着自己的母亲。我说：“詹森，我不知道我的话有没有用，但如果你不学着和父亲交流，当涉及有关男人的事情时，你经常会遇到麻烦。萨拉萨尔先生，你的儿子是在你们父子之间缺乏沟通的环境中成长起来的。为什么你现在不和他交流呢？你可以解释一下你的观点。父亲和儿子难道不应该彼此了解吗？”

“我觉得他不想听，”萨拉萨尔先生回答，“他并不关心我的想法。”他们交换了一下眼神。

“尝试一下吧。”我说。

尽管心有抵触，而且也不习惯向儿子传授人生经验，但萨拉萨尔先生还是告诉詹森，一个男人必须学着做他可以做的事。这种经验始于家庭但会延伸至他的职业。有很多重要的事情需要他完成。这堂课很沉闷，充满了尊重和自律之类的词。在和儿子交流方面，萨拉萨尔先生没有什么经验，他也不太擅长交流。我能看出他在理解詹森的感受时存在诸多困难。我希望教给他如何了解自己的儿子的方法，但又忍住了，因为我希望督促他们多加努力，而不是插话告诉他们某种做法不对。我希望萨拉萨尔先生多发起融洽的沟通，而不是在这个家庭里增加批评的声音。喋喋不休的唠叨很烦人。

我从詹森简短的答话中获得了若干线索。“你应该看明白了，你以这种方式了解詹森的想法，他只会惜字如金。你能改变一下说话的方式，鼓励他像大人一样多说话吗？ 这样他才会成熟起来。”

* * *

我的目标并不只是自律，或者说疏远，而是建立起等级制度。这意味着要让父母承担起责任。为了实现这一目标，我必须打破那种模式，即一个家长负责所有的儿童抚养工作，而另一个家长处在边缘状态。他们想把詹森的行为问题像烫手山芋一样扔给我，我又把它们扔了回去。

多年以来，两位家长可能一直关系冷淡。为什么？因为当她进攻时，他就退却；或者当他退却时，她就进攻。是谁先开始的？这一点并不重要。无论是谁都可以停止这种斗争态势。但这种距离感在他们的生活中留下了空洞。萨拉萨尔先生用工作填充这个空洞；他妻子的填充物则是孩子。当孩子年幼时，他们之间平安无事。但现在，两位家长的做法就值得商榷了。

随着年龄的增长，詹森已经迎来了一个人生节点：母亲的控制欲刺激他奋起反抗。他越竭力追求自由，母亲对他的控制就越紧。现在詹森已经形成了叛逆的性格，他不仅在面对母亲的控制时要保持自主性，而且填补了这个家庭中的一个主要角色的空缺：成为母亲生活中的男人。

詹森认为，一旦他离开父母的家，他的问题就会不复存在（我们不都有过这种想法吗？）。但他错了。我们与父母沟通的方式是逐渐铭刻在我们的个性中的。

如果詹森继续将自己的自主性定义为对抗，那么他会把这种认知带入成年阶段。谁知道以后会怎么样呢？也许从现在开始的 20 年之后，他会坐在某位治疗师的诊室里，尝试解决一个“与自主性有关的问题”。如果是这样的话，生活将会为他准备一系列考验，而如何与母亲相处将成为期末考试。他要么将这场考试无限期推迟，要么在我的帮助下，尝试着现在就通过考试。

令事情变得更为棘手的是，沙伦喋喋不休的批评逐渐动摇了詹森的自尊。色情读物和手淫便是一种恢复这种受损自尊心的方式。这类事情看上去可能是青少年性尝试的一部分，但詹森却做得有些过度。他龟缩在自己的房间里，用少年幻想抚慰受伤的自我。除非他很快摒弃这种习惯，否则它很可能会对他的社交生活产生有害影响，而且会让一种由来已久的、男性对女人的看法深深地烙印在他的脑海中：要么视女人为霸道的母亲，要么视其为发泄性欲的玩物。

* * *

尽管针对詹森一家所遭遇的问题，我扩大了问题的关注面，把父母包括在内，但我还是忽视了他的妹妹。出现这种情况实属正常，因为她太安静了。如果说有什么教训需要吸取的话，那就是在尝试做家庭治疗时，我没把全部家庭成员包括在内。这可能是一个重大错误。

为了顺从母亲的管教，希瑟抑制自己的天性，变成了一个内向、害羞的女孩子。她赢得了人们的交口称赞，但却没交到什么朋友。我决定再和她聊聊。

“希瑟，你一直这么安静吗？”

“我不知道。我真没什么可说的。”

“家里有什么样的压力让你在社交生活中有如此表现呢？你尝试过多走出家门，多去外面看看吗？你把朋友带回家时有过犹豫吗？”

“没有。”

看到希瑟又胆怯又冰冷的样子，我感觉很有挑战，但我并不准备现在就迫使她敞开心扉。因为失败的话，我会显得很无能，而且希瑟要是占了上风，她的情况会变得更糟。而我成功了，也不会像你看到的那样，好像她的父母教子有方——羞怯的女儿敢于和敏感的治疗师开口说话。其实最好的方式是鼓励他们与女儿多多交流。

“我似乎有些摸不着头脑。你们作为希瑟的父母，可以让她说出自己的想法吗？”

萨拉萨尔夫人说她很清楚希瑟的内心所想，希瑟也点点头。我说：“孩子小的时候，这种敏感性很重要，正是这种敏感性造就了你这样一位好母亲。但现在你看到孩子们也开始长大了。”接着我转向希瑟说道：“是不是母亲替你辩解有时会让你感到厌烦？”最后我和萨拉萨尔先生说：“在这个问题上，你能帮助希瑟和你的妻子做好沟通吗？你的妻子对她太强势了。”

就在这时，我注意到萨拉萨尔夫人身后墙上的挂钟，已经 10:15 了。我们已经交流一个多小时。“好啦，我担心我们的时间不够了。我们还有很多要讨论的内容，我希望下周六再见到你们。”我尽量不让这句话听起来像一个问句。

萨拉萨尔夫人看着她的丈夫。他说：“好的，我们会来的。”

在走出诊所的过程中，他们一言不发。每个人都各怀心思。

詹森可能在想，这个狗屁治疗差不多就和我想的差不多——毫无意义的争吵，一切的一切只是希望我成为一个好好先生，就像乖宝宝希瑟那样。

希瑟可能也不想再来，但她希望詹森别再惹麻烦。她有时很讨厌他。

萨拉萨尔夫人的反应很复杂。她似乎对我有好感，尽管她觉得我说话不那么敞亮，但显然感觉到我做事的目的性很强。她意识到，我所做的是在把压力施加给所有家庭成员，以便解决一个他们尝试未果的问题。她希望我能发挥更加积极的作用。为什么要把所有重担都加到她一个人的肩头呢？

萨拉萨尔先生显然讨厌待在这里。有一件事可以确定，他并不想重温有关婚姻的旧日情怀，但或许这次光临足以让沙伦不再那么担心和责怪詹森了。如果她后退一步，或许詹森便不会那么叛逆了。为什么这位心理学专家不能直截了当地和她说呢？为什么他让一家人都掺和进来呢？

* * *

人是家庭的产物，这种说法并不新鲜。令人惊讶的是，把所有家人作为一个整体看待的做法，并不像你认为的那样普遍（一对一交流要容易得多）。有观点认为，家庭拥有一个塑造家庭成员生活的组织结构。不过这种认识依然不太为人所熟知。正如你将见到的那样，这些模式的发现就像在一间黑屋子里点亮了一盏灯。

观察家庭生活动因的最佳位置是在一面单面镜之后。我已经在本章中简单尝试了这一视角。你可能认为治疗师与家庭面谈便是观察家庭组织结构的好办法，但实施过程中所面临的压力让治疗师很难锁定目标。与镜子后的那些观察者不同的是，与一个家庭同处一室的治疗师会有如坐针毡的感觉。

在家庭治疗过程中，第一堂课都会把治疗师所要面对的基本挑战呈现出来：那些身处困境的人走进诊所，提出他们最急迫的问题，并期望得到你的帮助。

“我 15 岁的孩子正在上高一，学习很糟糕。我们该怎么做？”

“说的就是我。我很郁闷。”

“我的儿子，詹森，已经变得完全不服管教了。”

这些自我表述都暗藏玄机：我们应该怎么做？詹森怎么了？这些人问这些问题已经有一段时间了，也许好多年了。而对于问题的答案，即使他们并不总是赞同，但通常都有其固定的想法。而且一般来讲，他们逐渐形成了处理这些问题的策略，即使没有效果，他们也觉得有必要重复地去做。就这一点而言，他们就像一辆陷在烂泥中的小汽车，尽管车轮飞转，但车子反而越陷越深。

令最初的治疗课如此紧张的原因来自解决问题及约定期限的压力。首先需要澄清的是，治疗师的初始任务并非解决什么问题，而是做出评估。这样说来，治疗师在第一堂治疗课上所要做的就是提出问题。如果家庭成员强烈要求告知他们该怎么做，那么回答就是“我还不知道。”

当某个家庭就一个他们无法解决的问题来寻求帮助时，家庭系统方法是试图找到他们无法做到的原因，接下来帮助他们重新梳理思路，进而解决该问题，而与之相似的其他问题则留待以后解决。简言之，所谓问题并非问题，实则是家庭没有能力解决问题的体现。

考察存在的问题是每次评估的第一项工作，但治疗师会采取一种很特别的方法，即扩大问题的覆盖面，将涉及和影响到的家庭成员都拉进来。系统治疗师通过一个探索过程而非询问过程，将关注点从被认别的患者扩大到家庭的关系模式。比如说，“请告诉我，萨拉萨尔先生，詹森做的什么事情让你感觉最讨厌？”这句话很自然地为探索父子关系铺平了道路。在注意到父母之间的矛盾后可以问：“在家时，你们就是这个样子吗？”以此考察他们探索家庭矛盾的意愿。

一旦存在的矛盾在全体家庭成员间爆发，治疗师便可以探究是他们的什么行为导致了他们之间的矛盾。关键在于在不刺激他们产生抵触心理的前提下，帮助他们思考自己的行为是怎么让问题持续发酵的。一旦完成这一步骤——这一步骤是无法逾越的，我们便可以研究家庭成员是如何形成当前的观点的，此时了解他们的背景便成了很有用的做法。

* * *

一位母亲似乎非常信不过她 14 岁的女儿。但事实上，她自己 17 岁时曾经被父母抛弃过，后来她发现她的丈夫吸毒，而且已经瞒了好几个月。这个女人似乎本不应该担心自己的女儿会遭遇厄运。不过当你了解到她自己过往经历的悲剧环境时，就不会这么想了。当治疗师问她是否担心女儿会像她的父亲一样染上毒瘾时，这位母亲说："她和她的父亲一样爱撒谎。""你错了，"治疗师说，"像她这个年龄段的青少年都有说谎的毛病。"

* * *

在另一个案例中，一位年轻的丈夫把全部精力都投入到自己的工作中，而且似乎非常不愿多陪陪妻子。经过简单的了解，治疗师发现，这位年轻人是在父母酗酒的家庭环境下长大的，父母本身就关系冷淡，而且从不关心儿子的生活。当初他想获得别人的关注只有在学校里取得好成绩一条路可走。与其说他不希望拥有一段甜蜜的婚姻，倒不如说他更加在意的是，若再度敞开心扉的话，会冒很大的风险，即现在越亲密日后越失望。

* * *

治疗与提建议之间有一个明显的不同，即治疗试图揭示为什么人们会做对自己没有好处的事情，而不是仅仅告诉他们不要去做某件事。了解家庭成员的过往经历有助于我们理解他们当前的行为，我们并不是要让他们停止这些行为，而是将其置于更容易被理解的情境中。本书的其他章节将带你探索萨拉萨尔一家如何实现我们首次会面时所达成的共识。我希望你们将这一家人的故事所呈现的方式应用到所有的评估中——要想改变当下的情况，要先对其进行深入的了解。

第2章

家庭治疗师养成记

Inside Family Therapy
A Case Study in Family Healing

我们的自我是我们最不容易怀疑的。即使我们付出大部分精力关注外部世界、希望取得成功并与他人和谐相处，但我们在做这些事情时都能体现我们独特的个性。个性为我们的人生赋予了一种连续性：作为我们生活方式的组织中心，自我是一个前后一致的整体。

在受到胁迫的时候，我们甚至退守至自我状态。有些人封闭自我、舔舐伤口，有些人可能选择回击，还有一些人四处求援。当人们寻求专业协助时，通常会独自一个人去。他们在寻求什么呢？治疗吗？是的，但也是在寻找庇护所——躲避遭受过挫折或正在遭受挫折的人际关系。

在家庭治疗过程中，人们不再远离产生矛盾的情感源头，而是从源头解决问题。

家庭治疗师的一席之地

20 世纪 50 年代的家庭治疗师是一群大胆的行业先锋，他们开疆拓土，面对心理健康领域中不友好的同行捍卫自己的主张。虽然家庭治疗师在努力追求正统性，但他们通常强调他们的共同信念，弱化他们之间的不同。他们都承认烦恼出自家庭。此外，家庭并非个体的简单集合，而是复杂的社会单元，其作用是维持集体性实体（collective entity）的平衡——在某些不愉快的案例中，为了维护这种集体性实体，家庭甚至不惜牺牲掉某些个体。

家庭有时会妨碍个体的发展，偶尔还积极抵制改变的发生。因此有一股不讨人喜欢的暗流在影响家庭治疗的效果——从某种意义上讲，家庭不仅仅是一个有机的整体，这个有机体有时会吞噬个体。或许正是这种对家庭稳定方面异乎寻常的关注，令家庭治疗师们都有些好斗。

为了给家庭治疗赢得一席之地，我们与精神病诊疗派的同行做斗争；为了抢占这块新的领域，我们彼此之间也会相互争斗；而且令人遗憾的是，为了拯救“被认别的患者”，我们有时还与相关家庭“做”斗争。根据我们的经验，我们面对接受治疗的家庭时存在不耐烦的倾向，这可能源自我们对自己所能取得的成就过分乐观的心态。

后来，我们发现我们有些被乐观冲昏了头脑。个体治疗通常是安静的、注重思考的，而家庭治疗提倡采用积极有力的方法，所以二者存在明显的区别。个体患者一般偏爱以自己为治疗对象的治疗；而家庭治疗师可能需要对家庭成员施加一定的压力，让后者思考自己与被认别患者的问题有多大关系。但事实上，当一个家庭系统中的任何成员，包括治疗师在内，系统功能失调时，其他人都会倾向于采取消极的态度。所以我们学会了充分利用合作的力量，也学会了承认性别和文化在塑造人生阅历和家庭关系方面所具有的深远影响力。

我们中的某些人在获得这种认知时比其他人迟钝。以我为例，直到 40 岁我才明白：作为一个男人，我对性别的理解是由我自身的经历塑造而成的，并且我从未真正摆脱偏见或无知对自己的束缚。而且就像很多在这片土地上长大的同行一样，我直到最近才开始明白，在了解具有其他文化、肤色和性取向背景的人时，我的能力是有局限性的。

在 20 世纪末，家庭治疗获得很大发展。今天它已成为一个成熟的领域，该领域的从业人员充满自信但不再盲目自信。在 40 年前，它还是一种全新的思维方式。

小“纵火犯”提托：对家庭动因和潜在结构的探索

我记得实习时最早接待的患者中有一个名叫提托·拉米雷斯的五岁小男孩，他与母亲和妹妹住在一间公寓里。他竟然在壁橱里放了一把火，后来被送到了儿童精神病诊所。除了患者母亲的一句话之外，接诊医师的记录中没有留下任何有价值的信息：“他的行为有些怪异，基本上不和其他孩子玩。”

放火、离家出走，再加上虐待动物，这些行为出现在小孩子身上都是不祥的征兆。所以我很想知道这个小男孩是不是患有精神病。我在一个摆放有玩具的房间里单独接待他，为的是让他在玩耍时表露自己的情感，这也是当时惯常的做法。在这些训练课进行时，他的母亲自然要回避，我们主要是担心她的出现会抑制孩子的情感表达。

在三周的时间里，提托玩得很安静，我在旁边观察并留下鼓励性的评语。在其玩耍过程中，唯一引人注目的是他一直都是无精打采的样子。他喜欢玩毛绒玩具和翻看《妇女家庭杂志》（*The Ladies' Home Journal*）中的图片。他从未要过飞镖枪或玩具水枪，而且尽管他对硕大的波佐玩偶很感兴趣，但从未击打它或与其搏斗。提托确实很安静，但他似乎并不特别怪异，当然也不神经质。

当我决定邀请他的家人参与治疗时，与其说是为了证明我的看法，不如说是为了解决我的困惑。我的所见澄清了我的困惑。

玛丽娜·拉米雷斯女士时年 20 岁，但看上去还要年轻一些。她身穿条纹背心和短裙，看上去更像一位准备赴约的小女生，而不是前往医生办公室的母亲。在她身上完全看不到母亲的样子。三岁的拉蒙纳是个淘气宝宝，那种安静的玩具不适合她！她在房间里疯跑，总在不断地抢玩具。她乱拍、乱叫、乱扔东西，而且当老师离开时，通常还会惟妙惟肖地模仿其他小朋友的动作。我等待拉米雷斯夫人让女儿安静下来。这一等就是很长时间。

提托看上去有些不知所措。有母亲在身边，他的胆子也没有变大，相反他似乎更加害羞了。他坐在母亲身边，紧紧抓住母亲的胳膊，有一两次试图爬到她的膝头上。他的母亲没理会他。她同样没理会拉蒙纳，仿佛她女儿的任性没什么好奇怪的。她希望谈论的只有她的男友利昂，以及他们遇到的各种烦心事。

一切都在顺其自然地发生。“小纵火犯”提托不再是那个爱惹事的小孩子，而是变成了一个孤独的少年，缺乏管教、渴望获得关注。在某种程度上讲，他的母亲也不再是有些残忍或神经质的家长。她是一个不太成熟的年轻女人，太过关注她自己的问题，却忽视了她的孩子。这一点任何人都能看出来。

尽管我还不掌握具体的家庭动因，但我有充分的常识意识到，在玛丽娜·拉米雷斯的生活中，排第一位的事是解决与男友的问题。一旦她做到了，在生活中有了某种安全感和一点爱，便能将注意力转移到她自己的孩子身上。除此之外，如果我再向她提供一点有关同理心和自律方面的心理辅导，提托的所有问题都会有显著改善。

* * *

一个充满机遇的全新世界就此打开。我并未看到个体间的互动和相互影响，而是开始注意到将家人联结在一起的模式。例如，事实证明，品行不端的孩子通常有树立负面典型的父母。要不是父母放任自流，一个六岁的孩子怎么会把脏盘子丢得满屋子都是呢？怎么会咬比自己小的宝宝？怎么会对父母出言不逊？但为什么会这样呢？父母又不是傻子。

问题通常可以归结为他们削弱了彼此的权威，要么是因为一位家长太严肃，而另一位家长又太宽松；要么是因为两位父母都很爱生气，拿孩子撒气。令我感到惊奇的是，我很多次看到一位家长指着孩子抱怨，说孩子与另一位家长的行为是那么相像。

不过，还是缺点儿什么。我能观察到某些表层家庭运作模式，并将家庭视为一个活动群体。但当我了解这个家庭的潜在结构时，我所学到的东西根本没有发挥什么作用。研究生课程中所讲授的多数家庭概念都是二元的。换句话说，反映的是两个人之间所发生的事。正如我后来学到的那样，两个人之间的互动通常是一种在双方受到第三方影响（一个过于依赖自己母亲的女人不太可能与丈夫充分商量事情）或其他活动影响下（一个工作狂丈夫可能不会与自己的妻子保持亲密关系，而一个把时间都浪费在无聊工作上的男人可能渴望获得超出妻子容忍限度的、更加亲密无间的生活）所产生的功能性反应。我们所学的课程只是强调离散过程——婚姻分裂和婚姻偏态、回避矛盾、嫁祸于人，而非如何理解一个家庭的总体结构。

我学习了不少术语，如假性互惠（pseudo-mutuality）、分裂与结盟（splits and alignments），以及被认别的患者等。但即使我的考试成绩拿到了 A，我与患者家庭交流的成绩也只能得 C。在前来接受治疗的人群中，除非治疗师做了某种蠢事（如为某个悲痛欲绝的人开出了抗抑郁药），否则有三分之一的人的危机都可以自行化解。另外三分之一的人仅仅通过交流便能恢复到较好的状态。对于剩下的三分之一而言，产生抱怨的根源都是家庭中那些根深蒂固的问题，仅凭交流是无法解决的，有些问题需要通过家庭结构性的改变来解决。普通人可能无法理解如何促成这些改变，而对于我这个年轻的家庭治疗师而言，我的脑子里也没什么头绪。

单面镜后的观察

在拿到博士头衔后，我找了一份助教的工作，这样我就可以把自己的聪明才智传授给更年轻的学生。我是家庭治疗认证专家，我的文凭就是金字招牌，我的执照也可以作证。有段时间我还非常自信。

我非常清楚如何让我的大多数学生在课堂上保持清醒，而我接诊患者的治愈率也继续保持在三分之二的水平上。只是没过多久，剩下的那三分之一便开始找我的麻烦。

专业教育届流传着这样一个神话：拿到博士或硕士学位，就意味着你拿到了当临床医生的敲门砖。实则不然，至少对我来说不是这样的。在读研时，关于大量的专业内容——心理测验、研究、行为疗法、格式塔疗法、团体治疗、心理分析治疗、家庭治疗等——我只学到了一点皮毛，而且我逐渐对所有这些东西产生了怀疑。多数研究生课程灌输的都是不可知论。

通过进阶训练，最优秀的治疗师才能脱颖而出。在治疗训练计划中，读书、看录像带、参加学术会议和研讨会都非常有用，但它们都无法替代一段时间的持续性、沉浸式学习。以我为例，正是在跟随萨尔瓦多·米纽庆（Salvador Minuchin）学习的那段时间里，我才第一次真正明白了自己正在做什么。虽然我在一两次研讨会上学习过结构化方法的基础知识，但都不如站在单面镜后观察别人和被人观察的那几个月对我理解力的影响大。

天文望远镜是用来观察星空的，而单面镜是供家庭治疗使用的。当一位患者在咨询室里单独接受面谈时，我们会很自然地认为患者自身是产生其问题的根源。但当我们观察患者与家人互动时，我们就不太可能把问题都归结到（患者）一个人身上。

* * *

在接诊一个家庭的同时，尝试了解这个家庭潜在的规律性变化，就如同你在一间人头攒动的夜总会里一边沉浸在嘈杂与兴奋中，一边试图跟上一段新舞蹈的节奏一样。还记得第一次与萨拉萨尔一家面谈时的情景吗？一旦扯下了礼貌的外衣，每当一个火爆的话题被抛出时，他们便开始争吵。我问萨拉萨尔先生一个问题，他便会说点什么，在不知不觉中削弱了妻子的权威。而妻子会感受到无声的反抗并对他发脾气，他立刻闭嘴并开始生闷气。接下来詹森会说些挑拨的话。当事态升级时，治疗场面就相当混乱了。家庭中出现的混乱状况是一种模式化的混乱，人们很容易看清楚。

当我第一次在候诊室里见到萨拉萨尔一家时，我没有看到家庭和系统的影子，只看到四个个体。甚至在学习家庭模式很多年以后，尽管我的意图是搞清楚他们是如何互动的，但我依然将他们视为不同的个体。我对拥有两副面孔的萨拉萨尔先生大为惊讶——他既是一位自信的教授，又是一位谦逊的丈夫。我无法深入了解萨拉萨尔夫人面对潜在伤害和孤独时的愤怒之情。我认为詹森的青春期冒险行为要比我接诊的很多患者逊色不少。我对希瑟也很感兴趣。她仅仅是害羞吗？有没有抑郁的症状呢？要摆脱对个体个性的成见，就需要进行周密的工作准备。

伟大的法国神经学家让 – 马丁 · 沙可（Jean Martin Charcot）曾经建议弗洛伊德反复观察事物，直到它们“自己开始说话”为止。如果我们可以从一面单面镜后观察，或者采用其他方式，让我们不必对家庭成员的互动做出反应、给自己带来压力，各种事物最终就会浮出水面。保持一点情感距离，我们可以观察家庭生活，并将我们的关注点放在家庭模式上，而不是家庭成员的个性上：谁和谁说什么了？怎么说的？然后又说什么了？

我们没有必要对家庭成员的互动做出反应，而是集中注意力，观察这个一团糟的家庭的一连串事件。我们可以简化并提取令人困惑的纷繁数据。我们可以发现一种模式化的舞蹈，在其中，家庭成员——也就是舞者——只看到私下里的竞争和偶尔的冲突。

治疗师坐在这面镜子后面，可以看到相同的模式一遍遍地重复。混乱的生活无穷无尽地展开，但家庭生活的基本故事情节并没有太多变化。下面我将对此进行说明。

* * *

我最近被要求配合一位治疗师的工作，他接诊了“一个极端复杂的”案例。这个家庭中有一对聋哑夫妇和他们的两个女儿：一个 13 岁，又聋又哑；另一个 11 岁，能听能说。这对夫妇希望治疗师向两个女儿解释服从家长的重要性，以及承担更多家务活的必要性。他们希望得到专业帮助，理由是他们失聪的状态令他们很难向孩子们充分解释所有这些想法。

有人听得到，有人听不到，由此引发了各种复杂状况，令治疗过程混乱不堪。治疗师可以直接和小女儿说话，但必须通过一位翻译与两位家长和大女儿交流。所以为了让大女儿向父母解释她的感受，就必须请翻译向她转述父母的请求，然后翻译再把大女儿的回答翻译给众人听。

但在了解了事情的前因后果之后，我们发现这个家庭的问题其实很简单。当两个聪明、早熟的女儿进入青春期后，两位家长并没有尽到做父母的责任。坐在诊室里，还要应对所有复杂状况，这让治疗师很难妥善处理治疗进程，而对于平静地坐在单面镜后的咨询师，问题就简单了很多。

* * *

我们怎样才能学会观察家庭生活中的自我挫败模式呢？可以从单面镜后总结出几点认识。其一是当我们并未积极参与其中时，我们对事件的观察反而会细致。

例如，假设一位母亲抱怨每天早上送孩子上幼儿园太难了。问题何在？怎么解决？我想无论是你还是她，都应该有自己的想法。但请记住一条单面镜经验：一定要抛下事先预想的刻板偏见，重点观察实际发生了什么，而不是你知道什么或假设发生什么。这样的话，你会发现下面这些似曾相识的场景。

早上 6:30，妈妈叫醒儿子，巴拉巴拉说一通话。接着她到楼下做早餐。半小时后，她上楼，又巴拉巴拉说一大通话。两个人都很烦躁。儿子走下楼，衣服都没穿好便吃早餐。妈妈开始数落儿子，并上楼去取他的鞋袜。她一边帮他穿戴整齐，一边继续唠叨。最终，妈妈怀着更为沮丧的心情，带着儿子来到街角，送他上了校车。每周都会有一次，妈妈唠叨得越多，心里越不痛快，儿子也错过了校车。出现这些情况时，妈妈要开车送儿子上学。

我选择了一个简单的例子（不过请相信我，这个例子很常见），在叙述时也希望把过程呈现得更清晰些：这位母亲替孩子做了太多事。虽然妈妈说个没完，但没有能够让儿子按照她所期望的去做。当然这个例子也不是特别恰当，因为它仅仅包含了一个家庭生活片段。“但是，但是……”她丈夫可能会说，“这和我可没什么关系。”错！家庭是一个系统、一个整体。即便某些家庭成员并未积极参与，但他们也是牵涉其中的。以下是对这个家庭系统运行的完整描述：这位母亲冲着孩子唠叨，让他赶紧准备上学；当他浪费时间时，她唠叨得更甚；当他错过校车时，她就开车送他上学；而她的丈夫则在冷眼旁观。

尽管就其本身而言，这一情景非常简单，但它清晰展示了家庭系统的运行过程（观察一个家庭系统如何运行的最佳方式就是令其简单化。不要把任何人排除在外，但要保持其简单化）。改善家庭关系最有效的方式是改变其基本运行模式。不是在旧模式下修修补补，如妻子更唠叨了，或丈夫告诉妻子她所做的一切都是错误的；而是通过尝试某种与旧有模式不具有连续性的新奇方法，创造一个新模式。你能悟出点什么吗？在这一模式中做出的任何改变几乎都将产生效果。真正的秘诀并不在于为个体问题寻找特定的解决方案，而在于发现系统运行的方向，进而改变它。

要想缩短送孩子去幼儿上学的时间，就要告诉这位母亲，她需要更加坚定地说出自己的要求，如果儿子顺从的话，就要给予奖励。然而，如果这个家庭维持原来的运行模式，即只有母亲负责照顾孩子上学，而父亲只是躲在一旁挑刺，那么这种变化仅会带来系统理论家所谓的“第一序改变”（first-order change）——一个保持不变的系统内的微小改变。而“第二序改变”（second-order change）——系统本身发生的基本变化，旨在让父亲更多地参与到与孩子的互动中，同时增加与妻子交流的时间。

* * *

通过阅读本书对治疗方法的描述，你就会明白要想做出改变，其实很简单。你所要做的，要么是专注于找到解决方案，要么是令问题具体化，要么就是找到一个巧妙的方法对原来徒劳无益的观点进行重构。为什么不去尝试呢？这满足了人们为难题寻找简单答案的迫切需要，而且也是这类书的卖点。

为方便读者了解家庭系统的运行过程，本书余下的章节提出了各种相关概念。其中一些概念可能非常贴合你目前的状态，你的问题可能被瞬间化解，而改变几乎在不经意之间就发生了。这种情况并不罕见。

* * *

家庭是面临一系列发展任务的社会单元。每个新的发展阶段都需要家庭组织结构发生转变。若想促进家庭生活健康发展，有项内容很关键，即认识到家庭结果重组的必要性以及家庭结构重组过程的灵活性。

在下面的章节中，我将介绍涉及家庭发展的若干任务，而你将看到萨拉萨尔一家人的相对成功和相对失败的状态，是如何让他们演变成我们在治疗师办公室里见到他们时的样子的。

你所看到的并不是类似烹饪技巧这样的内容。事实上，就家庭治疗实践而言，我有很多话要说，而你也将看到若干干预案例。但这本书的真正主角还是萨拉萨尔一家，不是我。在阅读他们的治疗过程内外的生活经历时，我希望你能意识到，对人们的深入了解比任何改变他们的技巧都要重要得多。

第3章

爱的青春梦：

把最好的一面呈现给彼此

沙伦和斯图尔特·萨拉萨尔在第一堂治疗课后并未说太多话。她喜欢这位治疗师。而治疗师似乎也知道自己在做什么，但在这个问题上，她觉得最好不要和斯图尔特说太多。斯图尔特对治疗的态度比较含糊。增加一个盟友固然不错——不用总充当“坏人”了，但斯图尔特并不真的希望马上参与进来。他心里要考虑的事情太多了。

接下来周一的晚上，斯图尔特很晚才下班回家。马路上的积雪变成了湿滑的灰白色泥浆。他依然记得早上上班途中看到的漂亮雪景：纯净、洁白、柔软、美丽。

当他最终回到家时，私家车道还没清理出来，所以他只能把车停在马路边，踩着厚厚的积雪，艰难地走到前门。等他走进屋子里时，感觉双脚又湿又冷。

“回家的路上还顺利吗？”沙伦关心地问道。

“还好，街道上都清理干净了。”斯图尔特一边说，一边为自己倒了杯葡萄酒。

“晚餐差不多准备好了，过来坐下吧。”

“孩子们呢？”他问。

“詹森出去了，我不知道他去哪儿玩了。希瑟在楼上自己的房间里，快坐下吧。”

“难道你就不能等我五分钟吗，让我先放松放松？”

此时的沙伦有些抓狂。她还没问他为什么这么晚才回家呢，他却冲着自己发脾气。“你就不能坐下来陪我，非得先喝酒吗？”

“你就不能让我单独待会儿吗？不能因为你爸爸不喝酒便不让别人喝酒吧。”这是斯图尔特的心里话，但他没说出来；相反，他顺势安静下来。他们静静地吃过饭。饭后，为了补偿心里的愧疚，他开始刷碗。

“别想讨好我！”沙伦厉声说，“自从我们和尼科尔斯医生会面后，你还没有发表过意见呢，我也害怕提起这件事。因为无论我说什么，你都把话岔开。多大点儿事啊，别耗着了！你就会竖起一堵墙，然后躲在后面。”随后，她气哼哼地走进卧室并把门摔上。

一时间烦恼变成了恐惧。既然他的沉默都让她反应如此激烈，假如他说出自己的真实感受，会出现什么情况呢？他可从没想过赌气离开。他也不会和她那样大喊大叫。她令他感到害怕，而这只会让他充满愧疚感，并化解内心的愤怒之情。在他挣钱供养的这个家庭里，她令他感到害怕。

如果这段婚姻再持续 20 年，他可能会经历各种温馨的事件：孩子大学毕业，全家一起度假，父亲在子女的婚礼上喜极而泣，见到隔代人，等等。但现在只有可怕的冷战。他讨厌她。

一阵微弱的抽泣声从卧室里传出来。许多个夜晚，她这种形式的示弱都是令他走向失败的终极武器。然而今晚不同了。如果他走进卧室，请求原谅，他会遭到鄙视。对，让她道歉！就让她说一次“我很抱歉”，不过希望渺茫。

晚些时候，在看过 23:00 播出的新闻之后，斯图尔特终于控制不住疲倦感，蹑手蹑脚地走进卧室。他脱掉衣服，然后爬上床去，尽可能不弄出声响。房间里漆黑一片，但他知道她还醒着。遇到这种事，她是睡不着觉的。

他们都静静地躺在黑暗中，努力保持安静，都看不到对方。给人的感觉是，要不是存在一点噪音，他们仿佛就不存在一样。也有一些晚上，她似乎成心制造噪音，就是为了激怒他，因自己受到冷落而惩罚他。但今天晚上有所不同。今晚的她就像一只野兽，安静、无声地躺着，不希望被发现。他想，她想必真的气坏了。他的肚子咕咕叫了起来。

过了很长时间，沙伦的呼吸变得更有规律了，显然是进入了睡眠的节奏。但对斯图尔特而言，睡眠却一直没等来。他回顾了他们争吵的过程，所有的理由都显示他是对的，她是错的。“我做错什么了？她竟然像泼妇一样对我。”

当他躺在床上思考时，或者更确切地说沉思时，他被沙伦翻身时睡裙发出的沙沙声搞得心烦意乱。记忆涌上心头。曾几何时，她的衣裙发出的沙沙声却搅得他心旌摇荡。

我们在阳光下歌唱

沙伦和斯图尔特相识于楠塔基特岛①。那年暑假，他在上大四前到福克斯司农提酒店做勤杂工。一天晚上，大约 21:00 的时候，沙伦和父母走进餐厅。她看上去有些面熟，像他们学校的一个人，但他不太确定。女孩的穿着不像在校大学生：一袭红色丝绸连衣裙搭配一串珍珠项链。他猜珍珠应该是真的。她和父母坐在一个角落里，从他正在清理的餐桌处正好可以望过去。长长的黑发、丰满的嘴唇、黑黑的大眼睛——她当然看上去很眼熟了，因为她实际上并不像他在校园里见过的那个女孩子，而是长着一张索菲亚·罗兰似的明星脸。

令他惊奇的是，她竟然朝他走了过来。他的心怦怦直跳。“你是在哈特威克学院读书吧？”她问道。

“是的，你是？”

“沙伦，沙伦·南森。”

“你以前来过这儿吗？”他能听到自己的说话声，他太紧张了。她看上去是那么地精致。他闻到了她身上的香水味。

接着听到她说，“嗯，我想我要回到我父母的座位旁了。我们早上乘渡轮回去。也许我会在校园里见到你。”

“一定会！”他说，但他的心声是“太棒了！”当她离开时，他看到她的裙摆前后摇荡，轻柔地摩擦着她的丝袜。

斯图尔特回到学校后便一直在寻找沙伦。他一定要再次见到她。她太漂亮了，他没有勇气约她出去玩；相反，他四处打听她的来历。功夫不负有心人，他知道

① 楠塔基特岛是美国马萨诸塞州南部的一座岛屿。——译者注

了沙伦·南森来自纽约。这也解释了为什么她在福克斯司农提酒店就像在家里那样自在。她曾经交往过一个上大四的男友。去年春天，男友毕业时，他们分手了。

第一次巧遇沙伦时，斯图尔特非常紧张，就说了几句话，除此之外什么都没做。你的暑假是怎么过的？你在上什么课？令他感到惊讶的是，她是那么地友善。他想她一定是个很好的女孩。

他一直在寻找各种借口和她说话。不过谈话的内容很肤浅。他为自己的无能感到很窘迫，因为他竟然连一个表达好感的词都说不出口。他觉得她既浪漫又神秘。她属于“他者”（the other），一个很奇怪且与众不同的人。这个女人代表了在他看来自己的生活中缺失的所有事物。他实在没办法告诉别人，这些事物都是什么。事实上，他搞不懂沙伦的“他者性”（otherness）体现在什么地方。

女权主义者辩称，“他者性”暗示了女人作为“第二性”的不同和自卑。但对斯图尔特而言，沙伦的不同洋溢着一种吸引力。她也发现了他的不同——他比她认识的其他男生更绅士，而且他似乎给了她充分放松和独立的空间。她过去习惯了被男生众星捧月的感觉。斯图尔特与众不同，也很风趣，令人眼前一亮。

斯图尔特的自信心不足，便转而发挥自己的幽默感。他非常擅长说俏皮话、模仿某些教授的怪癖，所以人们并未将那些令人捧腹大笑的玩笑视为一种距离机制。如果一个人总在社交场合开玩笑（与这个玩笑，以及讲笑话的人是否睿智无关），这意味着这个家伙会从这次社交活动中退缩，并暂时保持一种距离感，因为他尚未想清楚自己是否要全身心投入此次社交活动中。不过沙伦对这一点似乎并不在意。至少现在是这样的。

斯图尔特的心已经收不住了，但从简单聊聊天发展到追求沙伦，这跨度未免有些大，这就像富人和穷人之间的鸿沟似乎很难弥合一样。

最终在仲秋时节，他鼓起勇气向沙伦求爱。对他来说，这是一个重要时刻；而对她来说，这就是赴约看一场电影。后来，在她宿舍的台阶上，他问是否可以吻她。她说不行，便走了进去。他顿时就成了泄了气的皮球。后来她告诉他：“你本来可以那样做呀，为什么你不能更自信些呢？”

斯图尔特感觉很受伤。他鼓起很大勇气才向沙伦索吻，而她一句轻飘飘的

“不行”便把他打入冰窟。在他的意识里，她的潜台词不是“不，我不想吻你”，而是“不，我并不真的喜欢你；不，我们的关系不可能再进一步；不，你不属于我的朋友圈”。他接下来的行为最终演变成二人之间的一种关系模式。他败下阵来，并自我安慰。他开始回避她。他在心里默念，决不允许再有人伤害自己。他做起了白日梦，梦到出家当了僧侣——很孤独，但也很纯粹、很安全。这只是一个白日梦而已，但他在接下来的几天里竭力模仿梦中的情景：闻鸡起舞、刻苦学习、避免和人们交往，即便散步，也是独自一人走很长的路。

斯图尔特在这个梦境中找寻到了慰藉。他告诫自己，他并不需要任何人。然而有时他发现，自己时常想象他对自己正在躲避的人具有巨大的吸引力。别人认为他很坚强、很神秘。沙伦或许猜到了他受到了很大伤害。或许她为自己的所作所为感到抱歉。或许……噢，还是忘了这件事吧，他不愿意再去想她。

沙伦当然注意到他了。不过她并没有把他想象成一个神秘的僧侣——而是一个感情很容易受伤的男生。起初她对他那么敏感很恼怒，但接下来她品味出一丝甜蜜感。一天晚上，她在图书馆里见到他，等着和他说话。当他最终离开时已经10:30了。沙伦在外面的台阶上追上他，在黑暗中和他并排行走。“嗨！”她一边打招呼，一边伸出手来。

斯图尔特缩回自己的手并说，“有什么事吗？”

“你不要难过嘛，我很想你。”

斯图尔特呆住了。这正是他希望听到的话，但他不确定自己是否还要继续疏远她。

沙伦打破僵局。“过来。”她说，并用手捧着他的脸庞，把他的嘴唇搬过来。二人双唇相贴，她的嘴巴张开，温润的感觉无法言表。现在他一句话没说。他的手在沙伦的毛衫下滑动，而她则稍稍拱起后背。手指的摩挲令她感觉如此美妙。但她接着反应过来，他们还在学校里，便轻轻牵起他的手，让他的双手环绕在她的后背上。她的身体依然贴着他说道：“我们在这里不能这样。我明天可以见到你吗？”

“可以。”

第二天晚上 7:30，斯图尔特在沙伦的宿舍外面见到了她。她拉着他走进前厅后面的大会客厅里。厅里的灯都没打开，但斯图尔特可以听到另外一两对情侣发出的窸窸窣窣的声音。沙伦领着他走到角落里的一个皮沙发上，并再次吻他，和上一次的感觉类似，但这次感觉更好了。她的嘴里依然火热、湿润。他们吻得口腔里的肌肉都酸了才停下来。

沙伦的心跳加速，呼吸变得急促起来。当斯图尔特的手解开她的上衣纽扣时，她感到斯图尔特的手在微微发抖。沙伦眼神迷离，身体后仰，希望拥有所能享受到的所有愉悦。

他们开始每天见面，一起吃饭。他陪她去上课。他们一起学习。沙伦坐在足球场边看着他练球，她喜欢和他腻在一起。他们俨然是一对儿了。吃过晚餐，他们进城看电影，或在快餐厅喝啤酒和听音乐。回到学校后，他们通常挤在沙伦宿舍的沙发上享受甜蜜时光。有时吃过晚餐后，他们甚至直接回她的宿舍。

他们并非没有矛盾，但斯图尔特不在意。他已经彻底迷上了她。这想必就是爱情的力量吧。

沙伦“喜欢”斯图尔特。他有头脑，有抱负，做事认真，将来必成大器。“不过如果他再自信些就更好了。”她想。假以时日，她能把他的毛病纠正过来。他确实是一个潜力股。

这一年剩下的时间匆匆而过，草木枯荣，冬去春来。暑假过后，转眼就到了斯图尔特决定今后人生走向的时刻了。他已经计划读爱荷华大学或加州大学伯克利分校的英语研究生。不过他现在并不想离沙伦太远，于是他申请了康奈尔大学。伊萨卡城距离哈特威克学院不远，而且离沙伦在纽约的家也很近。

就像过家家一样，他们谈到了结婚问题。沙伦说，他们应当住在瑞士半山腰的牧人小屋里。斯图尔特说他们应当生四个孩子，长得都要像沙伦。但沙伦明确说她不能和非犹太教徒结婚。不过斯图尔特眼下也不确定自己是否做好了结婚的准备。作为相互理解的象征，沙伦说：“《我们在阳光下歌唱》[①]（*We'll Sing in the Sunshine*）是关于我们的歌。”

又过了一年，沙伦开始读大四，她在每隔一周的周末能见到斯图尔特。有一两次，她开车去伊萨卡，但多数情况都是他回到哈特威克。接着就是去纽约度周末。沙伦经常回家，斯图尔特喜欢去这座大都市找她。回到位于奥尼昂塔的哈特威克学院也不错，但在城里度周末更令人陶醉。

* * *

心理抗拒理论（psychological reactance theory）显示，当人们认为自己失去了某种东西时，反而更加渴望得到它。当人们认为得不到某人时，他们也更渴望得到这个人。将恋人分隔开的障碍会增加他们的依恋程度。如果你由此想到了《罗密欧与朱丽叶》，与你有同感的人并不在少数。父母越干涉年轻人的婚姻大事，那些恋人们彼此收获的爱意就越浓烈。

* * *

斯图尔特与沙伦相处的时间是其真正放松身心的时候。而在其他的时间里，他就是一个看客。当他感到无聊的时候，他会观察街道上甚至课堂上的人们。他认同一些人的生活态度。他钦佩自己的大多数教授和那些看起来自由自在、非常自立的人。但还有很多人，他不喜欢。有太多的人是那种无聊、鲁莽、吵闹、玩世不恭的粗鄙之人。沙伦不是这样的人。和她在一起时，他喜欢聊自己所关心的事情——大作家为什么比心理学家拥有更丰富的人生阅历，为什么说人们一边挣钱一边花钱是在浪费生命。多年以来，斯图尔特积累了无数重要的想法和意见。现在他终于有了一个可以无所不聊的对象了。沙伦全盘接受。

他们的周末是非常充实、全身心投入的一段时光，不留一丝遗憾。周日下午的最后一项活动是在灰狗公交站告别。他们会坐下来一边说话，一边等车，局促不安地等待令人伤感的离别时刻的到来。在公交站说话很不方便，而不说话更让

① 《我们在阳光下歌唱》是 20 世纪六七十年代流行于美加地区的爱情歌曲。——译者注

人难受。他们热烈地吻别，然后他登上公交车。她总是等着、看着他离开。他从来没有像现在这样爱她。

等他在座位上坐好，公交车也启动了，由火热恋情所带来的紧张情绪慢慢消退下去。他通常会读一会儿书，然后欣赏窗外的风景，看着树木快速掠过。独处的感觉渐渐袭来。又过了一段时间，孤独感充斥了内心。那是一种怅然若失的孤独感。事实上，他很享受这种感觉。

沙伦读完大四后没有了继续深造的热情。她还没有计划好自己的未来，斯图尔特不在身边的时候，她感觉自己当前的状态就是在混日子。

圣诞节后，斯图尔特买了一辆二手绿色沃尔沃，已经跑了四万英里①，从外表也能明显看出来。尽管不太漂亮，但只花了他 600 美元，而且开着还不错。虽然这辆沃尔沃让斯图尔特感到自己稍稍有些出格，但这件事也没让自己觉得有什么大不了的。

对斯图尔特来说，一切都在走上正轨。他已经开始读研究生课程，学习成绩也比自己预想的要好。但到冬末的时候，他感到越来越孤独。他意识到没有沙伦的日子实在难熬。马上结婚似乎是这个世界上最好的办法。一想到今后可以在自己公寓里的床榻上与她共度良宵、长相厮守，他就忘了之前的烦心事。

凌晨 2:00，沙伦卧室的电话铃声骤然响起。“怎么了？”她问，她听出了斯图尔特的声音。

“没事。我很寂寞。我想见你。”

“好吧。这个周末过来吧。”

“我会在中午的时候到你那儿。”

“我等你。”她说。

“晚安，我爱你。”

“我也爱你。”

① 1 英里 ≈1.609 千米。——译者注

他没打算现在提结婚的事。整个周末他们都会在一起，到时候如果一切顺利的话，他会在周日向她求婚。他是周六开车过去的，他们和她的父母共进晚餐。沙伦的母亲把所有饭菜摆上餐桌，大家各取所需。这算是一种家庭风格吧，不过与他的习惯不太一样。在他的家里，一切都更正式一些。周日，斯图尔特和沙伦到外面吃早午餐。饭罢，他们溜达到中央公园，在这里他向她求婚了。

"沙伦，我想与你共度今生。你愿意嫁给我吗？"

沙伦惊呆了。他曾经向她求过婚，不过有些开玩笑的味道。一般她会笑着说："我们再等等看。还是看缘分吧。"这件事当时就放下了。但今天的沙伦热泪盈眶。她扑到他的怀里，颤抖着说愿意。

很晚了，斯图尔特才回到车上，并踏上漫长的归程。公路上的雪正在被轧成冰板，右侧车道上，汽车排起长龙，缓慢前进。收音机里传出弗兰基·莱蒙的歌声，"为什么傻瓜会坠入情网？"斯图尔特并未注意歌词，他只是一边开车，一边感受音乐的节奏。下雪对他来说不算什么，他在快车道上高速行驶，幸福满满。

为什么傻瓜会坠入情网

结婚是一个人一生中做出的最重要和最不理性的决定之一，这不是什么秘密。问题的关键并不在于人们是傻瓜，或结婚本身是非理性的。问题在于这个决定对我们来说通常充满了浪漫的朦胧感，以至于我们很难看清楚我们是要和谁结婚或婚姻到底为何物。

如果真有幸福降临的话，一般都是爱情先至，友谊后来。如果是反过来的话，可能更好。

沙伦和斯图尔特现在爱得如胶似漆。他向她袒露自己绝对不和其他人提起的小秘密和宏图大志。她也放下戒备之心，尽显自己小女生的一面。他喜欢她像纯情女孩那样说话的样子。这让她看上去是那么甜美而柔弱，也让他平添了保护她的男子汉气概。他怎么会不爱她呢？

他们依然有太多不了解对方的地方。他们人格中的某些方面都被他们刻意隐藏起来了，而其他性格特点在他们结婚后也不会很快暴露出来。由于朋友和恋人不会像我们的父母那样容忍我们的各种毛病，所以大多数人在离开父母家后都会克制自己略显孩子气的行为。但到后来，在我们结婚并成为新家庭的成员之后，我们中的大多数人就会露出我们的本来面目，并开始像青少年一样面对挫折做出强烈反应。这就是婚后前几个月我们都在百般试探对方的原因。

对于为什么人们会坠入情网并结婚这样的问题，没有比热恋中的年轻情侣更不感兴趣的人了。这也令探究个中理由——无意间流露出来的愿望、美好幻想、生活史、与父母的关系、价值观以及人生抱负等——显得似乎有些多余。大多数身处恋爱关系中的人都不会感兴趣。

婚前咨询曾经是我最喜欢的工作之一。帮助两个人在缔结连理前化解矛盾可能比帮助他们在婚姻道路上“永远快乐地生活在一起”更有成就感。哈！多数找我做婚前咨询的情侣其实都存在严重的问题。我通常都是建议他们推迟结婚的决定，直到他们确认可以解决自己的困难时再予以考虑。与一个无法好好相处的人结婚是没有意义的，不是吗？

这些情侣多么不相配，或者他们在解决自己的问题时的表现有多么糟糕，似乎都不是问题，因为他们的才智可以弥补这方面的缺憾。不过要是二人已经海誓山盟，婚期也定下来了，却又被迫取消婚礼，那可就太令人难堪了。还有比取消婚礼更糟糕的事情吗？

* * *

沙伦和斯图尔特认为他们已经非常了解对方了，而且剩下的那点儿不喜欢对方的地方只要假以时日都会得到解决。对于婚姻大事，他们貌似都经过了慎重的考虑，是受到强烈渴望的驱使，并因深深的、本能的紧迫感才结合到一起的。

婚前的沙伦性格温顺，但有些骄纵。她因貌美而被人夸奖，但她从未当回事。可以想见，家庭是她未来的归宿，仅此而已。虽然沙伦也有自己的志向，但她却按部就班地进入了家庭生活的轨迹。她在家里娇生惯养，在学校里也是要风得风，要雨得雨，缺乏自律和获得个人成就的动力，也就无法推动自己走上职业道路。在遇到斯图尔特时，她已经承认自己在个人前程方面落败的事实。在 30 年前，这种情况很常见。

斯图尔特是一个年轻男人，承受着来自事业方面的压力，并且在获得亲密关系方面没有把握，所以存在很深的不安全感。沙伦同样有不安全感，但并不想彰显自己的独立意识，而受到自己的本能驱使，要和比自己更强的人结合。斯图尔特的求婚让一切看上去是那么地正确无比，因为那一刻消除了她生活中的所有烦恼。她希望结束令其少女时代如此痛苦的情感困惑。当斯图尔特说出这句神奇的“我爱你”之后，他点燃了她坠入爱河的所有梦想。

请注意“坠入爱河”一词：一种被动获得幸福的行为。这个词让人感觉好像一切都是水到渠成的，就好像在你生日那天你理所当然地会收到生日礼物，或者说在六月上学的最后一天，你自然会感到无比轻松。人类对幸福唾手可得的渴望似乎是无限的。

斯图尔特对其弱点的恐惧被其伪装成了自己的长处。他不太喜欢聊闲篇，但在沙伦的心里，这是一种性格上的优点。沙伦是一个害怕独立做事的女孩，但在外人看来，她是一个完美的伴侣。他们坠入爱河是再自然不过的事情，因为他们都在对方心目中具有完美的形象。

我愿意

沙伦没想到，举行一场婚礼会那么麻烦。需要预订餐馆、鲜花，选择乐队以及演奏的乐曲，还要拟定嘉宾名单、挑选请帖样式、分配餐桌座位（“你不能把阿黛尔姨妈安排在那张餐桌！”她的母亲说），等等。婚礼本应是非常浪漫的活动，但筹备这场婚礼却是一个苦差事。

彩排过后的晚上，沙伦的父亲在帝国餐厅举办了一次盛大的家庭晚宴。席上觥筹交错，欢声笑语，好不热闹，但沙伦发现斯图尔特有些异样。虽然他面带微笑，但面对这么多女方亲友似乎有些格格不入、局促不安。**她想：“这是一个错误。我不爱他。他只是一个大男孩。”**

婚礼那天，沙伦早上 6:00 起床。她有些紧张，感觉胃里不舒服。她和母亲前往沙宣美发厅，她们都是在那里做的头发。花了那么多钱，但效果不是太好。自然她的脸色很不好看，但她依然在克制着自己的情绪。此外，她都事无巨细地参与其中，这让她没有时间好好思考。

朋友罗杰从遥远的英国飞过来参加婚礼，斯图尔特和他共进早餐。不过多数时间他想独处。他走的距离有些长。沿百老汇大街，经过河滨教堂，然后一直走到他曾经和沙伦在中央公园看到的露台花园。他一边走，一边想事，但没有想婚礼或结婚的事，甚至都没想到沙伦。他故意避开这些话题，转而集中精力思考"更大的"事情：时光短暂，他要尽快实现自己的人生梦想。而且他很善于见微知著：泛着暗淡波光的哈德逊河水奔涌入海；神态痴迷的购物者盯着橱窗里一排排闪闪发光的商品。**"这就是物欲啊。"**他想。斯图尔特正在以与备考或备课相同的方式筹备这场婚礼，并通过散步和思考来遏制自己的焦虑感。

犹太教堂前，沙伦和他的家人姗姗来迟。她父亲的心里惴惴不安。面对众人，他很紧张，有些手足无措。她可从未见过父亲这个样子。她一走进教堂，就看到了斯图尔特，心中顿时舒服了很多。他面带微笑。一切顺利。

新娘化妆间里挤了很多人。婚纱礼服不太符合她的预期。但当她穿上时，众人发出一阵惊叹声。她很兴奋，稍稍有些失态。

婚礼进行得很快，所以沙伦并没有时间关注所有事，只是记住了一些零星细节。她尴尬地发现下巴处出现了两块红斑，虽然试图通过补妆遮盖一下，但没有成功。她注意到当她和父亲穿过走廊时，父亲眼睛里饱含热泪。"他真的很爱我。"她想。她对仪式的记忆有些模糊。参加的人有拉比、斯图尔特，以及站在身后的亲朋好友，然后她听到自己说"我愿意。"就这些。

斯图尔特被拍照搞得很烦躁。每当他想和别人说话或喝香槟时，摄影师便把他拉开。"大家好，让我们祝新郎、新娘和新娘的父母幸福。"**"这到底是谁的婚礼？"**斯图尔特想。但他知道答案。这是沙伦一家的婚礼。

当斯图尔特与沙伦并排站在鲜花华盖下时，各种噪音、各种活动、各种喧闹……一切都停顿下来。现场非常安静。但他的内心却激情澎湃。拉比的话似乎字字珠玑。今天的沙伦很美，仿佛同时具有女人和小女生的气质。"你……吗？""我愿意！"他发自肺腑地说。接着魔法消失，夜晚重归混乱。

他们回到楠塔基特岛度蜜月。上岛的第一天，沙伦撞上了月经期，她还有便秘的毛病。这让斯图尔特的美梦破灭了。他感到郁闷，有上当的感觉，仿佛她在对他隐瞒什么。**“一直到现在。”**他想。沙伦也感觉很糟糕。她也没有预料到这种情况。

不管怎样，他们还是努力开开心心地度假。这里的夏季只有过了 7 月 4 日后才算真正开始，所以他们得以避开夏季如织的人流，尽享海岛美景。

在海滩上漫步时，斯图尔特和沙伦遇到了一对老夫妻——比尔和埃米莉，20 年来，每年夏天这对老夫妻都会到岛上来。他们一起消磨了不少时间，也收获了很多欢乐。

比尔知道有人有一艘游艇。一天晚上，这对新婚夫妻趁着月色，出海巡游。他们紧贴着坐在帆布躺椅上，喝着葡萄酒——这是他们梦寐以求的甜蜜氛围。沙伦偎依着斯图尔特，将手探进了他的衬衫里。她轻声呢喃：“我爱你。”他们沉浸在幸福中。

第4章

相爱容易相守难

蜜月并未持续太长时间。如果待在楠塔基特岛超过四天的话，他们在费用上会承受不起的。另外，斯图尔特作为暑期辅导班的助教也必须走马上任了。

他找到的这套公寓比较便宜，但很舒适。客厅、卧室、浴室和厨房看上去都很宽敞，很合斯图尔特的心意。他迫不及待地等着沙伦住进来陪他。但当他们把家具搬进来后，空间似乎有些拥挤。沙伦说房子很温馨，但他听她在电话里告诉自己的母亲，说厨房只有一间电话亭那么大。他想，这就是她的风格，说话总那么夸张。

结婚后前几周的生活，他们感觉和约会差不多，只是不再有人偷窥他们。这种亲密感让他们非常放松——不用刻意展示出自己最好的一面，而且更加自由地暴露他们全部的天性，至于外表是否光鲜不太重要。结婚后的斯图尔特感觉自信心提升不少。他现在有了一个妻子——一个在外人眼中漂亮、聪颖的女人。这是他的自身价值的体现，他现在很得意。

和沙伦待在家里时，他感觉非常安全，这让他放下戒备之心，不再刻意压制自己的需求，而沙伦在生活中的悉心照顾也让斯图尔特感到心满意足。她喜欢为他做饭，而且为花钱给他买东西而感到高兴——特别的甜点、昂贵的衬衫、大幅的红浴巾。“你会宠坏我的。”他说。“是啊，可你也喜欢这样啊。”她调皮地回答。

当斯图尔特需要她时，沙伦会感觉很幸福。她所要求的回报只是适当的欣赏。

斯图尔特把沙伦拉进了自己在英语系的朋友圈。他们开始频繁地参加派对，他们的小公寓也变成了研究生们的情感基地。在其中一次派对上，教导主任告诉沙伦，她可以兼职做新生辅导员。这份工作还是不错的。在照管学生的过程中，沙伦不仅收获了乐趣，也顺便得到一笔收入。

* * *

结婚后，我们性格中被掩盖的部分显露出来。[①]大多数人在长大后都会离开父母的家，然后跨进广阔的社会，努力表现出自己最好的一面。婚姻重新塑造了家庭，而家庭是塑造我们自身形象的地方。

当恋爱期开始时，我们竭尽全力展示最好的自我。**或许她喜欢这个样子的人。**到了后来，我们在自己的伴侣面前暴露出几个不同的自我，我们曾经做出的承诺也历经考验。虽然他们正在约会，但沙伦已经认识了“好几个斯图尔特”：一本正经的学生、激情燃烧的求婚者，以及一个形象大变样的踢足球男生。她认为自己是和两三个这样的家伙结了婚：一个逗她笑，一个非常自律，还有一个让她感觉非常安全。甚至她自己也在偷偷希望与几个这样的自我结合，从而与自己性格的不同方面形成互补。当她感觉自己像格蕾丝·凯利时，他就是加里·格兰特；[②]当她害怕时，他就是护花使者；当她需要帮助时，他就在身边。

令人遗憾的是，并非所有这些理想状态都能持续很久。

* * *

在教导主任办公室工作首日后，沙伦回到家，看到斯图尔特坐在客厅的沙发上。

“你今天感觉怎么样？”他问。

“很好，谢谢。”但如果他不抚摸她，她在他的怀里便无法放松下来。难道光抱着不行吗？他那不安分的双手四处摸索，一刻也没消停，而她也从未感到轻松过。

这些另类的斯图尔特都是从哪儿冒出来的？现在的斯图尔特是那个总是和她起腻的，还是那个很会说话但不会倾听的人呢？听这个英语系的老师饶舌总让她感到紧张。有些话很有趣，但仅此而已，他也没说过别的。沙伦心里也有话说，

① 说到婚姻，我的意思是它是在两个人之间形成的一个承担义务的联盟。为了避免暗示此类联盟仅以传统婚姻的形式出现，我会尽可能地多用亲密伙伴关系和伴侣关系之类的字眼。

② 两位都是已故好莱坞著名影星。——译者注

但他注意过吗?

哦，好吧。无论是好还是坏，你和一个人结婚，就要接受他的一切。沙伦花了好几个月的时间才认识到这一点，甚至增加了些许包容。好吧，无论如何都要接受这种观念。

* * *

对于一对夫妻而言，在其婚姻生活的早期阶段，治疗师介入进来可能是有效果的，因为治疗师可以让他们明白，他们是两个不同的人，拥有不同的行事风格和期望值，要学会包容对方。人们通过自己的行为方式形成富有特色的人际关系。当这些行事风格发生冲突时——在某种程度上讲，这是他们必须经历的，伴侣之间的感受都是很受伤。如果二人一直等待下去——大多数人都是如此，直到他们真的气哼哼地指出他们的性格差异时，他们的抱怨或许会变成攻击。

在写完上面这段文字后，我忽然想到我妻子昨天和我说的一件事。当我问她希望去哪家餐馆吃晚餐时，她抱怨说，她很讨厌在外面吃饭，不想出去了。我将其视为一种批评，觉得这番话伤害了我的感情。但她的本意未必是在批评我，也许她并没有生气，也许她只是在表达一下不同的想法。

家庭治疗有一个优势，它鼓励夫妻之间交流他们的感受。治疗师通过让每位伴侣学会倾诉和倾听，可以将原本的一通指责变成一次情感表达过程。这样做会产生显著效果。不过令人遗憾的是，很多小夫妻都是等到问题已经很严重了才会寻求治疗。

为什么你对我那么刻薄

是的，异性相吸没错，但他们生活在一起时就可能产生矛盾。人们都羡慕异国他乡的生活，所以会花很多钱去遥远的地方旅行。不过事实证明在那里生活也是存在困难的。这也可以解释一种情况：虽然听起来不太浪漫，但拥有相似的背景确实是婚姻美满最重要的要素之一。[①]

* * *

沙伦喜欢上斯图尔特有多方面的原因，但最令其倾心的似乎是他比她的家人更严肃和稳重。现在她发现了严肃的另一面——在大多数情况下，他那种郁郁寡欢的样子总是让她无法靠近。他说得最溜的话似乎是“我得走了”。

当初沙伦最欣赏斯图尔特做事一本正经和自律的风格，但现在看来，他的这个样子让人感觉有些死板、不那么随和。他所做的一切都是要经过深思熟虑的。例如，是不是去看场电影、如何打发周日的上午，这些不起眼的小事原本只需给予些许关注即可，但现在变成了需要严肃对待的事件。他把大部分时间都用在他自己和他的工作上，再加上像“我应当”这样的命令式的句子总是挂在嘴边，就给人感觉他仿佛在下定决心消除某些障碍。沙伦欣赏他的认真负责、踏实肯干，而他却做得有些过分。他不会忘记自己或迷失自我。所以对他来说，他很难委身于她、经营好他们的婚姻。正如沙伦所发现的那样，虽然他竭力克制自己的愿望和欲望，却也很少关注她的情绪。

当初他们开始约会时，沙伦的某些性格特点令斯图尔特非常迷恋，但后来却变得越来越难以接受。有陌生人在场时，她很害羞；与朋友一起外出吃饭或参加派对，她很少说话；她不止一次低声和斯图尔特说：“别把我一个人留下，我和这些人没有话说。”他发现这种举止会让女友看上去更加可爱，却让妻子看上去不太得体。

在家里，她就像换了一个人。当初她和父母一起住时，他见识过。现如今和他在一起时，她渐渐变成了话痨。斯图尔特恰恰相反：只有在特殊场合时，他的话才会多些。在家里，他喜欢清静。他们是如此不同。

尽管人们并不认为沙伦是一个没有安全感的人，但她总是对拒绝的迹象充满警觉。她从不介意主动张罗一些事：邀请人们外出逛街，举办派对。但一旦她的

① 截然相反的事物似乎具有吸引力。其中一个原因是，一个人所不具备的某些个性可能在一开始是令人向往的，但随着时间的推移会变得令人讨厌。研究人员将这些现象称为“致命的吸引力”（fatal attraction）。

脑子里留下了谁拒绝过她的印象，无论斯图尔特再怎么说都不能消除她的这种想法。他们都没意识到，这些关于给沙伦留下不好印象的人的那些讨论，其实也适用于他们的婚姻关系。他想安慰她，反而让她更加生气。每当他试图解释某个朋友并没有怠慢她的意思时，沙伦都会说："你怎么和她一个鼻孔出气！"最终，他不再争辩，默而不语。顺便提一句，沉默也是值得思考的课题。

* * *

对每个坠入情网的人而言，他们的行为都是似曾相识的。问题是斯图尔特和沙伦试图给予对方的，其实是他们自己想要的。因此，他们的婚姻之路便逐渐充满了误解和矛盾。

斯图尔特的父母也做了很多让他感到恼怒的事。他的母亲批评他的父亲只关心自己的工作，却几乎不踏进厨房一步。他的母亲从来不谈论她的情感，而当别人谈论感情时，她连一点耐心都没有。他的父亲总是滔滔不绝地和人说话。斯图尔特注意到这些事，也包括其他一些事，并暗下决心自己一定不要这样。但几乎显而易见的是，斯图尔特从未想过，除了他父母之外的婚姻模式，还能有其他类型的婚姻模式。

针对关于他父母行为方式的诸多事情，斯图尔特都想当然地以为"事情本来就是这样的"。他的母亲很能干、很独立。她持家有道，里里外外是一把好手，但喜欢独处。斯图尔特的父亲经常晚上出去和朋友聚会，而且有时出一次差就好几周时间。当然，他们一家人也有一起做事的时候，如去附近的山里野餐，但多数情况下都是各忙各的。有时斯图尔特和父亲一起去钓鱼；有时当父亲外出和三五知己小聚时，他和母亲便坐在沙发上读书。他的父母比大多数人都独立，但斯图尔特并不了解这些。在他看来，父母就应该是这个样子的。

沙伦更在意她的家人，而且她相信她的婚姻一定会与众不同。她不希望受到家庭义务与传统的束缚，而是希望到处旅游并结识有趣的人。斯图尔特便非常与众不同，所以是理想的人选。沙伦喜欢像他这样的人，但从某种程度上讲，她和我们大多数人一样，从未想到对方带给自己的吸引力恰恰反映了一种无意识的自我厌恶。换言之，斯图尔特那么吸引她，这与她对自己和家人的失望不无关系。

沙伦的父母从来不主动说出他们想要什么，但他们会暗示出来。他们给出不置可否的答案，保留他们的选择权，努力得到他们所希望的却从不明确说出来。她讨厌她的父亲特别喜欢使唤人。无私可能听起来是一个很好的品质，但绝不意味着可以控制别人的生活。

请注意这些品质——霸道、缺乏坦诚，都是个性特征，并非关系模式。沙伦和斯图尔特一样，都认为父母的大多数行为方式是理所当然的。沙伦并不介意斯图尔特把主要精力放在工作上，因为她的父亲在工作上始终很勤奋。她对此感觉很习惯。但在工作之余，她同样期待获得她与父母之间的那种亲密无间的关系。

斯图尔特的父母都特别独立，所以他对婚姻的期待就有所不同。在恋爱期间，类似这样的差异很容易处理。但在结婚后会发生两件事情：（1）我们做事前不再深思熟虑，更容易暴露出我们的本来面目；（2）我们的差异开始令我们出现两极分化。

由于生活在紧密空间里的两个人不可避免地存在极化效应，所以尽管有些矛盾可以通过妥协得到解决，但其他矛盾可能会出现扩大化。两个人都感受到改变（对方）所带来的压力。

斯图尔特喜欢运动。为了锻炼肌肉，每个季节他都有相应的装备及健身计划。成年人固然需要坚持锻炼，但斯图尔特显得过于辛苦了，以至于沙伦搞不清他这是在锻炼还是在工作。沙伦身材健美，拥有结实有力的女性肌肉，对锻炼根本没兴趣。斯图尔特曾经鼓励她健身。“为什么你不喜欢健身呢？”但他又不希望和她一起锻炼，可她对一个人锻炼没兴趣。当她提出一起骑自行车时，他却说：“你太慢了。”他自己没感觉到这句话听起来多么不友好。

所以至少在这些事情上，他们没有共同行动，反而渐行渐远。作为极化的结果，两人内在性格上的矛盾变成了两人之间的矛盾。

那些表面上的人格差异可能在很大程度上源自每个人的性格，但小的差异被放大了。极化妨碍伴侣双方对各自的个性潜能进行整合，因为这些个性潜能都让对方表现出来了。吹毛求疵的职业女性无法将自己较为温柔的一面整合起来，以至于她的伴侣在行为上显得无能且依赖性强。一个更为健康的模式是，夫妻双方轮流担当弱势与强势的角色。令人遗憾的是，沙伦和斯图尔特更擅长分拆角色而不是轮流坐庄。

* * *

发生在他们之间的极化呈现多种形式，而其中一种形式便是一系列正在逐渐加剧的争吵。这种情况通常在沙伦感觉受到冷落时开始出现。斯图尔特可能在派对上不待在她的身边，或者当她等着斯图尔特回家吃晚饭时，他却在离开学校后和朋友们到外面喝酒。他似乎从不关心她的感受。她尽量控制自己不说话，以免伤害到斯图尔特那敏感的玻璃心（有谁像斯图尔特那样对批评如此敏感呢）。但过了一段时间，她就撑不住了。

“你除了自己对谁都不关心！”对斯图尔特来说，这些抱怨是他完全没有预料到的。他能感受到，她经常莫名其妙地怼他，那种语气都是她独有的：尖锐、刻薄、无情。在遇到这种情况时，他毫无抵抗力。

她喊得声音越大，他越充耳不闻。他会说：“好的，好的。”意思是“停下来吧，我受不了了”。但她知道，他根本没听进去。于是她继续喊下去。最终，他会摔门而出，留下她一个人独自哭泣。

一场争吵过后，他们在内心里都会各自思索一番，夫妻双方对另一方的怨恨在不断滋长。他感到苦涩、失望和被骗，而婚姻让她变得刻薄。她本来是一个大宝宝，而她的凶猛却吓到了他。他除了逃避之外，也想不出别的办法。到后来，当他认识到自己无法离开，也不能离开时，他感觉自己就像个懦夫。真正怯懦的人要么听不进去别人说话，要么不敢回击。也许他在学会回击之后才能学会倾听。

在独自哭泣一阵后，沙伦准备原谅他，但这还不够。原谅是绝对不够的。原谅意味着一个人承认某件事并为其找到了借口。原谅假定某事不会再次发生，但事实可能相反。伴侣身上所有那些令我们讨厌的怪癖，以及他们那些可怕的、烦人的和轻率的行为，都会反复发生。承认意味着毫无保留地接受一个人的本来面目。

沙伦总是在斯图尔特准备做出和解之前先行一步。他还在生闷气时，她就已经变成笑脸了。过了一两天之后，他就缴械投降了。他会独自坐在某个地方，开始怀着愉快的心情想她、爱她和怜惜她，为二人之间竖起的冰墙感到后悔。片刻的意动与和解令其有所释怀，他也退让一步，并隐藏起自己真实的情感。这样做很简单，也变成了一种习惯。他会送给她一件礼物，并用一张便签把原本说不出来的话表达出来：对不起。沙伦大度地原谅了他。

* * *

当两个人的需求发生冲突时，往往觉得别人都是自私的。不止一次，在争吵过后，沙伦都会忍不住啜泣起来，但每周从不会超过10次。**“为什么你对我那么刻薄？”**斯图尔特偶尔会这么想。

在斯图尔特的意识里，沙伦交流的欲望有点过盛。无论心里想什么，她都会不假思索地说出来，全然不顾他在做什么。如果他们都在客厅里读书，她会时不时地把杂志上一些八卦消息读出声来。这会分散他的注意力，并让他心头火起，但他害怕说出来。相反，他只是把电视打开。

站在沙伦的角度看，只有她为他做事情时，他才会感激她；其余的时间，他都对她熟视无睹，或者从思想上屏蔽她。一到读书或看电视时间，他的作态就仿佛在说：“别烦我，忙着呢。”

在认识沙伦之前，斯图尔特极少约会女孩子，因为他害怕被拒绝的感觉。现在他对妻子采取了一个顺从的态度。他自己的依赖性和侵略性都被压制得死死的，以至于他很少意识到它们的存在。所有的愤怒都被屏蔽了。沙伦把他抵挡自己情感攻势的小心思视为疏远和冷漠。“别坐在那儿像块石头一样！”每当他不准备回应她的抱怨时，她就冲着他大声叫喊。他发现这些场景真的很吓人，于是他摸索出一套逃避大法——当然这只会招致更多类似场景的出现。他们似乎陷入了一种类似旋转木马式的循环痛苦之中。

令他们如此痛苦不堪的原因是，他们原本以为婚姻是基本上没有矛盾冲突的。他们喜欢无拘无束的生活方式。不管怎样，他们记得他们的生活曾经就是那个样子。

我们应当对现实生活有一个清醒的认识。受肤浅的电视喜剧情节的影响，我们相信温馨生活的神话是存在的。但每当人们把目光投向真实的家庭生活时，那些人们和谐相处，兴高采烈地应对生活中突发的、令人捧腹的问题的场景设定，都会瞬间崩塌。令人遗憾的是，“幸福家庭模式”依然作为我们判断自己家庭幸福与否的标准，被固化在我们的意识里。一个和谐的家庭并不是一个没有矛盾的家庭，而是一个当出现矛盾时每个伴侣都知道如何解决矛盾的家庭。

沙伦很想把问题解决。但很遗憾，对于她如此解决问题的方式，斯图尔特并没有做好准备。他感觉非常震惊，并向后退缩，处于一种顾影自怜的状态。他偶尔探出头来，观察一下形势，但哪怕有一丝风吹草动，他都会迅速缩回去。这是一种会持续很多年的模式。

* * *

那么这到底是怎么回事呢？其实这个故事很老套。他们都是很有涵养的人，但却尽己所能，给对方制造麻烦。他们相识并相爱，都发现了对方的不同之处，先是神魂颠倒，最后是沮丧失望。没有人遭受家庭暴力，没有人暴食或染上毒瘾，这样说来，这个故事缺乏我们在电视上经常看到的某种戏剧性。然而，两个普通人看似波澜不惊却令对方痛苦不堪的悲剧与那些更富戏剧性的问题是完全一样的。无论如何，不开心就是不开心。

沙伦和斯图尔特都是各有各的主张，充其量向对方偶尔发发同情心。读者朋友，你的观点可能不会那么偏狭。你置身于伤害与愤怒之外，或许可以看清那些令人遗憾的误解、糟糕的选择，以及双方毫不妥协的执拗——两个在各自背景上有太多不同的年轻人可以很轻松地结合，然而他们却几乎没有应对各自差异的经验。

尽管这种评价可能是准确的，但它还是停留在我们对家庭惯常的思考方式上，即认为家庭是个性的大集合。沙伦和斯图尔特在婚后也创造了一个新的系统、新的单元、新的完整实体，而且这个新实体拥有自己特定的准则。

只不过，沙伦和斯图尔特各自的性格并不会消失，甚至也不会融合；而像勇气、同情心，以及无私等特质也不再重要。什么都没被摧毁，而是有些事物却被创造出来。家庭系统开始按照超越家庭成员特点的、可预测的模式运行。当这个系统的用户开始融入日常的家庭生活时，便很难看清家庭运作模式；而且在缺乏经验或指导的情况下，想成功驾驭这种家庭系统模式就变得更加困难。

* * *

我在前面建议过，治疗师想要帮助年轻夫妻们，只需给予他们一个机会，让他们了解各自都有不同行事风格和期望值。他们没有对错之分，他们只是不同而已。一旦伴侣们认识到他们的行为方式并非普遍的而是具有特殊性的，这样在结婚前让他们交流各自的期望便具有了指导意义。经过一番这样的沟通之后，他们就会更加清楚地看到，他们所经历的某些矛盾可能最终会被证明是对方与自己的想象有所不同而导致的结果。这一点可以帮助他们做出切合实际的期望，而不是指责伴侣辜负了他们的好意。

帮助伴侣了解彼此差异的另外一种方式是了解各自家庭的情况。他们或许发现，他们总把某些事情视为理所当然，不是因为那些事情就应该那样，而仅仅是他们的习惯性思维使然。这些新知也为伴侣们提供了新的视角，并帮助他们承认彼此之间的差异是合理的、可以理解的。

对爱情的理想化

在西方的文化中，爱情被奉为至善的人类关系。爱情是神圣的。对爱情的分析，暗含了一种对本应受到珍视而非解剖的神圣之物的亵渎与侮辱。在 35 年的职业生涯中，我曾向无数对夫妻提出了相同的问题：是什么令你们互相吸引。但我还从未听到过一个真正经过深思熟虑的答案。那些睿智的、热心的人可能告诉你很多事情，但能够大致说出为什么他们会坠入情网的人则少之又少。

关于浪漫爱情所承诺的往往不能兑现。事实证明，这个与斯图尔特结合的情感丰富的女人具有依赖性，而且很难得到满足，或者说在他看来就是这个样子。而沙伦眼中那个体贴殷勤的男朋友则变成了粗枝大叶的丈夫。

就这一点而言，我似乎正在描绘一幅相当消极的婚姻生活画卷。不过我的本意并非如此。大多数人在结婚时是很幸福的，这也是他们结婚的原因。我希望着重表达的想法是，闯入我们生活的那种无法避免的失望之情，可以鞭策我们寻求建设性的行动。否则失望之情会影响和缓慢破坏伴侣之间的关系。

夫妻有可能和确实可以经过努力度过困难时光，进而构建一种充满情感、宽容和爱情的关系。不过，若要实现这一点，他们必须避免跳进因对伴侣不满而责备对方的陷阱，这样才能使他们的失望之情得以排遣。人们以各种方式回应备受打击的期望。一些人化身为不满情绪的收集器，积蓄轻蔑和冒犯的能量，仿佛这些是一场游戏的获胜者最终可以领取的奖励。

斯图尔特把眼睛睁得大大的，他真正在意的是沙伦“应当”变成的样子，以及她未能如他所愿是多么地不公平。他被自己的想象力所拖累，而这种想象力令其联想到他的新娘无法帮他实现的梦想。一方面，她最终并未成为他的白日梦中探秘性生活的女冒险家（和很多人一样，斯图尔特认为她对他的反应完全是自发的行为）；另一方面，她似乎无法过自己的生活。从表面上看，这是一个充满渴望、情感丰富并让他坠入情网的女人，但实质上只是一个他不得不对其负责、为其带来幸福的女孩。为什么她无法过自己的生活呢？婚姻正在变成一场幻想破灭的悲剧。

* * *

或许这一切似乎都在为众所周知的一句话——“爱情是盲目的”添加注脚。很显然，每个人都知道，只有那些恋人们不知道，但所谓盲目的隐喻并不十分正确。严格地说，这是一种消极的表述——并非看到的事实。爱情也会令我们的视野产生正向扭曲，正如我们看到的那样，我们并非像我们希望看到的那样盲目。

沙伦希望那个人既宽容又严肃，非常清楚她的希望所在，并体贴和深爱她。而且是她发现的他——或者不如说，是半发现、半想象到的他。斯图尔特非常渴望那个人会全身心地爱他、尊敬他，并钦佩他，而且每当他需要她时，她总在身边。

这种错觉机制的名称叫理想化（idealization）。理想化是一种复杂的现象，一旦我们了解了它，我们将获得大量有关爱的进程的信息。

根据弗洛伊德的理论，理想化的运作方式是一种将我们最美好的愿望投射到所钟爱之人身上，并同时压制消极情感的双重过程（dual process）。恋人将他们的“自我理想”（ego ideal）——他们自己追求健全人格的想法——投射到所钟爱之人身上。无论恋人希望得到什么，他/她都会幻想所钟爱之人也是如此。该过程的第二阶段是心理反向形成（reaction-formation）。将那个人理想化也是克制自己侵犯性的一种方式。那些总是强调说他们的伴侣如何“优秀”的人可能在保护自己免受愤怒和怨恨等情绪的困扰。弗洛伊德认为，坠入爱河是在重新唤醒童年的浪漫追求。而从某种程度上讲，我们对配偶的期盼是希望他/她成为一个好父亲或好母亲。

理想化的另外一种解释源自海因茨·科胡特（Heinz Kohut）的自体心理学。科胡特认为，当我们的父母满足了两个基本需要的时候，我们便能形成一种健康且安全的自我意识。第一个是对“镜像”（mirroring）的需要，也就是表达出欣赏的姿态，父母以此培养子女的价值观。而父母强化成长期子女人格养成的第二条途径是借助一种“认同”（identification）模式。子女仰慕他们的父母并将其视为将来自己会成为的形象。

因此，父母的赞赏和鼓励是儿童内在力量的基石。在同理心或理想化方面的失败会削弱一个儿童的自尊心，并令其渴望获得补偿。那些渴望获得表扬最后却希望落空的孩子在成年以后也渴望获得别人的关注。那些对父母价值的认识出现痛苦幻灭的人有可能去寻找一个值得敬仰的人并以他为榜样。对于某些人来说，比如沙伦，这种热望会表现为明显的依赖性；而对于其他人，比如说斯图尔特，会为他们的热望戴上一副具有独立外观的面具，而心里却渴望获得一位导师（一个提供力量的人）和崇拜的对象（镜像）。

我们的不安全感越强烈，越会迫切地寻找可供我们进行理想化的人。我们遇到了某个具体的人，把那个人的真实品格和饱含我们美好期待的品质融合到了一起，一个理想的伴侣就出现了，随后我们与之坠入情网。理想化的对象可能会因自己被披上华丽的外衣而感到荣幸，直到无法避免的幻灭到来。接着这个人因其本来面目的暴露受到惩罚：回归一个有血有肉的普通人。

治疗师可以通过一两个问题引起伴侣们对理想化过程的重视："为什么你认为你需要自己的伴侣如此优秀？你能猜到你一直试图在自己的生活中弥补什么吧？"接下来可以这样问："你的父母是什么样的人？"设计这些问题的目的在于让伴侣们不再因自己的失望之情而相互指责。上述内容属于默里·鲍恩（Murray Bowen）所思考的有关家庭治疗基本改变机制的内容：培养自我聚焦的意识。

个体治疗师可以帮助患者发现，并且重新设定其理想化的期望值，从而改善一对夫妻的婚姻关系。具体做法是允许伴侣们拥有那些幻想，不再因配偶未能实现自己的某个不切实际的理想而指责对方，这样才会了解一个人的本来面目。

家庭治疗师可以采取不同的策略。与简单粗暴地要求伴侣们宣布放弃各自的理想化模型不同的是，治疗师可以帮助他们认识到恋爱期间的感知是真实的，在这个意义上讲，那些感知都是对自我、伴侣，以及婚姻关系最美好的追求。通过挖掘那些把恋人维系在一起的故事，家庭治疗师或许可以发现究竟是哪些相处模式令伴侣偏离正轨、互相误解的。因此，要想探究配偶关系的真相，与其对后来居主导地位的、充满痛苦的误解模式进行研究，不如对早期的恋爱史进行挖掘。伴侣们并非是因为拥有理想化的期望值而受到羁绊。他们之所以受到羁绊，是因为他们不会以心平气和的方式讨论对于彼此期望。需要再次强调的是，是拥有某种期望（"我一直希望……"），而非归咎责任（"你从来没有……"）奠定了婚姻期间伴侣之间相互适应的基石。

彼此的磨合与适应

年轻人经常把婚姻想象成一座城池——婚姻的围城。但亲密的伴侣关系不是让你来充当过客的，而是靠你创造的。

当两个相爱的人决定共享生活与未来时，他们必须经历一段艰难的调整期，之后才能完成从恋人到真正伴侣的转变。他们必须学会适应彼此的行为方式。如果把婚姻视为一个关上窗户睡不着觉的男人和一个开着窗户睡不着觉的女人的结合，那么适应便是试图达成和解的过程。

姑且先不管"适应"这个术语，大家都知道在婚姻初期是有一段磨合期的。

不过，我们通常将这个过程视为两个人相互做出妥协的一个过程。但适应也是一个自发的共同调整过程，该过程多半是在无意间进行的。

任何一对决定要在一起共同生活的情侣要都面对若干问题；但在或大或小的问题上，彼此能相互适应这件事对于所有伴侣都是最紧迫的。两个人都试图以自己偏爱的模式组织婚姻关系，并迫使另一方给予配合。有些事情比较简单。他学着顺从她的心愿，在早出晚归时都要吻她。她也尽量适应他独自在家看报纸、在早上咖啡的习惯。

这些不起眼的做法是适应过程的组成部分，它们将一对情侣捏合成一个整体，这一过程可能会完成得很轻松，也可能经过激烈冲突之后才能实现。每个人都会在某些方面比较固执。就像很多新婚夫妻一样，沙伦和斯图尔特或多或少地对他们自己的刻板化行为熟视无睹。斯图尔特在某些问题上对沙伦委曲求全，他对此非常在意；但他因而忽视了自己在生活小事上缺乏适应能力的事实。他为了她改变了宗教信仰，但他无法让她为自己指引前进的方向；而且尽管在去哪间餐厅吃饭的问题上他会征求沙伦的意见，但十有八九他都会说："今天晚上我们去别的餐厅吃饭吧。"

沙伦离开了自己的父母家和亲朋好友，嫁给了斯图尔特。她为他做饭。她为了取悦他而容忍她不喜欢的人。可她几乎没有意识到当他做什么事不带着她时，她是那么嫉妒——他和朋友消磨时光，甚至只是静静地坐着读书。她迫使他与自己亲密起来。对她而言，那不算施加压力，而是很自然的做法。

* * *

鉴于我反复强调适应的重要性，你可能很想知道，当一对夫妻没有学会相互适应时会发生什么情况。难道这意味着婚姻关系会以离婚告终吗？根本不会。追求幸福并不是人们生活在一起的唯一理由。很多夫妻婚后的生活就没有幸福过。

与成功适应相悖的两个最常见的负面典型做法是争吵和疏远。那些因未能相互适应而陷入纠缠状态的夫妻通常很像比赛进入到后几轮的拳击手。他们已经精疲力竭，但依然在出拳。那些已分居的夫妻形成了一种独立共存模式——家庭版冷战。

当一些来访者听说了有关适应的说法后，他们认为这是治疗师在暗示拥有和谐的婚姻关系意味着始终忍让对方。当他们听说向对方的行为方式看齐会解决很多问题后，他们便抗议道："那就是我一直在做的——让步。"

是的，一些人在大部分时间里都是忍让为先，但需要指出的是，成功的适应并不需要一味地妥协。一旦人们学会了将他们的婚姻关系看作一个整体，他们便会认识到他们可以通过改变自己，进而改变对方——重要的不是他们是谁，而是他们在做什么。不公平吗？也许有点儿，但这样做会让你更具有主动权，更有利于帮你达成你所希望的结果。

夫妻间的情感界限

七月的一个下午，天气异常闷热。沙伦下班回家，洗了个冷水澡，然后坐在外面的阴凉处等着斯图尔特回来。当他终于出现在视线里时，看上去就像一个人穿着衣服从蒸汽浴室里走出来一样。"嗨！"他有气无力地说。沙伦目送他走进屋子。她等他出来说话。这一等就是很长时间。

当斯图尔特意识到这一点时，第二杯金汤力已经喝下了大半。他有些头重脚轻。喝美了和喝高了之间其实只隔着一条线，而他刚好越过了它。

沙伦走进来，开始说话。他换上了一幅专注的表情，希望掩盖一下感觉有些迷糊的状态。这一招似乎起作用了，沙伦的话没停。但想让她闭嘴几乎不可能。

"你看上去很疲惫。"她说。

"是的。"

她说到社区游泳池活动一下要比坐在空调下更能提神。

"好吧，"他说，"我等会儿就去。"

站在游泳池边，他纵身跃入凉爽的池水中，美美地游了一个泳。所有的溽热及压力都随之消散。最后，他从游泳池里爬上来，舒舒服服地躺在一把躺椅上，让微风吹干身体。他从树木的缝隙里看到了湛蓝色的天空。这是他这些天来头一次感到很放松。他只是希望静静地坐一会儿，再体会一下神清气爽的感觉。但紧跟着沙伦也过来了并开始说话。她问他是否可以抽出一些时间，这样便能一起去看望她的父母。难道她就不能让他清静五分钟吗？

* * *

斯图尔特和沙伦正在面对亲密伴侣们经常遇到的一个问题——个人界限的划分。这种界限存在于两个层面上：行为上和情感上。行为界限是指伴侣在一段婚姻关系中亲密无间的程度。难道她会期望每天工作时另一半打电话问她在做什么吗？她敢想象大多数丈夫每周有好几天的时间与朋友外出聚会吗？第二个层面的界限，即情感界限，用于区分哪些想法、情感和愿望是根植于自己心底的，而哪些又是埋藏在伴侣心底的。如果他反对她长时间工作，难道这意味着她就真的不能自由地按照自己所希望的方式从事自己的职业？真的是她“不让他”在周末打高尔夫球，还是这最终还要取决于他的决定？

默里·鲍恩认为，人类有两大需求：与他人保持距离的需求，以及与他人建立联系的需要。尽管这两种需要是有可能同时得到满足的，但二者之间存在一种紧张关系，而大多数人都是向其中一个方向倾斜。自主和亲密之间的内在紧张关系与归属和独立的外部模式有关——萨尔瓦多·米纽庆称之为“纠缠”（enmeshment）与“疏离”（disengagement）。

鲍恩的“融合”（fusion）与的米纽庆“纠缠”都涉及模糊的界限，但它们不是一回事。“融合”与精神分析学词汇“自性化”（individuation）一样，也是表征个体品质的——表现不同人的性格特征。纠缠是一个社会系统概念——它出现在人与人之间。在解释家庭生活的不同方面时，我都将有机会用到这两种描述界限的方式，但在把话题拉回到萨拉萨尔一家之前，我愿意再说明一点。正如每个人都知道的那样，我们如何行事与我们如何感觉是有关联的。一些人发现，如果他们走得太近、在一起的时间过长，他们便很难做到亲密无间，还会产生焦虑感，这些人自然而然地倾向于寻求保护自己的隐私。同样地，那些对分离感到不舒服的人更倾向于追求亲密无间的生活。但问题就来了——你不能总跟着感觉走吧。

为了灵活应对在婚姻关系中出现的问题，你有时不得不做出与自己的情感判断相左的行为。不过，这并不意味着人们必须与自己的情感对着干（“我不应该表现出沮丧情绪”)。我们可以让人们自由地抒发情怀，但如何行动还是让他们自己决定。

对夫妻关系中界限冲突的含义进行阐释，能够帮助人在进行交流时，从相对固定的人格特质中跳脱出来，转而去构建相对灵活的沟通模式。从这个角度讲，引入“纠缠”与“疏远”的概念不会起什么作用。它们听起来像是贬义词。人们更愿意承认自己是在亲密的或独立的氛围中长大成人的。进一步讲，与其面对一个“冷冰冰的”人，人们更容易与一个习惯了独立生活的伴侣相处。同样地，我们也很容易发现，你的伴侣在成长过程中更渴望亲密无间，而不是忍受“苛求”(demandingness)。

* * *

了解了情感界限之后，我们可以较为清晰地解释沙伦和斯图尔特在结婚头几个月所遭遇到的困难。各位读者看到这里，想必已经理解了这两个人的婚前家庭的纠缠与疏远模式。

结婚前，沙伦的家庭是纠缠型的，而斯图尔特的家庭是疏远型的。值得一提的是，当斯图尔特认识沙伦时，她还是一个女大学生，正在与父母一起度暑假。她在上大学期间，周末频繁回家。如果我们比较了解这一家人，应该可以看到其他的纠缠迹象。沙伦家的卧室门始终是敞开的，家人对于相互干预之类的事情并不在意，而且她的父母在做事时极少出现各行其是的情况。

我们对斯图尔特的家庭不太了解。或许这恰好体现出他们的疏远型特征。他的大部分家人都没来参加这场婚礼，这是疏远特征的另一个例证。而且当斯图尔特的父亲与朋友外出钓鱼时，他的妻子似乎从未放在心上。

仅凭上述简短的文字，你也会迅速产生疑问：“房间门大敞是什么意思？”或者“一个男人去钓鱼有这么不同寻常吗？”人与人之间的界限可以激发强烈的情感。我们倾向于把自己的偏好奉为圭臬。我们家庭生活的现实情况是与我们每个人密不可分的。

还记得斯图尔特与沙伦在纽约度完周末并登上公交车时那种解脱的感觉吗？

即使他很迷恋沙伦，他所能承受的也只是如此程度的亲昵而已。反观沙伦，当那些周末结束的时候，她并没有解脱的感觉，留下的只有渴望。事实上，当她感觉到斯图尔特有点着急要走的时候，她的感觉是不舒服的。

令人遗憾的是，斯图尔特在结婚前并未深入了解沙伦。或许如果他们有更多时间待在一起，斯图尔特可能会得出结论：他们之间的差异太大了，可能走不到一起。她的依赖性使她很难相处。或者说，如果他们能够花更多的时间了解对方的话，他们或许有可能学会做出更多妥协。要是在婚前斯图尔特领略过与沙伦吵架的阵仗，估计他就不敢有结婚的念头了。所以斯图尔特在他们依然分开生活的时候向沙伦求婚也就不令人感到意外了。

斯图尔特是那种在保持一段距离后，才会深爱对方的人。只有在他能够与伴侣保持距离的时候，他和对方才有可能产生亲密感。只要他和对方多保持一段时间的亲密关系，就能检验他对伴侣的爱情是否忠贞不渝。他似乎未能通过测试。

在他们的“长途”恋爱期内，沙伦从未学着养成独立的自我意识。当斯图尔特不在时，她还是父母的乖乖女。

像斯图尔特这样的人对私人空间非常看重，他们将他人渴望与自己发生亲密关系的需求视为对其内在自我的侵犯。现在只要沙伦开始纠缠他，他就感觉自己无法回到清静的内心家园，虽然他的肉身在这个家里。说谎是一种保护自主性的方式。可能到很多年以后，斯图尔特才会告诉沙伦曾经故意说过的谎言，但他很快就意识到，你可能对某事很生气，但只要不去提它，你就不会暴露自己。受制于她对亲密情感的需要，不能公开回击她，所以斯图尔特开始隐藏自己的情感，将她拒之于自己的内心世界之外。

令沙伦对斯图尔特倾慕不已的是其开阔而温暖的胸襟。当他们约会时，他是那么地热情。她想当然地以为，他们结婚后定会共享亲密无间的情感，而且会更加自然。他们不会经受太多离别和压力。一旦结婚，她便会自由地做回自己。为什么不呢？他爱她，不是吗？

对双方而言，造成他们诸多痛苦的原因并非是在组成新的家庭后他们仍然保持以前在各自父母家里的生活方式。问题在于他们认为各自的生活方式是没有问题的，如果对方理解不了，这才是不可理喻的。他怎么能一个人出去并让她独守空房呢？难道他不想长相厮守吗？为什么她总是那么缠着他呢？难道她想让他感到窒息吗？

* * *

在这一点上，一些人可能质疑是否有必要引入家庭系统的概念，因为如何调节这些家庭系统模式可能是非常复杂的事情。以个人界限为例，这些界限真的是个性使然吗？男人倾向于保持距离，女人则希望亲密无间。生活不就是这样吗？

生活中有些事与男女差异有直接联系，但大多数的事情并不能这么一概而论。的确，至少在西方的文化中，男人在成长过程中主要以事业有成为目标，而女人更多的是在追求良好的人际关系。但关于保持亲密的需求与保持距离的需求这种问题，并非只靠男性和女性心理特征差异就能解释。在为数众多的夫妻当中，男人渴望和谐，女人看重隐私。这种问题与家庭教养方式有关，与性别无关。

此外，即便是同一对夫妻，其亲密 / 距离模式在几十年里也是经常改变的。出现这种情况的原因是，伴侣之间的界限是他们与外部世界之间联系的缩影。一位年轻的丈夫可能非常专注自己的工作，以至于冷落了自己的妻子——这不仅仅是时间问题，也体现出个人的情感能量是有限的。[①]到后来，他可能希望和她的关系更亲密些，但或许到那时，她那空虚的内心可能已经被其他兴趣所占据——朋友、她自己的工作或子女等。

对治疗师来讲，有一种方法可以打破界限的两极分化，即去除带有轻蔑意义的标签。当情侣们在指责对方“冷漠”“自私”“依赖性强”或“令人窒息”时，治疗师最好问清楚他们想表达的想法，这将有助于将伤人的话转变成更加中性的表述。

“你说他‘冷漠’，你的意思是他经常忙于自己的项目，却不喜欢花太多时间和你在一起吗？”“你说她‘依赖性强’，你的意思是她更喜欢和你一起做事情，

① 亲密关系的障碍并不仅仅（甚至并非主要）源自一些人关于情感关系外部的兴趣，而是因为他们并不通过与伴侣之间的交流来分享这些情感而导致的。

而不是单独行动吗？”请注意“更喜欢”这个词。向来访者提问有关偏好的问题比劝说其保持宽容之心更有效果（可能没什么乐趣，但更有可能解决问题）。

一旦伴侣的偏好搞清楚了，我们可以借此机会探索这类倾向（偏好）的根源，譬如安排与他们的家人座谈。这样做通常可以帮助我们认识到，人们拥有不同的经历和不同的期望值。接下来他们便能清楚地了解到，他们可以自由尝试与他们自己原有内心感觉向左的行为。

如何通过实际努力经营好婚姻

我曾想把这一节的题目修改为“从此走向幸福的彼岸”，这样听起来更乐观些。此外，谁希望刻意制造爱情呢？难道我们不期待爱情自然而然地降临吗？尽管我并不希望传达这样一种含义，即亲密的伴侣关系需要付出不懈的努力，但事实真相是，大多数人都必须努力克服我们的某些习惯，这样我们的婚姻才能取得成功。

令人遗憾的是，大多数人都以一种可预测的、符合人性特点但自我挫败的方式对爱情表达了强烈的失望之情。某些人在情感受困后迷失于逃避现实的幻想。在经过与沙伦的对抗之后，斯图尔特学会了躲到某个角落舔舐自己的伤口，并思索她多么可怕、生活正在变得多么不公平，以及与她结婚是一个多么大的错误，等等。假如他没有和她结婚，他会过上多么自由自在的生活……

当夫妻们找到治疗师寻求帮助时，其中一个伴侣通常会沉浸在这种强迫性的沉思之中。这个人思考了自己所有应该离开和不应该离开的理由。和大多数强迫思维一样，这种想法会吸引一个人的注意力，令其放弃更加积极的解决方案。

人们容易踏入的另一个陷阱是寄望于等待好事的发生，如一段新的爱情、挣更多的钱、生一个孩子或再生个孩子。我们中大多数人的生活态度都是面向未来的。现在的情况可能没那么糟，当……时，一切就会好转了。而在那些“当……时”当中，其中一条就是另一个人做出改变。沙伦一直希望斯图尔特能改变一下。**或许当他研究生毕业后找到一份工作时，他就会安顿下来，并有更多时间陪我。**

不快乐之人的口号是："若要感情融洽，他们必须为我而变。"还有一个类似的观点是，"无论如何，我都是对的。"如若两个人都想成为正确的一方，绵绵不休的激烈争吵是少不了的。问题是，我们中的大多数人都是这样假设：既然我们这一方是正确的，那么其他人必定是错误的。事实上，我们始终认为自己是正确的——至少在重要的事情上是这样的。我们始终记得我们曾经的记忆，感受着我们曾经的感觉，思索我们曾经的想法，而且在大多数情况下，我们总是努力做到最好——我们的伴侣同样如此。

一旦你让自己的伴侣成为那个正确的人，那么无数次争吵都将自然而然地烟消云散，或至少不再有那么大危害。你不必伪装你的感情，你不用过多练习，便能认识到你的伴侣拥有正当的理由，并给予承认。所有这一切也许是显而易见的。事实也的确如此。大多数亲密的伴侣之所以习惯于把问题归咎给对方，其中一个原因是，他们仍旧沉浸于理想破灭的痛苦之中。

* * *

和很多夫妻一样，沙伦和斯图尔特的早期婚姻生活徒生了诸多不必要的烦恼。斯图尔特讨厌沙伦希望他们什么事都一起做。而且尽管他心里对自己表现不够好而感到自责，但更令他感到气恼的是，沙伦似乎对性生活没什么兴趣。沙伦丝毫不掩饰自己的失望之情，她抱怨斯图尔特无视她的感受，并指责他没有考虑她的需要。问题是，当你责备伴侣没有达到你的期望值时，你付出再大努力也不太可能把事情做好。

* * *

当伴侣们逐渐认识到，那个和他们待在一起的人就是准备厮守一生的人，此时便有可能将自己的注意力转移到实现和解上。[①]当你将和解视为二人之间的一次交易时，需要牢记两件最重要的事情，这就是妥协和协商。

妥协说着容易，但实现起来很难。新婚夫妻面临艰巨的任务。尽管他们希望

① 沙伦始终愿意原谅斯图尔特，但她从未真正接受他，因为她并未准备放弃找到一个好男人的幻想。

做到亲密无间，但他们并不希望受到控制，或让对方认为这种亲密状态是理所当然的。很显然，他们拒绝在某些问题上屈服，但他们依然需要在某些事情上互相让步。不过他们也有可能在没有感到自己屈服的情况下做出退让的举动。

当人们自己的需要得到满足或信心十足的时候，他们是最大度的人。在你信任伴侣所释放的善意时你会很大度。同样，高涨的个人权力感也会产生相同的效果。但你不必迫使自己盲目相信伴侣的善意。你越是大度，越能创造出这种信任感，并且能够在某些对于你的伴侣更加重要的事情上让步。

提出要求似乎是让步的对立面——二者之间，一个代表自私，另一个代表慷慨。也不尽然，事实是二者都是出于利己思想而做出的反应。成功的和解令两个人对婚姻关系的满足感实现最大化。一些人更擅长做出让步而不是提出要求。他们努力满足伴侣的某些愿望（通常他们给予对方的比他们想象的要少），然后假定对方作为回报，会不假思索地感觉到对方的需要。如果他们未能得到自己所希望的结果，就会反复思考这件事是多么地不公平，然后心态便开始失衡。

* * *

大多数丈夫对待夫妻治疗的态度就像急着去看牙医一样迫切。他们已经习惯了妻子的抱怨，而且他们觉得治疗师的工作是帮助妻子从他那里获得更多她想得到的东西。基于某种原因，他们抵触这种一边倒的做法。

策略治疗师詹姆斯·凯姆（James Keim）将一位要求苛刻的妻子和一位总是退缩的丈夫所遭遇的问题重构为“协商过程的崩溃”。协商（negotiation）是指一次对话过程：其中一方提出一个请求，另一方报出一个交换条件。这种重构让妻子在没有意识到自己爱唠叨的情况下提出一个要求，而丈夫认为自己在协商过程中应该得到某种东西，而不是成为被迫向妻子做出让步的窝囊废。

凯姆建议引入协商过程，并将其作为“实践某种练习的手段，以便将他们拉回达成共识的正轨”。夫妻双方在治疗师的指导下，以一种建设性的方式展开协商。在训练课上，首先从简单的问题开始，为在家里实践做好准备，然后再处理难度大的问题。最后，这对夫妻得到的忠告是，即使在进行了某些交流后，他们也可以选择不接受自己做出的约定。有时夫妻双方宁愿忍受某些问题，也不愿承担尝试改变这些问题的代价。

大声说出哪些事情对你非常重要是和解过程的一部分。这不是非此即彼的问题——很难说你赢了还是输了。就其本身而言，把你的愿望表达出来并让它们得到承认就是一次重大胜利，至少你们做到了相互了解。如果夫妻双方能够接受彼此的差异，即使有无法解决的矛盾，双方也是可以承受的。

* * *

对于很多事情，沙伦和斯图尔特并不交流。他很少提及她父母家的事，他希望他们不被打扰，但没有这样说出来；她很少问及他的工作，她认为他将其作为躲避她的借口，但她也未说出来，只是心里感觉很受伤。而且他们谁都不主动谈论有关性的话题。这种情况非常糟糕，因为性是他们最大的问题之一。

很多夫妻在性这一方面都存在问题，他们中的多数人都会臆想另一半从中获得的快乐比自己更多。令人感到悲哀的是，那么多人甚至无法就欲望和需要所引发的矛盾进行交流。对夫妻之间的分歧进行讨论也未必能解决分歧，生活远比我们所观察到的表象复杂得多；而且令人遗憾的是，当人们感觉异常愧疚和愤怒的时候，他们根本无法感知到彼此的感受。

* * *

一对夫妻之间的关系绝不是两个独立个体之间的合作关系，二者构建了一个新的社会单元、一种新的伙伴关系。在夫妻之道的数学关系式中，一加一等于一。这是一个难以把握的概念，我们很难抓住其枯燥而抽象的内涵，更不要说从中看到有血有肉的婚姻关系了——至少在伴侣双方缺乏练习的情况下是这样的。或许具象的视觉图像有助于我们理解上述抽象的概念。想必大家都知道中国人的阴阳理论吧？它反映了宇宙中相互作用的物质力量，所图 4–1 所示。

图 4–1　中国阴阳图

请注意图 4–1 中代表阴阳的黑白两色如何在一个共有空间内相辅相成、互相补充的。婚姻关系就像图中所展示的，两个人在一个共有的空间内生活——婚姻关系所构成的空间。有鉴于此，如果一个伴侣做出了改变，婚姻关系会出现变化，而另一个人也将自动做出改变。如果一个女人希望改变她的伴侣（他们都是某个单元的一部分），实现这一愿望的唯一方式是改变她自己。她控制得越少，他反而参与得越多。

很多人可以凭直觉理解这一原则，但会低估其作用。恐惧令他们裹足不前，他们害怕如果自己做出了改变，而另一个人却不变。如果女方无法摆脱购物和烹饪的诱惑，她可以吐露心声，向男方寻求帮助。如果可以的话，帮她分担一些家务活，这样也许会带来一些改变。但不要完全依赖语言交流，不要高估语言交流的力量。如果一个人不再做某些家务活，对方最终会把这些活儿揽到自己身上。

改变需要时间。令人遗憾的是，人们经常在和解产生效果之前就放弃了。如果你不再去取信件、不再煮晨间咖啡或者不再取报纸，你的伴侣很快就会接手这些差事的。反过来说，如果你厌烦了周五晚上坐着看电视，开始买票准备外出消遣或邀请人们过来玩，那你的伴侣可能需要经过一段时间之后，才能适应这个变化。伴侣双方可能会小声嘟囔和抱怨。请注意，动动嘴皮子并不能令事情发生改变——你要有所行动。要考虑到伴侣的感受，寻找一个恰当的场合或方式（也许是电影，而不是音乐会），让你的伴侣更容易接受你所提出的要求。但不要走回头路，要坚持下去。

以上这些平平常常的例子是我有意选择的。而其他一些改变就有些令人望而生畏了，但上述原则依然适用。例如，你的伴侣并未与你分享他的情感。你问过、抱怨过，也曾放弃过。这些只是我的例子而已。你必须考虑一下，你是怎么尝试的。换句话说，你要开始思考互动的方式而非性格方面的差异。试着做出一些改变。无论他表现出什么样的感受，都试着接受并承认。如果他说“我不想说话”，那你就说：“好吧，你可能喜欢安静。”如果他说“我的老板是个白痴”，你不要争吵，也不要给出建议。有关感受的问题是不需要解决的。

如果某人真的发生改变了，从一个喜欢主导感情并玩命揭露对方老底的人，变成了一个善于接受、比较顺从的人，那么其伴侣会渐渐地愿意主动袒露心声。请注意，这可能需要时间。令一个人在婚姻关系中做出改变会催生出其新的婚姻行为模式，并推动另一个人也加入这种新的婚姻模式中。你能通过这种方式改变一切吗？尽管做不到，但你能改变很多事情。

* * *

不言而喻，夫妻治疗意味着两位伴侣都要参加。这样做会让你听到双方的意见，也让双方取得共识，在治疗课上直接达成妥协成为可能。这种安排的负面效果是，两位伴侣都听到了另一方需要做出什么改变，这样他们有可能坐等对方行动。要让来访者意识到，他们可以通过改变自己的行为来改变婚姻关系，不要一味地说教。要让他们看到自己行为的结果，但不必告诉他们应该做什么。

告诉人们他们应该做什么——无论你怎么定义这种策略，都会施加给对方一种压力，使对方天然地产生抵触情绪。在夫妻治疗过程中，告诉他们应该做什么，如“提建议”或“沟通训练”，会把他们的注意力从一件确实能够带来改变的事情上转移开，即一个人对其行为及行为结果进行自我反思。

第5章

家庭关系紧张的替罪羊：

姻亲关系

Inside Family Therapy

A Case Study in Family Healing

有人说男人会和像自己母亲那样的女人结婚，而女人会和像自己父亲那样的男人结婚。这种说法让沙伦和斯图尔特听到了，他们一定会觉得很诧异。斯图尔特爱他的母亲，她刚强、自信、精力充沛。斯图尔特似乎觉得自己的伴侣也这样才更好。与斯图尔特母亲不同，沙伦性格开朗，感情外露。她喜欢冲着斯图尔特大呼小叫。这一做派在他的母亲身上完全看不到。

在沙伦的记忆里，她父亲是一个很快乐的人。她记忆最深的是父亲为她做过的事。有一次，当他们住进海边的一间汽车旅馆时，沙伦觉得这里的自来水味道不对，父亲便去商店里给她买了一夸脱[①]的瓶装水。这就是他的做事风格。当她逐渐长大以后，开始看到父亲对自己关怀备至的另一面其实是对自己的控制欲。他对自己的爱是毫无疑问的，但他做事其实很专横。他的做派与斯图尔特一点都不像。斯图尔特和沙伦的父亲不同，他从不苛求对方，他似乎很尊重她，认为她是一个独立的人。

在沙伦的家中，父亲很强势；而在斯图尔特的家中，母亲比较强势。因此，无论沙伦还是斯图尔特，都是在这样一个家庭里长大的：大部分具体决定都是由父母的一方做出，强势的一方担负起大部分家庭责任。二者对伴侣寄予的期望明显受到了其家庭的影响：沙伦期望她的男人会修水龙头、会收拾垃圾，还会管理家庭财务；斯图尔特则期望沙伦做这些事。简言之，他们都希望伴侣能够弥补自己父母身上所欠缺的东西，但与此同时又拥有父母身上的所有优点——有所同，又有所不同。

* * *

当斯图尔特第一次来纽约的时候，沙伦的父母邀请他共进晚餐，借此希望他

① 夸脱（Quart）是美国常用的一个体积单位，1 夸脱大约是 0.95 升。——译者注

明白，作为沙伦的朋友，他是受欢迎的。晚餐是在一张正式的长餐桌上进行的，吃的也是家常菜。南森夫人在厨房里一通忙活，做了鱼丸、白面包、酸甜肉丸、烤土豆和面条布丁。南森先生希望了解斯图尔特正在学习的专业、是不是喜欢这所大学，以及未来的打算。如果问题问得比较含糊，斯图尔特的回答也比较敷衍。此外，沙伦和她的母亲还一直插话，沙伦详细解释斯图尔特说的话，她的母亲则不断地请大家多吃菜。

这顿饭吃得亲切友好、气氛融洽。当沙伦和斯图尔特准备晚上出去逛街时，南森夫人还在劝他再吃一份面条布丁。令斯图尔特想不到的是，这是后来相当长一段时间里他在南森家吃的最后一次晚餐。

等到沙伦的父母发现斯图尔特与沙伦的关系已经超出了普通朋友后，他们变得相当冷漠，流露出令斯图尔特无法理解的憎恶感。当沙伦告诉他，他们不想让她与一个非犹太人男孩约会时，斯图尔特几乎不敢相信会出现这样的结果。

有一段时间，这种愚蠢的偏见——这就是他当时的想法，令他迷惑不解，而不是感到气恼。直到后来，在他和沙伦结婚以后，才真的生了一回气。刚刚和沙伦交往的时候，在他的内心深处，他觉得自己并不完全值得被接受，当然这与宗教和文化没什么关系。他根本就不相信自己配得上像沙伦这样的女人。

斯图尔特见到沙伦父母的机会实在太少了，所以后来他们态度的转变都是从沙伦那里听来的。当他们意识到沙伦对斯图尔特的感情是认真的，而且可能真的嫁给他的时候，他们的抵触情绪骤然强烈起来——沙伦和她父亲发生了几次比较激烈的争吵，然后又化解掉了。不过最后，他们不仅屈服于这种不可避免的结果，而且似乎忘记了他们早先的保守态度，并再一次对斯图尔特变得热情起来。他通过沙伦了解到，在他向沙伦求婚的那天晚上，他的父母给所有亲属打电话，告诉他们这个好消息。

* * *

圣诞节期间，斯图尔特带沙伦回家见了他的父母。他还没有想到结婚的问题，他只是希望让他们相互认识一下。

经斯图尔特一番介绍，他的父母给沙伦留下了深刻的印象，这让沙伦有些担心。实际上，他们人很好。萨拉萨尔先生很友好，就是不够热情，而他似乎真的很高兴见到她。出乎沙伦预料的是，他比斯图尔特更喜欢她的家庭。

萨拉萨尔夫人初步接受了沙伦，并热情招待她。她和沙伦聊了纽约，问沙伦喜欢到哪儿购物，最喜欢的餐厅是哪家。她很亲切，但让人猜不透心思。她始终保持一定程度的守势，也就是说有所保留。

萨拉萨尔先生和夫人——或者说厄尔和南希，他们坚持让她这样称呼他们——立刻接受了沙伦，并让她感觉成了这个家庭中的一员，还一起欢度圣诞节。她和斯图尔特和萨拉萨尔先生——“厄尔”（开始这么叫还不习惯）——去选购圣诞树，然后他们四个人把从阁楼上的一个旧木箱里翻出来的装饰物挂到树上，大家干得兴高采烈。圣诞节的早上，她和大家一起去教堂，然后回家吃早餐，最后打开礼物。似乎一切都是在因循传统——他们都清楚地知道下一步将会什么，包括厄尔·萨拉萨尔送出礼物时那种过分夸张的方式。

如果说这次见面是一次测验，应该说每个人都过关了。沙伦能感觉到萨拉萨尔先生喜欢她。他不是一个隐藏自己情感的人。至于萨拉萨尔夫人，很难说她心里是怎么想的。例如，为什么她强调犹太人都是很好的人？沙伦认为这番表态说明不了什么。她喜欢萨拉萨尔一家。涉及这一家的事都不会让她在心里对斯图尔特产生不安的感觉。

斯图尔特求婚后，再次带着沙伦去见他的家人。他希望亲自告诉他们这件喜事。他的父亲很激动，他的母亲也很高兴，但沙伦认为她还是有所保留。南希几乎没有表露出情感的变化，所以很难知道她的想法。至于沙伦的父母，他们从来没有任何不放心的。不过事实上，她也很少想到萨拉萨尔一家的事。他们都很好，这就够了。她准备和斯图尔特结婚，又不是嫁给他的家庭。

最终要独立生活

人们之所以要结婚的一个理由是，他们要从原来的家庭里分离出来。对沙伦而言，结婚是深思熟虑的结果。她可以逃避父母大人令人窒息的控制——她母亲狭隘的世界观和她父亲的霸道作风。斯图尔特不太关心他的父母。他很早就把自己视为从家庭里获得自由的一个人。既然他和沙伦要结婚了，便不再受任何人的干扰。他们最终要独立生活。

我想起了卡尔·惠特克[①]（Carl Whitaker）的一句俏皮话："两个家族要想永久存续，无外乎让两个被逐出家门的替罪羔羊结为夫妻。"历史上，这种现象显然是真实存在的。家庭纽带对很多事至关重要，如血统、政治权力、对王国的控制。今天，这种影响力不再那么明显了，但这种影响的存在通常是毋庸置疑的。

对于那些大家庭，首先需要承认它们的存在，这些大家庭从未消失。它们作为与外界融合的产物而存在，具有家庭生活方式应该有的内在形象；而且它们作为一种人际关系网络切实存在着，并具有令夫妻关系复杂化和丰富化的潜在推动力。

在萨拉萨尔一家和南森一家的这个案例中，两个从未想过要产生交集的家庭被一条情感的纽带结合在了一起，而此前双方都从未要刻意建立起这种情感纽带。所有的亲密关系都无法脱离一个多代人的（家庭）系统而独立存在；而与姻亲之间的关系，只是这一系统中最显著的关系。大多数人都会惊讶地发现，一代人中发生的事件对另一代人产生的影响是如此地复杂。

某个男孩的祖父母去世后，孩子的父亲会对自己正处于青春期、试图脱离父母掌控的儿子加紧控制。这个青少年的祖父母的故去似乎对他无关紧要，然而自己父亲所经历的丧亲之痛可能对男孩产生深远的影响。

那些说出"两个家庭从此结合在了一起"的人，总是幻想出一个天作之合的图景。而人在现实中遇到的情况通常更像是电影《当世界毁灭时》[②]（*When Worlds Collide*）中所描述的场景。

---

① 卡尔·惠特克是一位美国心理医生，他是家庭治疗领域的专家。——译者注

② 《当世界毁灭时》是 2016 年在美国上映的一部科幻电影。——译者注

“来自外星的入侵者”

斯图尔特的父母是在结婚前两天（也就是在婚礼彩排前夜）来到纽约的。他的父亲请两边的家人到外面吃了个饭。沙伦感觉有点儿奇怪，不太确定现在到底是有两个家庭（萨拉萨尔一家和南森一家），还是三个家庭（她的父母、他的父母和他们小两口）。

萨拉萨尔先生希望扮演体面的东道主的角色，坚持带他们去小意大利，去一家他很多年前吃过一次的高档餐厅就餐。他记不住名字了，但知道坐落地点。他向南森一家保证：“你们会喜欢的。”他叫过来一辆出租车。等大家都挤进去之后，萨拉萨尔先生告诉司机带他们去小意大利。到了街区之后，他们一边散步一边找餐厅。

他们悠闲地往前走，起初的感觉很愉快。两位父亲走在最前面，每个人都很珍惜这次增进了解的机会。走在后面的沙伦看到，她的父亲好像一直在说话，萨拉萨尔先生则主要扮演听众的角色。斯图尔特更喜欢和两位母亲聊天。他的母亲怎么看待南森夫人呢？

他们一座楼、一座楼地寻找。萨拉萨尔先生没能找到餐厅。或许人家早就歇业了。这不算什么。他们可以继续散步，再找一个吃饭的地方。毕竟，这是一个美好的夜晚，每个人玩得都很开心。为什么要自寻烦恼呢？南森夫人向前探身和萨拉萨尔夫人说，晚上在这个街区里散步不是个好主意。沙伦听到了她们的对话，然后告诉自己的母亲，说她有些过虑了。不过，他们都有些惴惴不安。

走过两座大楼，看过六家餐厅的菜单之后，萨拉萨尔先生终于找到了一间他喜欢的餐厅。“哇，这里很有情调啊！”他一边说，一边看了一下点着蜡烛的雅间，欣赏了绘着意大利风景的墙画。南森夫人认为环境有些昏暗，沙伦有些饿了。萨拉萨尔先生告诉服务员，他们正在庆祝一场即将举办的婚礼，并问这里的菜品如何。萨拉萨尔夫人朝斯图尔特使了个眼色，就像一个学生在老师出丑时做出的反应。

所以沙伦认为，斯图尔特和他的母亲注意到了萨拉萨尔先生公开表现出的烦躁情绪，不过他们什么都没说，只是情绪上愈发明显。在未来的日子里，沙伦一直忘不了那种轻蔑的表情。

南森先生点了香槟，大家都喝了一点。斯图尔特知道自己的父母有些不安。他们的表现符合他们的性格，只是稍稍有些失常。他的母亲安静下来，而他的父亲则有些感伤。他起身向两个年轻人敬了一杯酒，并和双方的家人碰杯。敬酒时气氛很好，但时间有些长。斯图尔特朝母亲的位置瞥了一眼，发现她的坐姿有些僵硬，但凝固的笑容丝毫没有暴露她内心的感受。他很想知道，**她是不是有些窘迫？**不过其他人似乎并未注意到。

人们都觉得斯图尔特的父亲很友善，但斯图尔特很讨厌父亲情绪化的性格。在斯图尔特的眼里，父亲是一个不断寻求获得认同的人，这让他想到了彼得·洛（Peter Lorre）在电影《卡萨布兰卡》（*Casablanca*）中巴结亨弗莱·鲍嘉（Humphrey Bogart）的情节。彼得·洛所饰演的角色并不真的喜欢鲍嘉所饰演的角色，他只是一个喜欢拍马屁的小人物。斯图尔特有时也会有努力逢迎、取悦他人的欲望，他只是不让它表露出来而已。事实上，他在竭力让自己表现得与父亲有所不同，所以他有时表现得很唐突，甚至粗鲁。

过了一会儿，随着父亲给自己带来的焦虑感渐渐散去，斯图尔特开始将注意力转移到沙伦父母身上。他现在顺着自己母亲眼睛的方向可以更清楚地看到沙伦父母的神态。沙伦的父亲热情、外向——照例有些端架子。虽然沙伦希望点白葡萄酒，但他坚持点红葡萄酒搭配他们的菜肴，另外在沙伦点鱼时，他告诉斯图尔特的母亲，沙伦应该点小牛肉才合适，因为这里是意大利餐厅。斯图尔特可以看到他的母亲尴尬地坐在那里。她原本很愉快，也在尝试着喜欢他们，但南森一家真的不是她所中意的人。

沙伦的母亲和小两口开着玩笑，这让斯图尔特觉得她有些大大咧咧。他很惊讶。但当她就婚礼提了几条莫名其妙的意见时，他便觉得可以理解了。她郑重其事地说，结婚典礼在一个人的人生中就是一个“水印”①。过了一会儿，她又说婚

① 沙伦母亲本意似乎想说“里程碑事件”（landmark），但却说成了浅浅的“水印”（watermark），所以作者在下面提到了口误的问题。——译者注

礼是一套“神圣的礼仪”。他由此想到了神学院。斯图尔特以青年人的倨傲神态悄悄鄙视她。其实等他自己到了四五十岁的时候，也会出现类似的口误。说到成长，我们发现被我们视为他人专利的缺点竟然也会出现在自己身上，这真是一件令人非常痛苦的事情。

吃过晚宴，已经很晚了，他们打了一辆出租车。沙伦很疲惫，对明天的彩排也有些不放心。斯图尔特还在回味谁在晚宴上说了什么。他依然为沙伦感到骄傲，但对未来的岳父母，他并不确定。

* * *

沙伦认为婚礼进行得很顺利。每个人似乎都很开心。斯图尔特说他的母亲有些紧张，但沙伦没有看出来。不过她看出来却没说出口的是，斯图尔特对待她的家人的态度依然有些不自然。他很有礼貌，但不够热情。她没有想到，日后某一天他会用这种冷冰冰的礼貌面对她。

在接待处，斯图尔特再次意识到这两家人有多不同，沙伦的父母还好，但其他娘家人就相当吵闹。那位烫发的姨妈炫耀性地穿了一身只能在很老的彩色影片中才能见到的紫红色连衣裙，还围了一条不太搭配的羽毛长围巾。她是一个对色彩并不敏感的女人。

繁琐的接吻和握手仪式连政治家都会感到厌烦。斯图尔特相信这是沙伦一家的事，所以他只需让自己随大流即可。当他走进盥洗室后，才开始获得片刻的安静。他在里面多待了一会儿，试图整理一下思绪。他转身出来，站在门口，看着沙伦家的亲戚们喝酒、跳舞，然后叽叽喳喳地离开。他想他在这一家人中的地位就好像掉进一杯啤酒中的一小片酸黄瓜，但这种想法一闪而过，他及时走回婚礼现场，继续和亲朋好友合影。

当沙伦和斯图尔特最终准备离开时，她已经筋疲力尽了。在往外走的时候，她听到自己的母亲和父亲说：“终于给他们办完了。”这是一种很熟悉的情感——仿佛一场婚礼解决了某件事情，而不是随即开始了一个复杂的家庭身份的转变过程。

姻亲间的适应与划界

当这对小夫妻要开始一起过日子的时候，他们首先要面对的就是要从各自家庭中分离出来，并改变他们与父母、兄弟姐妹，以及姻亲之间的关系特征。他们所忠诚的对象必须要转变。作为一对有效承担家庭单元功能的新婚夫妻，伴侣之间的首要义务必须限定在婚姻关系之内。原则上，大多数家庭都清楚这种独立生活的需要。其复杂性体现在与父母之间未完成的情感联系上，以及与姻亲之间的矛盾上。

* * *

一对三十多岁的伴侣①曾经到诊所来咨询，说她们正在遭遇可怕的冲突，希拉威胁着搬出去住。她们说在她们的生活中，各方面都很好，只有一件事除外。希拉认为安琪太依赖她的父母，和他们在一起的时间太多，而且过分关心他们。安琪努力表现得通情达理些，便说："好吧，或许我确实非常依赖他们，但一周给他们打一两次电话，每隔两三个月去看望他们一次有什么错吗？"

虽然姻亲之间感情不和的情况很常见，但这个案例中的关系还是过于紧张了。两位伴侣并没有弥合彼此的分歧，却在相反的方向上越走越远。安琪与自己家人联系得越多，希拉就越抗拒。类似这样的矛盾，人们是无法逃避的，但我在此将其分解成三个构成要素，使其减少至可控的程度。第一个要素是澄清这对夫妻外围的界限。她真的想离开吗？我问希拉。不，她爱安琪。我告诉她，她需要说服安琪相信这一点。至于安琪，她需要清楚地表明，她的基本情感依赖对象是希拉，不是她的父母。安琪想不通，希拉有什么可担心的呢？

第二个要素是她们如何沟通。与普遍看法相反的是，当人们尝试着沟通的时候，问题通常都能得到澄清。良好的沟通并不能像汰渍洗衣粉消除污渍那样消除矛盾，但可以澄清矛盾的本质。有了我的一点帮助，安琪和希拉便能了解对方对她们之间存在的重大问题的态度。希拉能感觉到，安琪只是希望能与自己的父母保持联系。而安琪也可以感觉到，希拉认为她们在一起的时间太少了，而且不希

① 根据文中所述判断，这是一对女同性恋伴侣。——译者注

望与别人分享她们之间的亲密感。此时，多为对方考虑一下可以避免让彼此的分歧极度恶化。

一旦界限问题得到明确，而且两个人沟通良好（说出各自的感受、不去攻击对方，并表现出感同身受的姿态），那么在就各种生活安排达成妥协后，一些问题也就会迎刃而解。譬如定下来多长时间回一次娘家，是否两个人都去，还是仅仅安琪一个人回去，实际的沟通过程决不会那么简单，但他们从此不再背负因怨恨和误解带来的额外负担。

有时一件事可以发挥很大作用。例如，当希拉准备走的时候，安琪同意提前离开她父母家。一旦安琪不情愿走时，希拉更愿意留下来；而且令安琪颇为感激的是，希拉不再说贬低她家人的话了。

* * *

当两个人一起生活时，两种不同的情感文化形成一种新的情感文化。正如你所看到的，两位伴侣必须决定来自各自家庭的哪些礼数与传统会保留下来，并创造出他们自己的传统。在此过程中，这对夫妻双方的父母要小心谨慎，尽量不要批评他们的女婿或儿媳，以及他们身后两个大家庭的传统，进而帮助孩子们把矛盾降至最低。如果一位家长贸然提出批评，无论儿子还是女儿都有可能悄悄地但坚定地维护自己的配偶。这与谁对谁错没有任何关系，而与忠诚有关系。涉及心之所属，如果你不向着我，你就是反对我。

* * *

和斯图尔特结婚后，沙伦几乎每次回家，都会和自己的父亲吵架。沙伦希望被当作一个成年人和一个妻子看待。她的父亲对她的新身份总是口无遮拦地妄加评论，甚至有时开玩笑地称她为“萨拉萨尔夫人”。但每次回家的第二天，他都开始好好招待她，就好像她依然是一个孩子、他的乖女儿。

他总是造访她的小家，看到有什么不顺眼的地方就批评（“这个橱柜不应该摆在这儿。”“为什么你们不换一下窗纱呢？”）。还有一件让她感到恼火的事情。每当她想告诉他，斯图尔特或她做过什么事情时，他总是岔开话题，改说五年前遇到的某个人或一个做事风格和她只有一丁点相似之处的远房堂姐。但最糟糕的事情，也是最令她抓狂的事情，是他动不动就给她讲带有种族歧视的笑话（“你听说过那个有关……的笑话吗？”），以及宣扬连他自己可能都不当回事的、反动的政治言论来故意激怒她。如果沙伦挑战他，他完全把她的意见当成耳旁风，仿佛她依然是个孩子。

她尽量不去招惹他，不过有时他们也能找到一个不会产生争执的讨论话题。毕竟沙伦还是爱他的，而且希望保持亲密的关系，所以最终她放松警惕并向他敞开心扉。接下来他一成不变地说一些引起他的批评或鄙视的事情。当这种情况出现时，他们的争吵还是很激烈的。

其中有一次，沙伦和斯图尔特开车送沙伦的父母去机场，到了机场以后，他们不得不再等待两个小时，因为航班延误了。斯图尔特能看出来沙伦很紧张，因为她父亲不断地挑刺儿，她的耐心在渐渐消失。“为什么机场里没有一个体面的地方吃饭呢？”“如果你提前打电话查询一下飞机是否准点，我们就用不着整天耗在这里了。”

此时此刻，沙伦已经受够了。她厉声说：“你还是闭嘴吧！”他有些激动地回应道：“你竟敢这样和我说话，年轻的女士！”沙伦有些失态。她怒火中烧，并开始尖叫起来，看上去已经完全歇斯底里了。

沙伦和她的父亲互相指责的时候，斯图尔特就呆呆地站在一旁。在斯图尔特还没想好说什么之前，沙伦已经哭着沿大厅跑远了。面对她愤怒的咆哮，他仿佛生了根一般，动弹不得，依然处在震惊之中。她期待他追过去——对于她的小心思，他当然心知肚明，但她错了。他尴尬地站在那里，尽管不想和她父亲站在一起，但又不愿意宠着她乱发脾气的行为。他胆怯地说道：“有的时候她确实太容易发火了。”

过了几分钟，他才去找她。太迟了。她气坏了，已经不知跑哪儿去了。她在需要他的时候没有得到他的支持，现在有种被抛弃的感觉。

* * *

当两个人海誓山盟并走到一起的时候，聪明的家人会尊重这个新组建的家庭单元的神圣不可侵犯性，向小两口提供帮助，但要保持一定的距离。啊哈，不过多远的距离才算合适呢?

斯图尔特希望沙伦从她的娘家搬出去——但也不要和他太亲昵。她的父母则希望她和斯图尔特都要表现得更亲近些——如果是指小夫妻之间，也许能做到；如果是指和他们之间的关系，想都不要想。站在沙伦的角度，丈夫和父母，双方都在争夺她的关爱。因为她认为自己对父母和丈夫都负有责任，所以她并没有明确地偏向哪一方。因此，沙伦就像我们大多数人一样，犹豫不决，摇摆不定，不知道自己的心究竟该归属哪一方。

当沙伦感觉受到斯图尔特的冷落时，她会与自己的母亲走得更近些——从这个三角形的一边转到另一边。她希望经常回家看看，她在那里可以感受到家人的爱意。当她和斯图尔特回到家时，她的家人会热情欢迎他们。沙伦很享受这段时光——大约 24 个小时吧。接下来她的父母开始让她心烦，而她又转向斯图尔特。当她受够了自己母亲的东拉西扯，以及父亲的自以为是之后，她会暗示她和斯图尔特该走了——她的父母听到后十分不满。他们不会说太多话，但他们会指责斯图尔特不仅拒绝配合他们，还把沙伦从他们身边带走。

沙伦和自己家人的联系同时具有积极和消极的影响。那种追求亲密无间的道德标准在她的家庭里表现得如此强烈，以至于不管是出于身体上还是情感上的需要，每当她试探性地摆脱父母的控制时，罪恶感就像钢鞭一样抽打她的后背。但将她与他们联系在一起的不仅仅是义务，她还感受到一条积极的、爱的纽带。尽管可能表达不出来，但斯图尔特意识到了这两方的拉扯，同时也讨厌他们。他认为义务是愚蠢的。至于这条依然很强大的爱的纽带，斯图尔特将其视为一种依赖。

* * *

除了尊重这对小夫妻的自主性，他们背后的家庭还感受到一种接纳外人的压力——这个曾经的外人现在是这个核心圈子的正式成员。那个人与这个家庭的文化和传统的差异越大，适应过程就越难。

* * *

无论是关乎他们的伴侣，还是他们的性取向，男同和女同伴侣还不得不与父母的反应做斗争。即使是在很早以前便已“出柜”的儿子和女儿，当他们的伴侣关系要通过一场婚礼，或者仅仅是以同居的方式公之于众的时候，他们的父母还是会感到震惊的——通常是不同意，或把他们赶出家门。

考虑到父母有可能反对，结为伴侣的男同和女同可能特别倾向于断绝亲情。这是一件很令人遗憾的事情，因为在切断家庭联系之后，很有可能他们寄托于伴侣身上的、强烈的情感需要仍然不会得到满足。这种情况对此类伴侣会产生强烈的压力并增加其产生冲突的可能性。

在这个厌恶同性恋的世界中，男同和女同伴侣孤独求生，但他们的两难困境对我们所有人都具有启发性。青年人若要结合并组建新的家庭，必须从他们原来的家庭里独立出去。在理想状态下，代间界限不会尖锐到妨碍到小两口与父母和姻亲之间的相互支持和充分接触。但有必要记住的是，排在第一位的是保护新婚夫妻婚姻关系的独立完整性。

男同和女同可能特别需要（与姻亲和父母之间保持）清晰的界限，以保护其婚姻关系的神圣不可侵犯性。但是，任何因家庭羁绊感到极其痛苦的人可能都需要与其家人保持一定的距离，以此来保护他们在这个充满敌意的世界里的庇护所不受侵犯。热衷于维护家庭纽带的治疗师应当牢记，某些人可能需要保持与父母和姻亲的距离，这是他们保持美满婚姻关系的必要及首要条件。

治疗师怎么才能知道何时应该推动来访者主动联系他们的家人，以及何时能判断出他们可能需要一段保护性的距离呢？这个问题并不好回答，但这个问题有助于检查你是否会因为自己的经历而产生认识上的偏差。假设一位治疗师定期鼓励男同咨询者跟他们的父母多走动，另一位治疗师则很少向男同的提及有关父母话题，还有一位治疗师鼓励他们与父母达成和解但不会主动鼓励咨询者跟父母多走动。那么你认为哪位治疗师在出柜后便不再联系他的家人？哪位治疗师在出柜后还与他的家人保持良好关系？哪位治疗师是异性恋，天真地认为父母对孩子的接纳程度取决于孩子本身？向咨询者提问、充分尊重咨询者的意见、让他们自己判断应该怎么做，或许是个不错的解决方案。

* * *

一旦沙伦的父母与斯图尔特达成和解，他们便很高兴家里来了一位新成员。他们将其视为一次家庭的扩增，就像给房子增加了一个空闲的房间。斯图尔特的想法却和他们不太一样：他是和沙伦结婚，不是和她的家人结婚。

沙伦在当中左右为难。她知道自己的父母希望经常看到她和斯图尔特，而她也知道斯图尔特不愿常见到他们。因此，他们在多长时间回一次娘家的问题上起了争执，而且每次回家期间，气氛都很紧张。

* * *

与斯图尔特不同的是，沙伦很喜欢她的婆家人。她尤其钦佩南希，这位婆婆的成熟稳重与沙伦母亲的感情外露形成鲜明的对比。南希还是一位很好的听众。她总想知道沙伦在做什么、什么事正在发生，而且她不会打断或改变话题。

南希很亲切，但你很难了解她。沙伦的问题一般都会能触发南希对天气的评价。“这一路上怎么样啊，南希？”“噢，很好啊，天气温暖和煦、阳光明媚。”

沙伦希望南希再外向些，而且她认为这并不涉及个人隐私。只是南希更喜欢独处。她宁愿有自己参与的对话都简简单单，这样她便可以像客人一样抽身回家。沙伦心有不安地反应过来，自己丈夫的为人处世方法正是这个女人培养出来的。

无形的忠诚：平衡好与姻亲家庭的关系

斯图尔特可以直接分辨出沙伦正在和谁打电话。从她的声音里可以听出热烈、渴望的情感——总是准备分享消息，有时也可以听出有恼怒的情绪。“妈妈，他已经是一个助理教授了。大多数人充其量还是讲师嘛。”他从她那里听来的最好玩的事情通常是在无意中听到的。

沙伦不会谈论他太久。她已经准备好切换到自己最感兴趣的话题上了——也就是那些让她与自己的家人保持联系却疏远斯图尔特的事情。在她的娘家，叔叔阿姨和堂表兄妹有十几个人。塞尔达阿姨住院了，弗雷达表姐都没去看她！堂兄拉尔夫的妻子苏济把自己的房子都粉刷了一遍，这笔钱打哪儿来的？

斯图尔特很恼火。他从未因为一个人（甚至包括自己）说过那么多话，但他期待取代沙伦父母的位置。他们不需要别人掺和进来。就像他对沙伦其他众多的期望一样，这个期望也从未被认真想过或讨论过，所以也从未得到检验。

坠入爱河的我们容易犯一个严重的错误，那就是总想改变别人。当你选择某人时，你其实选择的是与一个家庭结合。你的伴侣与其父母的关系是这个家庭重要的一部分。在斯图尔特看来，沙伦过于依恋自己的母亲。为什么要打这么多电话？他没有注意到的是，沙伦一直希望离开自己的家庭，但鉴于斯图尔特在情感上无法提供她所期待的、充分的支持，为了满足自己对情感联系的需要，她便重新回到了自己的家庭圈子。

沙伦和斯图尔特与她的父母形成了一个三角形，每个边都是可以互换的。他与她的距离越远，她就越靠近他们。

* * *

那些怀着妒忌心理反对伴侣黏着父母的人通常都没有安全感，这种不安全感既有关于他们自己的，也有关于婚姻关系的。他们与自己的家人或很多朋友的联系都不太紧密。我给来访者的建议是，让他们的伴侣充分享受联系他们父母的自由。否则的话，不管是否说出来，厌恶之情早晚会侵蚀掉他们的关系。

* * *

斯图尔特对沙伦家人的敌意越强烈，她就越感觉自己好像成了他的嫉妒心的牺牲品。当斯图尔特批评她的母亲时，沙伦感觉她自己也受到了伤害。他认为她的母亲浅薄、不自立，还缺乏想象力。这些不正是他暗地里对她的评价吗？

治疗师可以鼓励小夫妻辨别其婚姻关系和他们与自己父母之间关系的不同内涵，进而帮助解决姻亲三角关系问题。当嫉妒心重的伴侣开始抱怨时，而其配偶接下来开始谈及为什么自己感觉有必要把大把时间花在自己家人身上时，此类讨论可能会引发一连串棘手的问题。类似这样的讨论可能是痛苦的，但也可能是富有成效的。

在遇到爱多管闲事的姻亲时，邀请姻亲与小夫妻一起参加治疗课还是很有益处的。首先给予上一代人一个谈论自己情感的机会。这种让自己的情感得到承认的机会有助于消除误会，并让他们更有可能接受子女的观点。在开展家庭治疗时，还有这样一个经验法则——也可以说是一个粗略的简化原则，到场接受治疗的人越多，越容易取得一定效果。换句话说，给予人们一个表达自己观点的机会通常是非常有意义的。

* * *

姻亲很容易成为家庭关系紧张的替罪羊。一些母亲无法接受他们的儿子刻意与她们保持一定距离。她们倾向于认为她们的儿媳应该承担儿子与自己的感情变得疏远的责任。

需要特别指出的是，令姻亲关系出现紧张的原因在于伴侣对于自己父母的矛盾心理。沙伦期望斯图尔特把她从自己家人令人窒息的宗族排外意识中解脱出来（在某种程度上讲，他确实也这样做了）。再说斯图尔特，他的母亲一打来电话，他便把电话递给沙伦。他也需要这种情感联系，但不知道如何建立这种联系。

处理和姻亲之间关系的难度人尽皆知，但在家庭丛林中，它们（处理姻亲关系）还不是最令人恐惧的“物种”。

难以割舍的过去时与并不完美的将来时

当我们长大成人之后，每个人都和父母存在两种关系。第一种关系存在于过去，它由一连串的记忆组成——我们的成长过程、我们的父母如何对待我们，以及我们如何看待他们。这是一个存储我们美好记忆和沮丧情怀的储藏室。第二种关系是真实的、不断发展中的关系，即我们现在与生身父母的关系。

具有讽刺意味的是，很多人认为，存在于我们内心深处的第一种关系远比第二种关系来得生动。记忆中的关系经常令现实关系陷入困境。

家庭是由特殊胶水黏合而成的——家庭可以延伸但不会对家庭成员放手。即使在像斯图尔特家这样家人关系忽冷忽热的家庭里，家庭成员仍以一种未完结的情感关系的形式，与下一代黏合在一起。

这种尚未完结的情感过程被称为“融合”，也就是在家庭中普遍存在的自我与他人之间心理界限模糊的状态。与融合相对的是情感成熟，或者说“心理分化”。我们容易犯这样一个错误，即我们有可能会将一个人试图躲避其家人的伪独立状态与真正的心理分化相混淆。心理分化意味着获得一个自主的身份，而不是在你自己和你的家庭之间制造距离感。

尽管所呈现的方式不同，但沙伦和斯图尔特都是融合于各自的家庭之中的。正像沙伦或斯图尔特遭遇到了情绪隔离（emotional cutoff）一样，缺乏心理分化会导致伴侣与各自父母家庭的情感纠缠继续下去。在心理分化进程中，“我”变得不同于“我们”。但沙伦正在为了一个“我们”（她和斯图尔特）而离开另一个“我们”（她的大家庭）。她的计划始终是创造一个新家庭——老家庭的改进版本。在这个新家庭中，她会照顾斯图尔特，他也会给予回报。但那个老家庭并未消失，她仍是那个老家庭的一分子。她努力挣扎，平衡新老家庭的关系，这是她必须要面对的。

令沙伦感到遗憾的是，她试图与其绑定在一起的这个男人对亲密行为充满了厌恶感。斯图尔特正在疏远与自己小家庭的关系，这个小家庭为了维系婚姻关系而回避与各自原生家庭的情感联系。然而实际上，出于本能，他在自己的小家庭里也是这样做的。对于像斯图尔特这样一个分化不良的人而言，亲密感是一种威胁。走得过于亲密让人产生失控的感觉。

* * *

尽管过去的已经过去了，但我们似乎不忍放手。当我们想念父母时，当我们去看望他们时，我们之间还存在那种紧张状态。慢慢接受他们还是老样子，而且无论什么事，该发生还会发生，不过我们依然希望从他们那里得到什么。我们渴望将来有一天，他们会弥补我们曾经错过的事情；他们会做出改变；他们会表达歉意；他们最终会按照我们所希望的方式对待我们。我们希望从他们那里得到一切——也许其他的都能得到，唯独真爱得不到。

有些人，像沙伦一样，渴望他们的父母开始尊重他们；其他人，则像斯图尔特一样，渴望从父母那里得到曾经缺失的关爱。直到我们不再需要父母把一切事情都准备好时，我们才真正长大成人。

一些人把他们的一生投入到与父母的对抗中。我曾遇到年届五旬的男人和女人依然对父母对他们缺乏尊重而耿耿于怀。没想到这种心理束缚竟然如此强烈！

在非常搞笑的讽刺作品《波特诺伊的怨诉》（*Portnoy's Complaint*）一书中，菲利普·罗斯[①]（Philip Roth）让波特诺伊向分析师坦白，他毕生的追求就是把父亲从无知中解放出来：

> 在我的想象里，到今天为止，我们的命运依然纠缠在一起，而且读书时，每当遇到书中某个充满哲思和智慧、令我印象深刻的段落时，我经常会不由自主地大发奇想："如果他能读到这段就好了。是的！读了而且还明白了！"你看，你还在奢望，都 33 岁了，还在做白日梦。

当然，说实话，目前唯一可以改变的事情就是未来。虽然你一直希望你的父母成为你所希望的样子，但一旦放弃抗争，你便又与现在的他们渐渐形成一种稳定的亲子关系。

那么面对过去，我们该怎么办呢？无论是母亲的苛责，还是父亲的怠慢，他们所有的行为方式都让你失望了吗？这些都已成过眼云烟了，还是不再重要了？都不是，但这一切确实已经成为过去时了。

* * *

我接待过一位患者。这是一个 35 岁的男人，他就经历过人们都想忘却的那种童年时代。他的母亲要么情绪亢奋，要么一阵一阵的情绪低落：当她沮丧时，会疏于照管自己六岁的孩子；当她生气时，便会打他们。他的父亲是个酒鬼，很少回家。我的患者就是在这种家庭环境中长大的，他学会了自力更生，不相信任何人。这种环境可能帮他成就了事业，却不利于他承担丈夫的责任。探究患者过去

① 菲利普·罗斯是美国当代著名作家。——译者注

的经历及其影响，有助于我的患者更好地了解自己；而一旦发现自己已经变得如此封闭之后，他便可以对自己的妻子和孩子真正敞开心扉。但当轮到他与父母重建情感联系时，他却开始犹豫起来。

“好吧，过去的事终归还是过去了，”他说，“但他们依然未变。他们依然无视我。上周是我的生日，可他们竟连一张生日贺卡都没送给我。”

就像大多数人一样，他依然在忿忿不平。或许这对他不太公平。或许我应该说他的父母还在令他感到失望。他所抱怨的事是绝对真实的，他所缺失的是家庭关系的循环性。

虽然他的父母确实没有送他生日贺卡，但他这么多年来就没有给家里打过电话或回家探望，出现这种情况也并不奇怪。我说这是他的错了吗？没有。这是谁的错并不重要。关键在于：人际关系问题在双方的纠缠下一直存在，而且任何一方都可以打破惯例。在谈及大多数人感觉自己更有能力把控的人际关系（如与他们的子女、朋友或年轻同事的关系）时，这一观点很容易被接受。在面对大人物时，我们经常觉得低人一等，容易看轻自己，不认为自己有扭转乾坤的能力。没有比我们与父母的关系更能说明这一点的了。

* * *

有些二十来岁的年轻人总是对自己的父母充满怨气。他们的父母从不理解他们，从不认真对待他们，甚至非常无情。作为一个年轻的治疗师，我有时对这些人缺乏耐心。**还是得想办法解决问题吧，**我这样想。看到这些人面对生养他们的父母毫不宽容的愤怒和憎恶，我并不怎么同情他们。要知道父母可能为了他们已经倾其所有。但随着时间的流逝，我逐渐认识到，在我们长大成人的过程中，对自己的父母感到生气和失望可能几乎是无法避免的。换句话说，人们已经不再从自己的父母那里寻找解决问题的答案。

所以我给治疗师的建议是，我们要认识到过去的已经过去了，而家庭依然存在，是真实而潜在的情感源泉。但如果你的治疗对象对他们的父母或兄弟姐妹很生气、充满憎恶，也请表现得宽容一些，给予他们克服这些负面情感的时间。

＊ ＊ ＊

何必多此一举呢？当治疗师提出有必要解决与父母的关系问题时，很多人都不理解。

何必多此一举呢？因为解决上述问题有两大好处，而其价值几乎无法估量。首先，当父母做了让我们抓狂的事情之后，这样做能帮助我们掌控自己无法决断的情绪反应。其次，能够扩大我们的关系网（这两大好处也有助于培养更加和谐的姻亲关系，认识并接受他们的姻亲有助于人们理解他们的伴侣并达成妥协，还会扩大家庭的规模）。

前文述及，我们与父母之间存在尚未完结的情感过程，而了解这一过程的最佳线索是从引发情绪反应的诱因入手。那些试图切断与父母联系的人，如斯图尔特，可能不太清楚究竟是父母怎样的行为搅动了他们并未成熟的内心世界。斯图尔特认为将他和父母捏合在一起的相互依赖联系已经被截断了，但他又时不时地察觉到，这种联系依然存在。它细如发丝，但他有时依然可以感受到某种震颤。

＊ ＊ ＊

斯图尔特获得某种职业成就的时候，依然会给他的母亲打电话，而她的反应依然极度冷漠，就像用针扎破气球一样刺伤他的自尊心。他的母亲是决不会因为斯图尔特而起立致敬的。

斯图尔特希望得到夸奖，但又害怕得不到夸奖。这正是他面对自己的成就并不洋洋自得的原因。当他扭扭捏捏地说出自己的成就时，沙伦便会说："别演戏了。"他这样做的本意是把自己的成就的影响力降至最低，以此希望她会毫不吝啬地表扬自己。但如此绕圈子让她如何赞扬他呢？

我们正在讨论的情感叫羞耻，它会损害你的自信心，是一种在内心的黑暗角落里不断蚕食你内心的痛苦感受。斯图尔特将自己的情感深深地隐藏起来，因为他害怕得不到回应。更有甚者，他会因为想到自己的与众不同而崩溃。

* * *

像沙伦那样依然积极参与父母家家庭生活的人都很清楚，父母做的一些事真的让他们抓狂。他们爱她，但把她当作他们自己的延续。虽然这个家庭对她寄予厚望，但他们并未真正承认她拥有属于自己的权利。

沙伦的家人赋予她“好女儿”的角色。类似这样的角色可能无法充分描述这个人的现实情况，甚至这个人在家庭系统中的地位。在沙伦的家庭里，“家庭”的集体性比其成员的个性更重要，此类角色的影响力非常大。

沙伦结婚时，她想象自己的父母会把她当大人看。他们看着她长大，并幸福满满地走进婚姻的殿堂。最终，他们会给予她自己所期待的一切：关心和尊重。

当沙伦和她父母的关系遭遇挫折时，斯图尔特也感到很郁闷（为什么她任由他们如此过分地折磨她呢），但当她向他寻求支持时，他并未放在心上。当她说他们多么可怕时，他也只是报以同情心而已。

* * *

每个伴侣的个性与其家人之间尚未解决的矛盾是存在关联的，其被裹挟的程度决定了一对夫妻在婚姻中的灵活性。这只是所谓的尚未结束的情感过程妨碍了新关系形成的另一种说法。一旦人们在日常生活中开始解决如何看待自己父母的问题，他们便有可能摆正自己与伴侣的关系，把对方当作活生生的人而非其过去经历的影子看待。

改善自己和父母关系的最佳方法是与父母双方建立起紧密的联系，然后发现、改变个人在这个令人沮丧的互动模式中所扮演的角色。

沙伦或许可以尝试着花些时间分别陪伴一下她的父母。这注定不会轻松，她的父母总是出双入对。相当多的人认为，他们与父母一直保持一种良好关系，所以他们没必要花时间单独陪伴父亲或母亲（尤其是那位异性父母）。沙伦偶尔会单独陪伴她的母亲，但这种接触的亲密程度有限，因为她们总是谈论其他人。沙伦的母亲很喜欢对每位亲戚评头论足；他们的“罪行”通常就是对她关心不够。沙伦富有同情心，但如果她把话题引到母亲和她自己身上，可以让这种交流更加深入。

为了花时间单独陪伴自己的父亲，沙伦可以请他外出吃午餐。对于她的母亲，她的目标应该是让交流更进一步。而对于她的父亲，目标应该是控制她自己的反应，不是要她否定自己的情感，而是要以一种相对稳定的方式做出响应。她和父亲的交流模式是主动发起对话，介绍斯图尔特在大学的工作情况或她的某些计划。他会倾听，但不会持续太久。当他改变话题的时候，她会觉得父亲没理会她。如果气氛不那么紧张，她只需闭嘴即可；如果焦虑感已经很重了，她可能会爆发。

为了打破这个怪圈，沙伦应该主动出击。她可以问问父亲的近况，并由此展开话题。当轮到她时，或许可以表现出对他的些许关心，从而帮他释放压力，以免父亲总是干扰她。或者她可以直接告诉父亲，他与她断绝联系的做法令她很伤心。

一旦看到了不太令人满意的地方，为了改善关系，你几乎可以做出任何改变。诀窍在于保持冷静，不要做出条件反射般的反应。有所准备胜过心血来潮。

* * *

斯图尔特若要改善与父母的关系，必须找寻一条途径增进自己与母亲的关系，对待父亲的态度应更坦诚些。与母亲更亲近并不容易做到。对那些害羞的人做出亲昵的举动只会把他们吓跑。

这也提醒我们，为了提升某种程度的亲密感，可以采取很多不同程度的步骤：也许是说些客套话；也许是传递私人的但不透露真情的信息；也许是分享更为亲密的想法和感受，并在最终触及家庭关系本身。为了与一个人变得更亲密些，可以一次只采取一个步骤。

斯图尔特和父亲的关系更近些。事实上，他们相处得相当好。当然，斯图尔特也做过一件有些意外的事，父亲发现自己的儿子也是有些小脾气的。斯图尔特善于看淡别人冒犯他的事，并继续做自己的事，就仿佛没感觉到一样。他需要练习开口说出自己的想法。他和沙伦本应成为对方的好教练的。

第6章

抑郁的年轻母亲

Inside Family Therapy
A Case Study in Family Healing

一个惬意的夏日夜晚，当他们参加完一场派对并驱车回家途中，斯图尔特说："我们生个宝宝吧。"他们已经结婚好多年了。斯图尔特在奥尔巴尼的一所州立大学里教书，沙伦在学校的招生部工作。她不知道该怎么说。她想过他们会在未来的某一天要个宝宝。难道这个"某一天"已经到来了吗？

沙伦的医生说，沙伦可能要六个月后才能怀孕，主要原因是避孕药会导致荷尔蒙不平衡。但七周后妇科医生证实她怀孕了。沙伦正要给斯图尔特打电话，这时电话铃响了，是斯图尔特打来的。"嗨，医生怎么说？"

"我们要有宝宝了，"她回答道。

斯图尔特喊道，"耶！"这一次他的反应完全正确。

当天晚上，他手捧鲜花回到家，并带她到她最喜欢的法国餐厅就餐。他真的很关心她。这种感觉很美妙。

前三个月，沙伦每天下午都会出现害口的情况。最初的几天，她又恶心又呕吐，闹得很凶。不过最难以承受的是这种情况日复一日、连绵不绝地发生。最终，医生给了她一些止吐药。她没有疯狂吃药，不过她觉得每天下午的呕吐也不那么可怕了。

随着胎儿渐渐长大，沙伦的身体也膨胀起来，她的内心慢慢适应了成为一个母亲的想法。她猜想本能正在化解自己的矛盾心理。当她感到宝宝在肚子里翻身时，便意识到这种想法变成了现实。当斯图尔特感受到宝宝的活动时，心里也很兴奋，但激动过后，对于宝宝在母亲身体里的发育情况，他并不特别好奇。他是一个旁观者。当她说宝宝在踢她时，他很担心（"它不会伤着人吧？"），但他的关心仅限于她。这个在她体内长大的新生命似乎超出了他的想象力范围。

虽然孕期前几周是慢悠悠度过的，但孕期的最后几周似乎过得非常快。三周前，沙伦进入产期。一天，沙伦叫醒了斯图尔特，并说她开始出现宫缩。

生产过程漫长而艰辛。此时心理助产术发挥了作用。至少沙伦知道接下来会发生什么。斯图尔特急得浑身冒汗。当疼痛让她精神涣散时，斯图尔特守在身边，帮助她调整呼吸。这个夜晚同样很漫长。直到午夜过后，他们才最终把她推进了分娩室。沙伦现在有些头昏脑涨，但她知道最困难的阶段几乎就要过去了。在今后的生活中，她会经常想起，在闪亮的灯光下，她就躺在那里，耳畔传来医生的鼓励声："用力——用力——用力！"上帝，真的很痛苦。

当宝宝的头部和肩膀出来时，沙伦看到了他。我生了一个宝宝！她知道他一直在陪着她，但突然之间，他现出身形。接下来，她看到斯图尔特抱起宝宝，并喜极而泣。"也许要苦尽甘来了。"沙伦朦朦胧胧地想到。

第二天早上，当斯图尔特再回来时，沙伦正在睡觉。宝宝在育儿室里。斯图尔特隔着玻璃窗看着满屋子的小宝宝，心潮涌动。但他并未待太长时间，他想去看沙伦。他悄无声息地挨着她的床边坐下。沙伦看上去耗尽了力气，很虚弱，也很美丽。

沙伦睁开眼睛，当她看到他时，面露微笑。"你看到他了吗？"她问。

"是的，他长得很像你。"

就在这时，护士轻轻敲了下门。"你们有谁想看宝宝吗？"她把詹森放在小车上推进来，然后把他递给沙伦。沙伦目不转睛地看着他：肥胖的脸蛋儿、黑色的卷发、完美的小身体。她对自己泛滥的爱心大为惊奇。

当沙伦看宝宝的时候，斯图尔特在看沙伦。她还从未像现在这样拥有天使的气质，她倚靠在枕头上，头发散落在肩头，并把小宝宝抱在臂弯里。

在以后的日子里，还有许多像那天那样令她永远难忘的瞬间。最重要的是，她喜欢看詹森。她想："上帝造出的宝宝那么无助、那么惹人怜爱，谁都想要一个。"睡着的詹森看上去像一个洋娃娃。

* * *

带着刚出生的宝宝乘车回家是那些激动人心的经历之一，尽管只有几分钟的时间，但却是永恒的。沙伦的内心是充盈的。明亮的阳光洒落在芳草地上，天气温和，但不热，很完美。

沙伦始终低头看着宝宝——就好像一次购物之旅后带着新买的商品回家。她回想起当年把卧室空调搬回家的情景。他们吃力地把沉重的箱子搬上楼并安装好。开关一开，效果立现：马上就感到很舒爽。但这次带回来的是一个宝宝——他们准备怎么做呢？

房子基本准备好了。斯图尔特和她说过，想把宝宝单独放在一间卧室里（“你不是想多睡会儿吗？”）。朋友借给他们一个摇篮，他们又从宝宝用品店买来一张可调桌——拥有带衬垫的桌面和很多小储物格。除了几件小睡衣和几包纸尿裤之外，他们真的还需要什么吗？

斯图尔特说要用一次性纸尿裤不用尿布，于是他去商店买了一批备用品回来。他让沙伦看了看四箱帮宝适纸尿裤并说：“这些应该够用一段时间了。”

* * *

沙伦很担心宝宝。他看上去那么渺小和无助。他怎么能知道自己需要什么呢？

似乎自然界这样设计就是让父母必须关心他们的宝宝。至少这是抚养詹森的方式。他饿了就叫喊，尿了就大哭——他似乎对湿了的纸尿裤非常敏感。有时刚要抱起他时他也哭。詹森的要求是如此强烈、无尽无休，以至于出生后第一个月就让父母满是疲惫和沮丧。

出院回家的第一个晚上一直折腾到很晚，沙伦才沉沉睡去。她醒来后依然浑身乏力，还昏昏沉沉地深陷梦中：她坐在一列火车上，在汽笛的嘶鸣下，火车呼啸着穿过黑夜。当她试图搞清楚火车驶向何方时，便意识到所谓的汽笛声是一个宝宝的哭声。一个宝宝？这时她想起来了。她瞟了一眼闹钟：凌晨 2:00。她始终闭着眼睛，希望斯图尔特会安抚宝宝，这样她就能再次迷迷糊糊地睡去。她等待着。宝宝执拗的哭声根本没有被打断。又过了片刻，她说："斯图尔特，你愿意把宝宝给我抱过来吗？"

"哦，拜托了，沙伦！我还要早起工作呢，为什么你不能去哄哄他呢？不管怎样，你是唯一能喂他的人呀。"

沙伦一边过去抱宝宝一边想："原来这就是火车的终点啊。"

接下来的几周，宝宝旺盛的需求消耗了沙伦的精气神。在那些连续不断的日日夜夜里，沙伦就像患上了流感，但还不能甩手走开——没人把孩子抱过来，也没人递给她一盒冰激淋。

沙伦没有完全从月子里恢复过来。外阴切开术以及饱胀的乳房留下的疼痛感和酸楚感依然在折磨着她。她的后背酸痛，每次弯腰抱起宝宝时都会感觉越来越糟。她的阴道依然在出血而且伴有血块和腹部绞痛。再加上她对宝宝的担心，以及对斯图尔特把一切都推给她的失望，时间一长，她的手里就有了一张治疗产后抑郁症的处方。

大约有 20% 的初产妇会经历轻微到中等程度的抑郁。主要影响因素是担忧、疲惫和缺乏独处的时间。沙伦并未出现临床上的抑郁，但她心情郁闷、动不动就哭。三分之二的初产妇会出现这样的情况。可悲的是，很多这样的产妇都羞于承认自己存在如此无助的感觉。事情本来不应该是这个样子的，对吧？

棘手的工作：初为人母

谁也不会料到一个婴儿竟然让生活变得如此紧张，而过后又几乎没有人记起当初的艰难。

育儿经验并不是轻轻松松就可以拥有的，而当沙伦开始摸出门道的时候，她所得到的是一种无法描述的满足感。她把宝宝抱在怀里，当他感觉奶头靠近嘴边时，便摸索一番并努力含在嘴里。他的小嘴巴会变成一个小小的 O 形，沙伦把这种造型称为他的"吃货嘴脸"，一副心急火燎的样子，直到如愿以偿地找到才算作罢。当他吮吸的时候，看上去是那么地满足。当沙伦的奶水开始往外流淌时，她有一种发自内心喂宝宝的感觉。

沙伦希望詹森生活在一个令人兴奋的环境之中，于是她买来一套艺术贺卡，把它们封装在塑料膜里，并悬挂在摇篮内侧周围。她选的是那种颜色鲜艳的贺卡。像蒙德里安、克利和卢梭[①]等人的作品都是她的最爱。她在将那些活动物件悬挂在摇篮上方时，还会想办法让小船和小动物侧过来，这样詹森一抬头便可以看到它们。她甚至给他读法语，这样他就会逐渐习惯这些声音。但过了一两个月之后，宝宝才注意到那些在他周围转动的东西。

詹森是一个很不好养的宝宝。直到他八个月大的时候，才能睡一个完整的晚上。他还是一个很贪婪的大胃王，但又说不出来想多吃些还是少吃些。而且当沙伦哄他小睡一会儿的时候，她也根本不知道会发生什么。有时他会静静地躺着，老老实实地睡觉；也有些时候，他会因恼怒而脸部扭曲，好像戴了一副赤红的面具，然后哭号就开始了。

詹森一哭，沙伦就感觉伤心和无助。应该把他抱起来吗？她心里倒是这样想的。还是由着他哭去，就像斯图尔特建议的那样？她始终没有个准主意。与此同时，她还感觉内疚和担心。

有时，后半夜喂过奶后，詹森会反复尖叫，沙伦就躺在那里，希望他能停下来睡觉。哭泣声停止的方式会和其开始时一样——突然之间便安静下来，沙伦感觉自己就像一个重获自由的人质。

詹森两个月的时候开始吮吸自己的手指并学会了微笑。四个月时，他很喜欢被拉起来并站在那里。好一个活力宝宝！他最喜欢做的是在小浴盆里玩水，但似乎没有一刻愿意独处的时候。他的身边要始终有人。为了哄他高兴真是费劲心力。

当詹森六个月大的时候，沙伦重返工作岗位。又要 7:30 起床，梳洗打扮准备上班，并把詹森委托给一位保姆，一通忙活让她感觉很不习惯。当她准备离开时，他一边哭一边抓住她的胳膊。甚至在她钻进汽车后，还依然能够听到他的哭声。一整天的时间，这一幕都定格在她的脑海里：詹森哭着朝她扑过来。周末的时候，

---

① 这三人都是历史上著名的画家。——译者注

她就辞了职。

沙伦告诉斯图尔特，她太累了，不想回去上班。她待在家里照顾詹森或许更好些。他说："好啊，你想怎么做就怎么做吧。"不过他觉得，如果她时不时离开宝宝一段时间，感觉可能更好些。沙伦待在家里也有愧疚感，因为她看到其他女人都想法出去工作并抚养孩子。另外，她并不相信斯图尔特支持她的决定。

沙伦不明白为什么詹森在医院里表现那么好，而在家里却那么调皮。或许她做得有不对的地方。

* * *

为什么乖宝宝的母亲认为她们是幸运的，而那些淘气宝宝的母亲则担心自己做错事了呢？或许这恰恰证明了母亲具有自我批评的博大胸襟。

有一件事很容易让父母们陷入自责——他们没有意识到宝宝们在气质上有巨大的自然差异。一些父母说，他们的宝宝一直很调皮，或一直很乖巧，但他们并不是很相信这一点。当事情进展不顺利时，他们就忍不住要想：自己一定做错什么事了。

现在应该很清楚了，孩子的一部分个性是先天性格所致。亚历山大·托马斯（Alexander Thomas）和斯特拉·切斯（Stella Chess）是两位备受尊重的儿童性格研究人员，他们得出结论称，宝宝的性情大概分为三种：容易型、困难型和迟缓型。

杰尔姆·凯根（Jerome Kagan）针对已有证据做了总结并得出结论称，有两种品质从孩子出生之日起便一直存在。一些孩子内向（拘谨、警觉、温和），其他孩子则外向（自由、活跃、自发）。对于婴儿而言，那些内向的孩子在刚出生的几个月里更容易发怒，而且这种易怒性似乎与更高水平的生理唤醒（导致更多胃痛、过敏反应和其他生理不适）有关。

当然，父母可以影响一个孩子素质的形成方向，但这种影响是双向的。一方面，可想而知，一个容易照看的婴儿会让父母生活得更轻松些。另一方面，一个像詹森这样难带的宝宝会极大地增加亲子关系的紧张程度。那些天生脾气急躁的宝宝通常爱哭闹，而且不容易安抚。所以除了哭喊带来的压力之外，父母们会因他们无力减轻宝宝的痛苦而灰心丧气。

所有这一切令照看一个焦躁不安的婴儿成为一件极端困难的事情。研究显示，家里有个难带的婴儿经常会导致产妇抑郁。就像沙伦这样，当一个女人在照看婴儿方面遇到困难时，她会感觉自己不配做一位母亲。她可能面对自己的孩子时会产生一种矛盾心理，导致出现愧疚感，进而削弱她的自尊心。

尽管没有多少父母可以改变一个宝宝的基本性格，但他们可以通过共建一个亲友团来降低紧张程度。在生宝宝之前，那些从自己的伴侣、父母或朋友那里得到充分支持的女人拥有更多作为父母的自信，并且生产三个月之后出现抑郁的概率很小。

* * *

抚养宝宝的工作极为耗费精力，所涉及的每件事都是苦差事，要求还高，所以很容易忽视环境的影响。我们把自己视为不同的个体——妈妈、爸爸、宝宝，而不是一个家庭单元。所以我们在思考如何做出改变时，很自然地想到个体的改变。由于宝宝每时每刻都在改变，所以我们会把注意力集中在他身上。宝宝一个月时会做这个，宝宝四个月时会做那个。所以做父母的绝对不会忽视宝宝的点滴进步（例如，当你问宝宝多大时，他们告诉你时都会精确到周）。我们所忽视的是家庭本身也有发展的需要。

适应家庭生活周期的转变

说到生活周期，我们想到的是个体随着年龄增长，成功应对某一阶段的挑战，然后进入下一阶段。人类生活的周期可能是有顺序的，但并不是一个稳定、连续的过程。我们会在需要做出改变的停滞期和发展的紧要关头取得进步。在稳定期内，改变得以巩固，而紧随其后的是发展与改变期。

家庭也有周期。我之所以这样说，不仅仅是指父母和子女都会经历相似的过程。在生活周期中，一个永恒的主题是代际联系。甚至当这些联系并不明显的时候，它们依然施加强大的但可能是隐形的影响。当年轻的父母从青年进入中年阶段时，他们的子女也变成了翩翩少年，变得更任性和独立，并一直持续到终于有一天准备离开家门时（有时早些，有时晚些）。

在一代人中发生的改变会令下一代人做出的调整复杂化。一位人到中年的父亲可能对自己的职业不再痴迷，并决定在子女逐渐长大、疏远家人的过程中，更加关心自己的家庭。他希望紧紧抓住他们，但这会让希望独立的子女产生挫败感。我们再举一个正在变得越来越普遍的例子。一个男人和一个女人在放飞子女后，开始将更多注意力集中到他们自己身上，就在此时他们发现，他们的孩子（辍学后、无力负担房租后或刚刚离婚后的恢复期内）又回归了这个家庭，这让他们被迫面对令人尴尬的第二段亲子关系。

不同的文化应对生活转变的方式也有所不同。例如，虽然死亡对每个人来讲是一个不争的事实，但爱尔兰家庭通常非常重视守灵的仪式，而非洲裔的家庭却不会为葬礼准备一分钱费用。在一个人去世后，犹太人家庭会安排七天的哀悼期，称为“七日丧期”。与其他族裔一旦葬礼结束便将死亡之事抛在脑后不同的是，犹太人鼓励延长丧期和举行公共哀悼活动。卡迪什（Kaddish）是致敬死者的祈祷文，由死者的亲友诵念，通常每日一次，持续一年，此后每到忌日诵念。

较之美国主流社会对童年的界定，墨西哥裔美国人认为童年的早期和中期较长，而犹太人认为 13 岁是童年时期的结束，并伴之以男孩和女孩的受诫礼，很多族裔根本没有这样的成人仪式。如果他们的子女成年后还不搬出去住并独立生活，盎格鲁 – 萨克森父母会感觉很失败；而如果孩子们一定要搬出去住，拉美裔的父母会感觉做父母的不称职。

有一项特质是每个家庭与其他复杂家庭系统共享的：所有家庭发生的改变过程都不是平稳渐进式的，而是体现为一种不连续的急变。坠入情网和革命都是此类急变的例证。生一个宝宝就像坠入情网和进行一场革命的结合体。

* * *

既然沙伦和斯图尔特有了孩子，他们现在更像一对夫妻了。换句话说，他们是一个小家庭了。因为詹森是一个很难带的宝宝，所以沙伦需要斯图尔特给予更多支持。她讨厌看着他出去工作的样子。她和宝宝被拴在家里。她是一个母亲，但他的父亲角色则是可有可无的。她没有选择。在斯图尔特看来，沙伦似乎希望获得持续的关心。他感觉她太依赖他，而她感觉他对家里的事漠不关心。他们都没有看到的是，在他们之间发生的每一件事现在都是家庭三角关系的一部分。

詹森越让沙伦感到精疲力竭，沙伦越渴望斯图尔特的帮助。斯图尔特在工作中感受到的压力越大，他在沙伦眼里就越是一个指望不上的人。只不过，他们中的任何一个人做的任何一件事再也无法独立于另外两个人之外。

詹森的出生令沙伦和斯图尔特之间脆弱的和谐状态失去稳定性。一个新元素的加入是对系统的一次扰动；这个既有系统失去稳定性后，必须做出重组的安排。在机械系统中，这些改变都是自动的。如果新元素是一个活生生的孩子，而系统是由一对小夫妻构成的，此时这种扰动便会直达事物的核心并破坏其和平状态。由于压力是在转折点上达到顶峰的，所以在这些转折点上，人们常常陷入困境。具有讽刺意味的是，恰恰在那些我们最需要灵活性的阶段，我们却一点都不灵活。

为了应对照顾詹森的负担，沙伦变得更具依赖性，斯图尔特则变得更加孤立。沙伦越抱怨，斯图尔特越疏远她；而斯图尔特越疏远她，沙伦的怨气就越多——恶性循环。

* * *

不管怎么抱怨，当咨询者在一次生活周期转变过程的前六个月内来求助时，治疗师应当思考这个家庭是不是未能实现适应变革发展的系统重构。在宝宝出生前或孩子要开始上学时，他们做好准备了吗？如果做到了，他们重新适应这种转变的过程可以算成功吗？

* * *

矛盾之所以不可避免的原因是，虽然父母们都是成对出现的，但每位父母又都是与众不同的。每个人都拥有一根“导火索”，而且每个人都会对不同的触发因素做出自己的反应。当孩子们吵闹时，父亲可能会生气；而除非他们大声尖叫，否则母亲是不会生气的。与孩子们和她吵架相比，孩子之间的吵架可能更令母亲感到郁闷；父亲可能不关心吵架的事，但可能对不尊重人的事零容忍。

令养育子女如此困难的原因是，这些差异很大的个人风格并非静态的。父母们往往走向两个极端。

想象一下，一个小男孩的膝盖擦伤了，他跑着去找爸爸。父亲擦拭干净受伤部位，并告诉男孩可以继续到外面去玩。母亲或许感觉父亲的心太硬了。她把男孩叫过来，给了他一点额外的关心——清洗了伤口，敷上了急救药膏，让他坐在自己的膝盖上，然后给他读了一段故事。看到这一幕，父亲可能觉得自己的权威被动摇了，并认为男孩被宠坏了。为了回应母亲的做法，他可能努力地让男孩坚强起来，或者疏远他。**如果她不喜欢我做事的这种方式，那就让她自己来吧。**因此，矛盾是固有的。说不上好也说不上坏，它就那样。

说到家庭生活，最棘手的一件事并非人们都是与众不同的，而是人们并不接受他们之间的差异。有些差异是很难忍受的，如共同生活多长时间、多长时间过一次性生活、空调设定在什么温度。但难上加难的是，只要认为一种方式是正确的，那另一种方式就必定是错误的。

所以，这个新的有机体开始出现矛盾了。那接下来该怎么办呢？最需要牢记的是生活周期的本质。家庭先是经历了几个稳定阶段，然后受一些转折点的干扰，家庭失去稳定性，最后进入重组状态。正是在这些转折点上，家庭成员必须积极调整，改变他们的互动方式；否则的话，所有家庭成员都会陷入困境。

一些人无法领会转变和重组的必要性。姻亲有可能过分介入一对新婚夫妻的婚姻关系，干扰他们的调整进程，以至于他们无法找到解决自身问题的机制。新婚丈夫可能意识不到，尽管他已经结婚了，但他的行为方式依然像个单身汉。此时，丈夫有必要减少自己独立做事的时间，这样他和妻子便能学着一起做事。

虽然转变过程具有破坏性、会产生压力，但它们不会持续太久。如果做出适当的调整，这个家庭便会前进至生活周期的一个新的稳定阶段。但除非他们真的做出了调整，否则计时器会一直停留在上一阶段。

* * *

我的一位女患者与情感叛逆的女儿关系非常糟糕。女儿具有强烈的暴力倾向。尽管她的行为让人难以忍受，为了让女儿完成学业，父母做了各种力所能及的事，但她还是在 17 岁时跑到了迈阿密，在那里接触到了毒品文化并当了妓女。在她被逮捕释放后接受父母监护时，他们同意在所居住的小城附近（但不能太近）帮她租一间公寓，直到她能学会独立生活。当这个女儿长到 21 岁，还让人看不到可以自立的迹象，父母意识到他们应当坚定些，停止为其支付生活费，这样她会被迫出去找工作。但由于他们担心女儿的火暴脾气，并担忧她准备不充分，所以他们延长了对她的资助。

其实这些父母知道他们应该怎么做，他们只是无法面对女儿的愤怒或其人生的失败。我告诉他们，我明白他们的担忧，但当他们说他们知道“必须做出改变”时，我温和但坚定地告诉他们不必，他们不必改变。他们的做法可以继续下去，一直到他们的女儿 28、38、48 岁时也无所谓。我说，如果他们下定决心停止资助他们的女儿，可能会出现一段时间的抗议期，她会考验他们的决心。不仅如此，我说这个抗议期可能持续几周、甚至几个月的时间，但在他们做出改变之前，计时器是不会发生改变的。

* * *

尽管人们认为改变很难，但作为一个接受过良好系统性训练的家庭治疗师，我通常都是做足准备，等待我的患者做出改变。如果设身处地地想一下，可能确实有些难度。

改变很难，而且不管是出于好的还是坏的理由，大多数人都抗拒改变。大多数人抵制一件事就像不愿意锻炼身体那样简单。健身是一件苦差事，而且第二天你就会感到腰酸背痛。那种酸楚感就是改变的代价。几乎没有哪种改变是舒舒服服地发生的。在家庭里，抗拒改变的现象无处不在，因为一旦一个家庭形成了某种做事的风格，那些人际关系模式通常会因为它们的相互关联而持续下去。

在治疗过程中，接受治疗的家庭成员可能会抵抗改变所带来的压力——除非他们能够确定那些改变是安全的，而且治疗师是值得信赖的。那些认识到抵抗具有保护作用的治疗师承认，让患者做出改变时应该谨慎，不应莽撞。当我和患者探讨改变时，我会强调持续做他们正在做的事情的结果，而且我会花大量时间钻研所有那些可能令改变难度加大的事情。

在一个案例中，在指出了每位伴侣对他们家庭中“纠缠－疏远”人际模式的形成所起到的作用后，我说：“如果你愿意，你可以坚持你的风格。”那位妻子说：“我不会。我不能这样生活。”“不，你可以，”我说，“就像大多数人那样，自此以后你会带着一种不愉快的心情生活下去。”她明白了我的意思。但对这对夫妻而言，真正起到作用的是我与他们都做了交流，让他们明白是什么原因令他们害怕改变，以及为什么改变这么难。

* * *

一个孩子的出生需要家庭结构方面发生剧烈的转变。在这个转变过程中，可能其中一位或两位父母都没有做好相应的准备。两位伴侣的分工必须实现差异化，这样才能满足宝宝的各种需要，如进食、换尿布、洗澡，并且还要适应由此带来的对二人可支配时间的限制。

* * *

相对于一个小宝宝来说，詹森还是很有能量的。一方面他有他自己专属的空间供他睡眠；另一方面还有人照顾他、改变他、宠爱他，并和他玩耍。他对睡觉是心有抵触的。他并不会缓缓进入梦乡，他的睡意会突然袭来。他一醒了就要吃，他离不开沙伦。如果她没有立刻赶过来，他立刻就会陷入暴怒中。

沙伦试图适应儿子激烈的转变过程，但她自己的时间也很宝贵。她尝试着哄他小睡，但从未听说哪个宝宝只睡那么一点觉。她在读书、休息或者只是静坐一会儿时，会努力给他找事情做。她把他放进屋外的护栏里，让他沐浴在阳光下，给他一堆玩具——但他什么都不想做，只想要妈妈。

虽然父母总在试图满足婴儿的需要，但有一件事通常会被抛之脑后，那就是夫妻二人独处的时间。照看婴儿是件极为耗费精力的事，如果父母真有什么为自己考虑的事情，多半想的就是早点儿休息。不过在这此过程中，他们忽视了夫妻关系的维护。

2+1=2

相信读者都很熟悉《我的蓝色天堂》[①]（*My Blue Heaven*）的歌词，二加一等于三。它是怎么唱的呢？“只有莫莉、我和宝宝三人，我们很幸福……”但二加一未必等于三。

不管一对夫妻多么疼爱他们的宝宝，孩子的到来都会威胁到夫妻爱情的排他性。并非所有年轻父母都会有意无意地嫉妒配偶把注意力转移到宝宝身上，但这些情感不可避免地会在潜意识里掀起波澜。新晋父亲尤其容易产生被取代的感觉。此时竞争的压力和被拒绝的感受迫使很多年轻父亲工作过度、饮酒过度或寻求其他的情感慰藉。

对沙伦来说，哺乳过程重新燃起了自己与母爱融合时的幸福记忆，她把所有的爱都给了詹森。这些都是快乐融合的瞬间，是斯图尔特无法与其共享的。

父亲被排除在母爱的魔圈之外，再加上母亲承担了照顾宝宝的责任，这些都让夫妻关系受到侵蚀。这种情况太糟糕了，因为夫妻关系可能是——也应该是——逃避生活压力的天堂。

甜蜜的夫妻关系是那些年轻父母可以给予对方的最大支持。其效果似乎是显而易见的，因为爱情正是当初将其捏合在一起的动力源泉，但现在照顾婴儿的任务令他们分心，使其无暇顾及他们的感情修复。

沙伦和斯图尔特就属于这种情况。他们在恋爱期的如胶似漆与其说是他们关系亲密，倒不如说是他们患上了一种热病。他们的情史充满了突然降临的、丰富的神秘情感——正如歌中所唱，它具有魔力。他们从未想过还要努力重新创造这种神秘情感。

① 《我的蓝色天堂》是一首诞生于 20 世纪 20 年代的美国流行歌曲。——译者注

在此，我要告诉那些年轻的父母：你们已经抛弃了相互欣赏对方的习惯；你们总是等着对方先有所动作，甚至不出意外地采用业已存在的夫妻互动模式，不过仅仅做到这些，你们是无法让夫妻关系恢复活力的。你们可能需要创造新的夫妻互动模式。

不妨这样尝试一下：闭上眼睛，回想恋爱时发生的事。你最幸福的记忆是什么？你可能回忆起悠长的漫步、彼此敞开心扉的彻夜长谈、亲密而舒缓的舞步、连续几个小时的热吻，以及坐看四季更迭——只是为了在一起。

这些记忆会让你感到心痛。这种爱情魔力的源头何在？我们的爱情将通向何方？其实，我们还有机会找回这种魔力，它就隐藏在各种平凡琐事背后：待洗的餐具、换下的纸尿裤、折腾的后半夜，以及永远不会在你听过的情歌中出现的“人工闹钟”。

即使当生活已经平静下来或成过眼云烟，夫妻双方仍然都知道怎样做才能让关系更亲密些。诀窍在于搞清楚你的伴侣喜欢你哪一点，多关心一下对方，重新创造一种更加甜蜜的关系，并以此作为重启浪漫之旅的起点。

关心意味着你在注意另外一个人——那个人看上去怎么样？感觉怎么样？一直在做什么？并告知对方你所注意的东西。另外，理解对方也不难做到：你很容易发现，伴侣看上去很疲惫；或者表面上问对方今天过得怎么样，而实际上在观察对方的反应。

若要让一对刚有了宝宝的夫妻享受共同做一件事的乐趣，出去走走是个好办法——远离相互猜忌和充斥着责任与压力的氛围。小夫妻可以雇用保姆或找朋友帮忙照看宝宝，这样他们便能外出放松一下。他们可以散散步、吃个饭、看场电影，或者去商场买几件新衣服——总之就是享受一次二人世界。找一位亲属照看宝宝一晚上，这样小夫妻便可以有整个晚上独处的时间，这应该是他们为自己做的最愉快的一件事了。

当你的活动范围离不开这个家时，想创造一个温馨的场景确实有一定难度，不过也可以实现。不妨拉拉手、在烛光下一起喝杯葡萄酒并品尝芝士、为伴侣做一次背部按摩、洗一次鸳鸯浴（还省水呢）、在家里随便找间屋子吃一次饭、玩一会儿拼字游戏，等等。年轻的夫妻不会总想做这些事，但打破惯常的生活节奏、拉近彼此之间的距离可以成为一个好的开端，这种做法会为婚姻关系增添一丝温柔的情愫。

一些不幸福的夫妻把关系处得非常苦涩、充满怨恨，他们彼此感到绝望，不过也安于苍白无力的家庭“和平”状态。他们认为自己至少还算体面的父母。实际上，当两个人渐渐疏远到一定程度时，维系夫妻关系的纽带也就只剩下孩子了，这样的夫妻不太可能成为好家长。如果父母长时间背负养育子女的责任，就没有办法在没有子女干扰的情况下，享受彼此的温存，那么在养育子女的问题上所存在的不可避免的矛盾便会升级为持续的紧张状态。

希瑟出生

詹森 18 个月大的时候，这个家庭才稍稍安顿下来。无论沙伦还是斯图尔特，都没有忘记那些不眠之夜，但随着其他日常糟糕事情的发生，时间渐渐模糊了记忆的细节。此外，现在的詹森很乖巧——他们创造出来的美丽奇迹。

沙伦从没想过再要一个宝宝。当斯图尔特提起这件事时，她非常吃惊。“我不知道。”她缓缓地说。她不想再经历一次那样的磨难，但也不希望詹森成为他们唯一的孩子。她能说什么呢？

两周后，她怀孕了，又过了六周，她确认自己怀孕。

沙伦很震惊。她甚至还没有下定决心，一切就重新开始了。“太棒了！”他说，“往后詹森就有玩伴了。”沙伦不敢把自己的想法告诉他。母亲不应该有那种想法。

* * *

相对于詹森急不可耐地来到人世，第二个宝宝有些姗姗来迟。沙伦的身子越来越重。预产期到了也没动静。又过了 10 天，她终于临产。

这次生产要顺利得多。詹森当年不想离开母体，而这个宝宝则迫不及待要出来。傍晚 6:00，在经过一番气喘吁吁之后，她终于平静下来。

“是个女孩！”斯图尔特喊道，脸上流下了两行热泪。“还不错。”沙伦心想。

斯图尔特这次很体贴。他似乎真的在关心她。或许她最终会理解他。斯图尔特认为这种改变的原因在于她——她这一次并未像原来那样不知所措和过于依赖人。

希瑟是一个很讨人喜欢的宝宝，性格很好，不像詹森那样执拗。他们甚至从外表看上去都不像兄妹。詹森长得胖乎乎的，还有一头浓密而缠绕的黑色卷发。希瑟长得要小巧一些，不过身材修长，稀疏的头发呈现一种金黄色。令人感到神奇的是，在从医院回到家的第二个晚上，她便一觉睡到大天亮。沙伦对上天赐给她的这个“礼物”深表感激，也因此改变了她的看法。

另一件令沙伦转变思想的事情是希瑟很顺从，她像小猫一样适应环境。沙伦抱詹森的时候，詹森始终不太配合。他刚学会爬，便弓起后背并扭动着身体想下来。

希瑟在这方面与詹森不一样，她似乎很满足于自娱自乐。她会躺在摇篮里，用眼睛四处打量房间，并陶醉于自己的小世界里。她喜欢玩摇篮里的玩具，会一直玩到眼睛实在睁不开，然后倒头就进入梦乡。沙伦对这个宝宝的睡功大为惊叹，她的到来就好像是为了补偿了沙伦上一次的付出，终于能喘口气了。

见到新宝宝，詹森也很高兴。只是有一次他明显表现出自己的嫉妒。当沙伦把他玩过的手机挂在摇篮上方的时候，詹森爬上自己的小木椅，把它扯下来。“你怎么回事？”当沙伦看到他把手机拿进自己房间时忍不住问道。“我的！”他说。沙伦只得给希瑟挂上另一部手机。

除了这件事之外，詹森对这个妹妹非常好，他甚至尝试着帮她换尿布。尽管他捆的胶粘带太松，最后都散了，但沙伦还是让他做下去。他很喜欢抱妹妹。起初沙伦害怕詹森会把她掉到地上，但发现他把她抱在怀里时非常高兴，于是牵着他坐在一块小地毯上，然后再把希瑟抱过去。这样即便詹森抱不住她，至少也不会让她高高地摔下来。当他们外出散步时，詹森抢着推婴儿车，如果希瑟哭起来，他会递过去一个玩具并说：“别哭啦，希瑟宝宝，你看这个。”

妈妈的小帮手现在成了一个不错的大哥哥，但依然太粘人。在一个月里，他便由“两个半”变成了“一个半”[①]。现在他不想走路，而是希望让大人抱着去商店。“你必须走路，詹森。妈妈还要抱着妹妹。你现在是一个大男子汉了。”詹森并不那么确定自己能成为大男子汉。

不过总的来说，生活祥和了很多。詹森不再急躁易怒，沙伦也不再孤独惆怅、永无宁日。随着希瑟逐渐长大，两个孩子让沙伦忙碌起来，孩子毕竟是孩子。她几乎没有一丝空闲。甚至当她走进浴室的时候，还听到有人敲门，还有很小的声音传过来：“妈妈……”

年轻的父母与不消停的孩子

斯图尔特喜欢看孩子们睡觉的样子。在睡梦中，他们的面庞看上去柔嫩得令人心醉。詹森的呼吸很轻柔，嘴巴张成小小的 O 形，他很享受这份宁静；希瑟的睡姿很像一个蜷曲在母亲子宫中的胎儿，她紧紧抓着小被子，并含着自己的大拇指。斯图尔特很喜爱他们。那些柔软、红润的小脸蛋上洋溢着一种绝对而纯粹的信任感，这让他产生了一种忘我的感觉。但他只看了一两分钟。

在沙伦的心里，斯图尔特无疑很爱孩子们。在她眼中那些孩子的情绪变化是再正常不过的事情，但他对于这件事无法容忍。他总是认为她的某件事做错了，某件事应该改正。当希瑟表现得有些烦躁时，斯图尔特会说“她累了”。他总能找到某种理由，要么是他们正在长乳牙，要么是饿了或累了。他未曾想过让他们做有自我情感的小孩子——其实他们需要一定程度的呵护和一定程度的耐心。

赶上自己心情好的时候，他会把他们推到户外，带着他们散步。尽量让他们放下手中的玩具、换一种心情。当他们外出吃饭时，斯图尔特始终处于焦虑状态。他把孩子们看作随时会爆炸的小炸弹。为了缓和紧张气氛，他会给他们吃面包卷，并让他们享用餐厅特制的小杯咖啡鲜奶露。他绞尽脑汁寻找可以在桌子上玩耍的东西。他在希瑟面前把玩自己的钥匙，引得她放声尖叫并试图抓住它们。他教詹森用勺子搭积木。他用餐巾纸制作玩偶，并给它们脸上化妆。斯图尔特在努力当

---

① 此处借用了美剧《好汉两个半》（*Two and a Half Men*）的剧名，指原本充当另一个“大人”的詹森不再喜欢这个角色。——译者注

一个好爸爸，但他总是自己首先败下阵来。

当食物端上桌时，他希望孩子们安安静静地吃饭。这是他的责任。在吃饭的当口，他告诉沙伦，英语系发生了什么新鲜事。尽管斯图尔特他们系里的事和天花板中传出的棉花糖音乐一样有趣，但她已经感到厌烦，不过她还是认真地听他讲述。詹森突然插话说："妈妈，你喝的汤和我的一样。""对呀，詹森。"她回了一句，然后又把目光转回斯图尔特，但太晚了，他开始生气。他点了第三瓶米狮龙啤酒，并回归喝闷酒的状态。

现场的气氛开始紧张起来。沙伦感觉斯图尔特有些情绪失控，不过他并未承认。"你能把盐递给我吗？"接下来又是沉默。

詹森没有让沉默持续太久。他是感受到了紧张的气氛，还是仅仅看到了有吸引沙伦注意力的机会？无论哪种情况，沙伦似乎都对自己的分神感到高兴。

"我现在能下地吗？"詹森问道。

"再等一会儿，亲爱的，难道你不想把汤喝完吗？"

"不，我不想坐这儿了！"

"你最喜欢这里的什么，"沙伦问道，"是这里漂亮的装饰还是你喝的汤，是薄脆饼干还是好吃的甜点？"

"你知道吗？"詹森说得很干脆，"我都不喜欢！"

"噢，亲爱的——但总该有你最喜欢的吧？"

詹森咯咯笑了起来。"没有最喜欢的。"他开心地说。

这是一个很精彩的游戏，但沙伦很认真地对待它。她希望某人能够轻松下来。

当他们回到家后，晚餐时的紧张状态还没有完全解除。沙伦觉得好长时间没给父母打电话了。"詹森，你希望妈妈给外公外婆打电话吗？"

"不！詹森会做。"他说，并在沙伦的帮助下开始拨号。

与祖父母界限的再确定

沙伦的父母听到外孙的声音很高兴。通话持续了几分钟。当詹森含糊不清地说话的时候，沙伦在一旁倾听，很想知道父母在说什么。

自从她有了宝宝，她的父母似乎更加急切地来看望他们。这倒不错。不过他们对詹森和希瑟就是瞎操心，当然两个孩子也喜欢大人关注他们。

年轻父母最不喜欢孩子的祖父母做两件事：一是太溺爱孩子，二是不严格要求他们。其实这两件事是相互关联的。

沙伦的母亲喜欢给孩子们糖吃，带着他们逛商场。至于后者，沙伦并不在意。

有一次，沙伦的母亲带着沙伦和詹森去商场买衣服。他们买了两件漂亮的小衬衫和一条短裤，接着他们又去一家童鞋专卖店买鞋子。沙伦选了三双鞋子，并让詹森挑一双自己最喜欢的。

“沙伦，你不该让他自己选鞋子，他还是个孩子。”

“他已经很有主意了，妈妈，”沙伦打趣地说，“您知道，他可是一个**独立的人**。”

“所以你看到了，他们就是这样对待孩子的。”沙伦想。

* * *

祖父母溺爱孙子孙女是不争的事实，但有时他们更像对待自家宠物一样对待小孩——要么又搂又抱，要么买来一堆零食，简直溺爱到家了——而不是在面对已经有自己思想的小大人。詹森的外婆宠爱他，而他也很享受这一切。他对外婆的爱是发自内心的，什么都阻止不了这种情感。外婆才不在乎什么纪律约束，所以他对外婆根本不会出现他对自己母亲的那种既爱又恨的复杂情绪。当然，沙伦对这种情况是很反感的。她的儿子——那个她为其付出一切的孩子，仅用一块糖做诱饵便有可能被俘获。

* * *

此处隐含的问题是有关界限的争议。祖父母认可他们的孩子拥有做父母的权威吗？年轻父母认可他们的父母作为祖父母的权利吗？当年轻父母并未因自己作为父母的身份获得同龄人的尊重时，他们往往会怒目以对。他们拥有特定的且自认为重要的原则——例如允许孩子们看多长时间电视，以及给他们吃什么样的食物；而且他们不希望任何人（尤其是他们自己的父母）违反这些原则。年轻父母应当大声说出这些他们自认为重要的原则，并要求祖父母尊重他们做事的方式。

另一方面，年轻父母可能很快就要面对因放手而导致的第一个教训。所谓放手是指在如何对待孩子方面允许祖父母拥有一定程度的自由裁量权。如果再放松一点儿，就是让他们随心所欲地做事。

一些年轻父母担心，如果祖父母放任孩子们做原本不被允许做的事，例如很晚了都不睡觉看电视，他们的孩子会感到无所适从。其实年轻父母有些杞人忧天了。孩子们很快就能学会明辨是非。年轻父母应当对他们所认为的、对孩子十分重要的基本原则心里有数。年轻父母在家时，要担负起教育子女的责任。但当年轻父母和祖父母在一起时，应当尽可能放手。

家庭治疗师经常会在意想不到的情况下与祖父母产生矛盾。这种矛盾通常是关于孩子的一两个行为的。当最初的评估进行到一半的时候，祖父母往往跳出来干涉。

如果没有清晰的等级结构，家庭系统的功能便不能充分发挥出来。孩子们应当知道父母是他们的监护人，而其他人也要清楚这一点。如果年轻父母想做一件事，而祖父母想的是另一件事，此时治疗师就不能保持中立了。你必须选边站队。和年轻父母沟通，并向祖父母解释接受年轻父母权威的必要性。这是毋庸置疑的。然而，年轻父母应当清楚，祖父母需要获得被尊重的感觉。因此我经常抽出一两堂治疗课，为祖父母留出说出自己感受和意见的机会，我要求年轻父母多倾听少辩解。在如何对待孩子的问题上，只需通过倾听祖父母的想法并表现出对其意见的尊重，年轻父母便能大大缓解矛盾。不过令祖父母学会承认自己的孩子现在已是成年人很难。如果他们感觉自己的观点得不到尊重，那沟通起来就难上加难了。

互惠性：婚姻关系的指导原则

在被问到他们的婚姻关系出了什么问题时，大多数人都会一股脑地把责任推给他们的配偶。对了，你可能听说过类似这样的说法："我们没有交流"或"我们没有什么共同的兴趣点"。但当你深究根源时，他们的回答又会变成这样："他什么事都避着我""她总是在和我唠叨某件事情"或者"他从来没想过为这个家做点什么"。

这些抱怨的共同点并不仅仅在于责备什么，也反映了人的一种心理，即某件事的发生与某个人脱不了干系。不过家庭治疗师不这样认为。我们将婚姻关系看成循环状的，例如一个人做的事与另一个人做的事呈对应关系，以此类推。他们的行为是具有相互作用的。

互惠性是每个婚姻关系的指导原则。不过我并不是说一个人释放善意，另一个人就必须回报这份善意。顺便说一句，这是人类本性中的幸福观在起作用，这种幸福观基于一种希望，即希望自己对其他人做了好事后对方会心存感激并给予回报。由此引出有关互惠性的描述性原则：在一段婚姻关系中，一个人的行为与另一个人的行为存在对应关系。这项原则的一个常见表达方式是"投之以桃，报之以李"。一旦认识到这种行为与不间断的循环模式之间产生了联系，你便不必担心谁是发起人，并开始思考该做什么。

当家庭成员向家庭治疗师抱怨时，家庭治疗师会对抱怨者的行为提出反问：

丈夫：我妻子很无聊。
治疗师：她那样对待你，你怎么对待她呢？
母亲：他是我们的儿子，这么大了还不成熟。他甚至自己都不系鞋带。
治疗师（面向男孩子）：你妈妈怎么还把你当小孩子看待呢？

面对线性思维有一种更加温和的处理方法。你可以等一个人发出抱怨后便平静地说："那都是他（或她）的错……"让那个还没开口的人无从争辩。

家庭成员偶尔也会自责。这是避免冲突的另一种方式。很多女人因为"感到压抑”便找治疗师求助。这种情况确实不在少数。固然家庭生活令人失望，她们的伴侣有可能令她们感到压抑，但对她们中的某些人来讲，与直面事实相比，自责的做法更容易接受一些。

治疗师：你有什么问题吗？

妻子：是的。我感到抑郁。

治疗师：谁让你感到抑郁的？

妻子：没有谁；只有我。

治疗师：在这个家庭里没有人该对你的抑郁负责吗？

提出这些问题的目的是引出咨询者行为的相关因素，将问题从一个人身上转移到两个（或更多）人身上，并提出无效解决方案的替代方案。

* * *

治疗师怎样才能帮助沙伦和斯图尔特认识到他们的婚姻关系中存在相互作用呢？其中一个办法是和他们交流那次在餐厅就餐时的痛苦场景。你可以分别问他们，詹森的烦躁状态对他们产生了什么影响。当斯图尔特沉默下来时，沙伦注意到了吗？她知道自己在想什么，但她思考过他的感受吗？他考虑过她可能在经历什么吗？难道他们中的任何一方都没感受到来自对方的支持吗？如果能感受到更多支持的话，会产生什么不同的影响呢？如果他们在解决詹森的问题时具有合作精神并互相支持，詹森会注意到吗？换句话说，每个人该怎么做才能更加符合其他人的愿望呢？

人们已经逐渐对一对夫妻有了宝宝之后会更加亲密那种陈词滥调产生了怀疑。实际上，那种说法是正确的，只不过此时有些过于亲密了——超出了伴侣们为了彼此适应所需要的亲密程度。詹森不断膨胀的需求触发了沙伦和斯图尔特二人的焦虑，令他们以各自不同的方式产生了情绪反应。斯图尔特需要给自己留出更多时间，沙伦需要他更多地参与抚养宝宝。

母亲的荣耀与情感的苦果

当你有了子女之后，无论是从孩子到父母，还是从父母到孩子，感冒通常会像一场瘟疫一样席卷这个家庭。如果时间间隔适当的话，最后一个倒下的人会把这种消极影响回敬给最早把感冒带进家门的人。

希瑟和詹森都患上了感冒。希瑟是个乖宝宝，但当她感觉憋气时，便睡不着觉了，于是一晚上醒了好几次，她吓坏了，不停地哭。詹森整个晚上都睡得很香甜，但他在早上不停地诉苦："我的嗓子疼！""给我一颗润喉糖。""给我一片阿司匹林。""我想喝果汁。"

斯图尔特尽可能躲得远远的。他想，如果他能有一两天的时间避免靠近他们，便能避免生病，也不会影响工作。所以当希瑟在半夜里醒来时，只有沙伦揽着她，在她的鼻子里滴几滴药水，给两个孩子喝泰诺，并在他们的嗓子里尽可能多滴些干姜水。下午的时候，两个孩子都比较安稳地睡着了，而沙伦也扑通一下瘫坐在沙发上——她太累了。

她将目光转向窗外，有了一个有趣的发现。在他们结婚一周年纪念日，斯图尔特送给她两棵矮种苹果树。自此以后，每年春天，其中一棵树便会开花，然后到秋天的时候结果。不知什么原因，另一棵树始终没有开花或结果。现在看它们时，沙伦发现那棵结果的树比另外一棵树矮了很多，整棵树长得粗糙、扭曲，很显然它的能量都转化成果实了。而另一棵树则长得高大、挺拔，看着非常健康。她忽然开始哭泣起来。

沙伦这些天哭了很多次。她感到很孤独。虽然享受了做母亲的荣耀，但她的体力透支得很厉害，就像那棵可怜的小树。她想到了小斯图尔特给她带来的一切。随着时间流逝，她的心情日渐消沉，并转化成苦涩和自怜。

* * *

当我们说到自怜时，总是带有一种轻蔑感。为自己哀叹仿佛是一种罪过。

自怜有错吗？**怜悯**是指一个人报以同情心的感受，是因另一个人的不幸而起的。**自我**是指一个人的中心，或者说性格的核心。因此**自怜**是指不幸事件侵入一个人的内心世界所触发的痛苦感受。这是一种自然反应，它的作用是，在得不到他人同情的情况下，填补内心空虚、聊以自慰。

沙伦的心情由希望变成了绝望。她期待婚姻能带来分享和亲密感。当这些愿望并未实现时，她首先感到失望，然后是受伤，再往后是生气。生育宝宝，以及因照顾他们所承受的绝大多数负担，只会让事情变得愈发糟糕。最终，她无法承受这种挫败感。它所带来的伤害太深了，所以她陷入了家庭治疗师菲利普·格林（Philip Guerin）所谓的“自闭岛”（island of invulnerability）状态。她在自己的情感周围筑起了一道高墙，这样她便不会再受伤害，也不再动感情。

当希望落空的时候，两人之间便开始疏离了。

斯图尔特偶尔会做件好事，这让她很惊奇。他喜欢给孩子们做晚餐，有时还会带他们出去散步，这让沙伦得到休息的机会。但她对这些小善意的感激之情并不会抚平她的苦楚。她无法忘记所有那些他本应出手相助而实际上却袖手旁观的场景。

斯图尔特对沙伦充满歉意。她看上去已经有些衰老，还有永远疲惫不堪的双眼。他已经对她感到内疚了，但为什么她还要责备他呢？几千年来，女人都是扮演抚养子女的角色，而且别的女人从丈夫那里得到的帮助远比她从他这里得到的少。

这就好像他们每个人都拥有一个装不满的情感金库。他们的关系每恶化一次，便将一笔情感债存进金库。利息则以怨恨的形式体现出来。

沙伦或斯图尔特本来可以充分利用“互惠型”互动模式的，譬如并不追究谁挑起的问题，而是将他们的注意力转移到由他们自己所造成的悬而未决的问题之上。他们不应以线性方式思考问题（斯图尔特的怠慢令沙伦充满怨恨，沙伦的唠叨令斯图尔特退避三舍），而应该相互交流意见，形成一种环形的行为链条，人们可以在链条的任何一点上做出改变。环形思维有助于推翻一个令人遗憾的假设：其他人必须首先行动（自己才会有所动作）。

如果斯图尔特不再考虑他希望从沙伦那里得到什么，而是自己做什么事正在招致对方的怒火，那么他便有可能意识到自己从未问过沙伦的感受。仿佛他的行为给人的感觉是，她的焦虑和沮丧影响了他；而在谈及她应该怎么做才能克服自己的消极情感时，他觉得若是提不出什么好的建议，他听不听也没什么区别。他本应该开始倾听的，其实只需倾听即可。

至于沙伦，她正处在一个恶性循环中：她太累了，所以不愿意外出；同时心情又太郁闷，所以并没有考虑斯图尔特的需要。她越不外出，就感觉越累；她越不考虑他的感受，他就越以其人之道还治其人之身。她知道自己希望得到什么，斯图尔特无法给予她什么，而且这种认识令其内心充满苦涩，以至于几乎没有空间可供任何其他情感进入。

* * *

这么说来还有可能为他们提出什么建议吗？还有没有可能想到有什么办法改善他们今后的关系呢？实现以上目标并不难。但是，二人之中需要有一个人首先摒弃一种观念，即认为通过自己的主动改变来改善二人关系的做法很不公平。为什么必须全都由我负责呢？

公平与否不是关键，结果才是关键。双方都对婚姻关系问题负有责任。具有讽刺意味的是，审视一个人自己的过错赋予了人们一种能力，一种改变婚姻关系的能力。我并不提倡单方面的大度。我在探讨的是，一个人的行为改变如何导致婚姻关系中的互动模式发生改变。我们以一种相互的、自然演进的双向互动方式，不间断地影响我们生活中的一个个“情境”，同时也受到这些情境的影响。很遗憾，大多数人都看不到这一点。

第 7 章

为什么詹森做事没有规矩

Inside Family Therapy
A Case Study in Family Healing

从他们把他从医院里带回家那天开始，詹森就很磨人。他每次最多睡两三个小时，醒了后就大喊大叫，要么是该换尿布和喂奶了，要么就是该搂搂抱抱、胳肢一下、逗他玩了，总之他很可爱但很磨人。

沙伦被他折腾得筋疲力尽。她知道自己只有在睡觉的时候才会有片刻宁静。然而即使当她最终在半夜时分上床睡觉时，心里也很清楚，詹森的哭喊肯定会在两三个小时后把她惊醒。

当你为人父母后，这些事情似乎是无法忘怀的，而且也是生活的主要内容。但它们都是匆匆而过，并以超乎想象的速度烟消云散。

过了大约八个月之后，事情开始稍稍安顿下来，至少足够沙伦补觉了。詹森现在可以睡整个晚上，可以坐起来，并短暂地自娱自乐，而沙伦也可以读读报纸，一次看一段文章。

大约这个时候，斯图尔特开始对自己的儿子产生了兴趣。之前刚当爸爸时还有那种无可奈何的感觉，现在的斯图尔特在每个周日的早上都会带着詹森出去玩。这是让沙伦休息的一个机会，而他也可以和儿子单独在一起。

很快詹森便能尝试着站起来了。沙伦和斯图尔特看着他们那胖墩墩的小宝宝费力地站直身体，他们知道他很快就会走路了。斯图尔特总想拔苗助长，他伸出手指，插在詹森的小手里，帮着儿子蹒跚前进。但不管怎么练习，詹森从几乎会走到真正独自走几步，还是度过了一周又一周的时间。

又过了六个月，沙伦很难相信，当初她那么急切地盼望着詹森开始说话和走路。现在他几乎成了一台会说话的小机器，满屋子跑，什么东西都给翻出来。他很机灵，大人都跟不上他。如果她想拉住他，他会奋力挣脱，活像一只小野兽。

转眼间，詹森过了两岁，又过了三岁，沙伦发现要为他做很多事情。这个时候希瑟已经出生了，但她几乎不需要过多照顾，所以沙伦依然把大部分时间用来陪詹森。他喜欢玩穿衣服的游戏，而她也乐意为他提供一套一套的披风和帽子，还有从阁楼上找出来的父亲旧军装上的零碎儿。

这段时间，需要买的东西也很多——非常可爱的小睡袋、颜色鲜艳的吊带裤、儿童书和玩具。市场上有很多著名的儿童用品品牌，居然有那么多精巧的玩具。每当沙伦走进商店时，都会发现几款詹森肯定会喜欢的新玩具。詹森最喜爱坏蛋玩具，如金刚和黑武士。后来，当他年龄再大些的时候，他开始喜欢可以变成杀手机器人的、面相天真的小轿车和卡车。当希瑟自己会玩的时候，沙伦把詹森曾经喜欢的那类玩具买给女儿。似乎并没有什么坏蛋玩具是以小女孩为受众的，但沙伦也没觉得有什么不妥。然而，尽管沙伦百般努力，希瑟最喜欢的依然是芭比娃娃和肯。

见到每件新玩具，詹森都很高兴。沙伦曾经给他买过一对沙鼠、一个笼子和一套供它们玩耍的塑料管道。詹森像着了魔一样玩了两天。随后他想要兔子。你猜谁会负责喂沙鼠和清洗它们笼子的苦差事呢？

作为家里的长孙，詹森的出生引来众亲属羡慕的目光。很显然，沙伦已经进入了母亲的角色。他那么聪明伶俐，她也愿意带着他时不时炫耀一番。但他只有在称心如意的时候才会表现得乖巧。当有什么事情令他遭受挫折的时候，他就变得令人不快了。岂止令人不快，一想到这些事，沙伦就感到丢人。

本来以为是件令人开心的事，但结果不是。去公园游玩便是一个很好的例子。如果有人问起，沙伦会说她喜欢带詹森去公园。但他总是给她添堵。只要她给予他全身心的关注，他就会很快乐，但如果她想坐在长椅上看书看报，他就会叫喊：“我要荡秋千！我要荡秋千！”当时间到了要走时，他会尖叫起来并死死抓住秋千。当她猛地拉着他离开时，他就放声大哭，直到她向他保证到家后给他做好吃的。

有了詹森后的生活始终充满了争斗、内疚和不确定。沙伦想，也许哪里出了问题。但你怎么才能知道呢？

朋友艾米丽很同情她。“是的，这些小家伙就是对父母的一场考验。”当她听说詹森踢沙伦的小腿，还咬她时，她也认为事情有些失控了。“或许你应该去找儿科医生了。詹森可能有多动症。”

多动症？这种说法貌似很有道理。

起初马格鲁德医生有些不屑一顾——“所有孩子都爱捣乱。”但沙伦是不会被轻易敷衍过去的（这位医生不也说过吐奶没什么大不了的吗？事实证明吐奶是对牛奶过敏的表现）。

“上周五，我和他在地板上玩，但我该去做晚餐了。于是我弯腰去亲吻他，可他一拳打在我的嘴上。我冲他大吼：‘滚回你的房间去！’接着他走过来，抱着我说：‘妈妈，我爱你。’所以我感到很抱歉，并把他揽过来。”

“可能你确实遇到问题了。我给你儿童指导诊所的电话。”

当沙伦最终鼓起勇气，并打电话预约时，令她感到惊奇的是，诊所那边希望见到他们一家人。

给我孩子治病但别搭上我

萨拉萨尔一家怀着焦虑和忐忑的心情前往儿童指导诊所。他们每个人都有各自感到不安的理由。詹森担心父母把他带到另一个大人那里惩罚他。甚至当你生病时，医生都会伤害你。试想一下，当你做错事时，他们会怎么对付你吧！

沙伦倒是很热切地寻求帮助，但感觉寻求专业指导无异于承认失败。不过话说回来，如果获得控制权的代价是承担责任，那么她还是愿意付出的。

斯图尔特希望这个所谓的专家可以看到沙伦太纵容儿子，孩子是被宠坏了。他担心自己要多承担些责任。

安排接待他们的年轻医生是一个印度人——辛格医生，他正在精神病科和小儿科两个科室实习。沙伦觉得辛格医生还是不错的——只是太年轻了。

沙伦压低声音说话，仿佛不希望詹森听到，她首先开口道：“医生，我们很想知道，为什么詹森做事总是没有规矩呢？”当辛格医生请她详谈时，她就像春汛时溃决的大坝一样脱口而出："他就从来没有安静地坐下来过。他就没有安静的时候，四处乱跑，把事情搞砸。你和他说了不要这样做，他也不听。"她的声调提高，眼睛里满含泪水，但她在尽量控制自己的情感，以便让诊断继续下去。

在沙伦把问题一条条罗列出来的过程中，詹森正在将其"付诸行动"。当他们寻求治疗时，家庭成员们都争抢着说哪儿出错了和谁有责任。他们此时互动的过程就是他们生活的主旋律。这对年轻父母之间有矛盾吗？他们和孩子说话的方式是简单明确，还是在发出模糊的指令？当孩子们说话时，父母真的在听，还是仅仅装装样子？

沙伦、斯图尔特和詹森都详细介绍了他们的生活情况。几乎一眼就可以看出来，沙伦一直在喋喋不休地抱怨詹森的行为，与此同时却不采取任何措施。詹森则在不同的诊疗环节跳来跳去，似乎从中都没感受到什么乐趣，而且看上去焦躁不安，所以也安静不下来。在此期间，当沙伦抱怨的时候，斯图尔特都是静静地坐着，并瞅着地垫发呆。

沙伦和斯图尔特各自为战，但他们的做法都是被动的、无效的。为了测试他们的灵活性，辛格医生请沙伦安抚詹森。她朝他转了半个身子后说："詹森，亲爱的，保持安静，别影响大人说话，好吗？"接着她转回身来，又恢复了此前的抱怨状态。辛格医生提醒道："他不听你的。"沙伦又说了一遍："詹森，到那边去玩，我们大人要说话，好吗？"两分钟后，詹森又回来了。这一次，斯图尔特开口了："詹森！"但辛格医生伸手拦住斯图尔特的胳膊并说："让她处理吧。她是整天在家的那个人。"

詹森继续捣乱，看来是决意要吸引大家的注意力。沙伦则继续和他理论。这很容易让我们想到问题就出现在她身上——她不够坚定。我们甚至都可以为沙伦对孩子的放纵找到理由。例如，她认为自己与詹森的亲情纽带极为重要，她唯恐失去它，以至于无法违背他的意愿去迫使他做任何事。但将问题从一个人身上转移到另一个人身上，从詹森的"多动"到沙伦的"仁慈"，对于解决问题并没有多大效果。这个案例牵涉到了整个家庭。

我们注意到，虽然沙伦徒劳地试图控制詹森，但斯图尔特始终没有开口，不过他的双脚也没闲着——时而交叉，时而展开。最终他再也忍不下去了。“詹森，给我坐在椅子上，别再发出动静了！”沙伦的忍耐与斯图尔特的不耐烦构成强烈的反差。第一个做出反应的是沙伦，“亲爱的，不要那么严厉嘛。”接着是詹森，他跑过去坐在妈妈的膝盖上，并可怜巴巴地看着父亲的脸。现在这个循环关系形成了。

辛格医生与萨拉萨尔一家只见了两次面。在第二次会面时，沙伦和斯图尔特触及了他们一直在回避的矛盾。斯图尔特认为沙伦过分关心詹森，而且过于迁就他。沙伦感觉自己被丈夫忽视了；而这正是她花那么多时间与儿子在一起的原因。她害怕表现得太过严厉，害怕像斯图尔特那样，因为她害怕他生气的样子。

沙伦和斯图尔特都在把詹森当作躲避对方的工具。詹森的错误行为因他们在如何教育孩子方面的矛盾而加剧。没有哪个四岁的孩子能够抵挡父母二人的联合进攻。这个做错事的孩子只能加入其中一方的阵营。

辛格医生扮演了一个说教者的角色。沙伦的错误非常明显，所以他必须介入进来并提出若干建议——仿佛只要获取了正确的信息，便能当一个好家长。尽管辛格医生不是家庭治疗师，可沙伦和斯图尔特之间的矛盾那么明显，他不予置评也不合适。于是辛格医生简单分析了詹森让自己的父母变得疏远的原因。“如果你们两个现在做不到协调一致——像一个团队那样，明白吗？——那么让詹森变成一个规矩孩子就会很困难。”他们听得很认真，知道医生说的话是事实，但希望他不要迫使他们公开讨论积聚在二人之间的痛苦情感。令他们感到宽慰的是，他并没有这样做。

辛格医生认为，萨拉萨尔一家存在的问题过于琐碎了，没必要开展进一步的治疗。此外，这两位年轻父母似乎能听懂他讲的大道理。

隐形的教化：家庭规则

家庭生活是由一系列看不见的、从未有人明确规定而且也很少有人意识到的规则所主导的。因此，尝试解决家庭问题可能就像当你在不清楚规则的情况下，想方设法赢得一场比赛一样。

如果你问沙伦什么是家庭规则，她肯定会讲出一套一套、她期望詹森应该做和不应该做的事情。晚上睡觉前一定要刷牙，八点一定要熄灯；没有得到允许，不许走出院子。

当治疗师说到家庭规则时，他们为其赋予相当独特的含义——并非假设某件事怎么样，而是应该怎么样。规则假设（rules hypothesis）是一个描述性术语，用以表述一个社会体系中重复出现的模式。在任何处于持续关系中的人群之间，都会形成有规律的、可预测的互动模式。这里的规则描述的是规律性，不是规定。规则假设最初是由唐·杰克逊（Don Jackson）提出的。他观察到，家庭会像控制论系统（cybernetic system）一样运作。其组织机理是由人们的反馈所支配的。一个常见的控制论系统的例证是发出哨声的茶壶。你把茶壶放在炉火上烧水，正当你聚精会神地读报时，壶上的小气笛突然响起。

同样地，除非詹森的错误行为触及了沙伦的高“沸点”，否则他可以一直“逍遥法外”。尽管家庭日常生活并非刻板、机械的，但也差不多是这个样子。这是因为家庭规则是通过反复摸索建立起来的，通常没有经过认真思考。虽然这些规则可能是我们自己创造出来的，但由于它们很复杂而且无法言表，所以我们经常受困于这些规则模式，而这些模式又并非我们自己选择的。而且由于没有人明确立下这些规则，所以它们很难得到检验。

* * *

这些规则所描述的萨拉萨尔一家的生活规律与沙伦心目中的版本并不吻合。以就寝时间为例。如果我们观察实际发生的情况，会看到沙伦在把希瑟哄着之后，通常会告诉詹森，离睡觉还有 15 分钟。和大多数孩子一样，他试图推迟这一不可避免的事态的发生。要么他发现和妈妈一起做什么事会有某种乐趣——“妈妈读给我听吧”，这样做至少会将就寝时间推迟 20 分钟；要么牢骚满腹、焦躁不堪，从而迫使斯图尔特掌控局面。当沙伦叫詹森上床睡觉，而他藐视她的权威并引来斯图尔特的呵斥时，一个互动模式就此形成。如果它反复发生，就会作为一个家庭规则存在下去：沙伦并不擅长设定界限，所以斯图尔特就成为强势的一方。必然的结果是沙伦与詹森的联盟变得愈发紧密，而斯图尔特这个厉行纪律的人则逐渐游离于圈子之外。

* * *

在家庭治疗的早期发展阶段，家庭成员所遵循的规则被认为主要是由他们自己创造出来的。不过近年来，我们逐渐开始认同文化和种族对家庭生活规则的缔造所产生的影响。

我们来分析一个例子。一个女孩与父母生活在布鲁克林，她决定去俄勒冈州的一所普通大学上学。如果她的父母不是白种盎格鲁－撒克逊新教徒，而是波多黎各人，那么他们的反应就会非常不同。波多黎各人和其他拉美裔族群一样，拥有深厚的家庭义务与责任感。家庭为子女提供大量支持，但作为回报，也期待他们忠于家庭。对他们而言，离开家门并非什么成人礼，而是一种背叛。

对于成家和立业这两件人生大事，这两种文化下的家庭在观念上存在相当大的不同，所以在女儿结婚生子这件事上，它们的反应可能大相径庭。孩子在 18 岁的时候是要离家上大学还是要组建自己的家庭，本身并无好坏之分，关键在于一个家庭面对此类决定时所做出的反应是由他们的文化传统决定的。

当我们把文化背景考虑进去来解释一个家庭的家庭规则时，最好是把其他文化背景也考虑进来（作为对照）。一个文化越具有异域风情，其呈现方式越引人注目。我们自己的文化在发挥影响力时更像一套隐形教化程序，告诉我们对男人和女人该有什么期待，但这种做法在很大程度上是出于我们自己的意识。

* * *

作为母亲，沙伦在我们这个时代非常典型。家庭生活已经民主化。我们将个人自由奉为圭臬，以至于权威的界限甚至在——或许说尤其在——家庭内部已经变得模糊。我们主张给予孩子尊重，而且极度以孩子为中心的做法大行其道（“你今天抱你的孩子了吗？”）。毫无疑问，沙伦承认儿童的权利。她一定要获得亲密无间的家庭生活。她认为应该给予孩子更多的理解，不能对其进行高压管教。在早先不太民主的时代，家庭环境比较苛刻，但也比较简单。儿童做什么是因为“妈妈说要这么做”。今天的父母在面对子女时有必要尊重他们的心愿，但也正因如此，很多人变得困惑起来。

当今的为人父母者害怕落得虐待儿童的恶名，甚至害怕控制不住自己的脾气。所以他们对“沟通”情有独钟。原则上讲，加强沟通应该有助于构建更加和谐的家庭。具体说来，这意味着爸爸妈妈不再打孩子屁股，或把他们赶回自己的房间，而是与他们理论一番。

沙伦扮演了一个具有控制力但无所作为的母亲角色，她没有实施限制措施，也没有发泄怒火。任何优秀的儿童抚养指南都会指出她的错误。她发出了太多指令（“詹森做这个，詹森做那个”），但都带有试探的口气（“可以吗？”），而且未能坚定地执行它们。在制定和执行教养原则的问题上，人们可能会和这位母亲讲很多大道理，但她未必会听。即使她听了，也依然有可能发现自己无法负起责任；而且和大多数母亲一样，她会感到自责。其实她没有注意到，这个家庭的三角关系对她的行为划定了无形的限制。

家庭结构决定了家庭的互动模式

家庭规则是具有附着力的、抗拒改变的，因为这些规则根植于强大的隐形结构。家庭规则描述了互动的过程；家庭系统结构限定了互动过程赖以发生的机制。

一旦一个社会系统（例如一个家庭）已经有了固定的结构模式，改变该项系统运作规则的尝试便会促成系统理论家所谓的第一序改变。这位陷于情感纠缠的母亲陷入了左右摇摆的迷惘中。她可能很严厉也可能很仁慈。不过由于她依然是那个三角关系的一部分，所以结果都是一样的。正如所有人际关系三角形的形态那样，两个人保持亲密，另一个人就会被疏远。只要沙伦与詹森亲密并疏远斯图尔特，她便无法改变与詹森互动的本质。

随着他们第一个孩子的降生，斯图尔特现在也参与到获得沙伦注意力的竞争之中。和任何竞争对手一样，他的反应是努力把沙伦从宝宝那里拉开。但这个新结构已然形成，而且他们三个人受制于一个固定的三角结构。

沙伦和詹森总是待在一起，所以在他们之间形成了一种相互限定的关系。这其中，孩子让这位母亲习惯于接受自己对孩子的控制力有限的事实（正是为了防止权威性遭到损害，军队中才会禁止指挥官与士兵称兄道弟）。

我们所需要的是第二序改变：一种在系统内部发生的改变。如果家庭关系的总体模式没有发生任何改变，那么萨拉萨尔一家便会继续受困于一个无形的网罗中。第一序改变通常在表面上看起来有意义，但往往最终证明没有什么价值。假如沙伦的目标是要对詹森更严厉些。她不和他吵架，而是告诉他，自己希望得到什么。如果他不服从的话，她便会命令他坐到角落里，算是对他的惩罚吧。但除非他们不再过分纠缠对方，否则沙伦会发现很难执行这些规则。不仅如此，只要这对年轻父母关系不和，他们就会倾向于削弱彼此的权威。第二序改变牵涉家庭结构的转变，而且有时是违反直觉的。请看下面的例子。

* * *

杰克逊一家与萨拉萨尔一家的情况有所不同。妻子柯丽给丈夫罗德尼设定了很多条条框框。她和两个女儿蕾蒂莎和塞西莉亲密无间，罗德尼则落得清静。这种模式在美国中产阶级家庭中很常见，它很稳定，但不令人满意。这位母亲与孩子们的亲密关系令夫妻之间的距离保持稳定，但在避免爱情苦涩变质方面几乎没有效果。

如果你希望为婚外恋寻找肥沃的土壤，请看下面的案例。通常的情况是，男人有了婚外恋情，并最终向妻子坦白。妻子受到了伤害，并且很生气（并非人人如此，与她的行事风格有关），但还是原谅了他，或者至少允许他回归家庭。就像一个淘气的孩子受到惩戒时一样，他的眼睛不再游移不定。她为了保险起见也紧紧盯住他。

坦白、原谅、回归……在上述描述中我们使用了很多动词。类似地，家庭结构的改变也具有多样性。既然大多数母亲也都外出工作，那么在谁会出轨的问题上同样存在变数。杰克逊一家就是这种情况：柯丽有了婚外情，而罗德尼和大多数男人一样也可以原谅她。离婚后，柯丽希望与朋友待在一起的时间多一些。此时，她才发现她曾经那么娇惯蕾蒂莎和塞西莉。她们期待她天天在家里做那么多事，而她们则过着衣来伸手饭来张口的生活。没错，她们很爱她，但她们并不关心她。令人遗憾的是，杰克逊一家与很多非洲裔美国人有所不同，他们游离于本来有可能帮助他们减轻负担的大家庭之外。

现在这个家庭缺少了主事人——也就是柯丽当初担当的角色。她用不着思考、计划，或者阅读有关如何管教孩子的书了。这种家庭结构上的改变导致了她和孩子们之间关系的改变。

纠缠型与疏远型家人互动模式

和其他群体一样，家庭在建立联系方面拥有很多选择。不过在经过最初的自由变化之后，家庭互动很快就会变得可预测和有规律可循。正因为具有重复性的特征，所以家庭成员的互动才建立起了持久的模式。家庭成员拥有一整套行为方式，一旦这些模式确定下来，他们只需采取其中的少数行为即可。

家庭结构脱胎于主宰家庭成员互动的潜规则。例如，像“家庭成员应当始终相互保护”这样的规则将以不同的方式呈现出来——取决于环境和牵涉其中的人。如果一个男孩与同一街区的另一个男孩打架，他的母亲会去邻居家抗议。如果一个女学生上学需要早起，母亲届时会叫醒她。如果一位丈夫因为宿醉早上无法去上班，他的妻子会打电话给他的单位说他患上了流感。所有这些续发事件都是同形态的（isomorphic）：它们都是结构化的事件。改变其中一个事件可能不会影响基本结构，但改变底层结构将对所有家庭成员的互动产生连锁反应（ripple effect）。

* * *

家庭可以分化出诸多子系统。这些子系统都是根据代际和功能来确定的，并靠人际界限加以区分，而人际界限是约束与他人交往的无形障碍。这些界限可以维护一个家庭及其子系统的独立性。

就餐时禁打电话的家规建立起了保护家人免受侵扰的屏障。人际界限未能得到充分保护的子系统限制了孩子人际关系技能的培养。如果允许孩子打断父母就餐时的谈话，那么将代际区分开来的界限便会受到损害，这样的家庭关系是对亲子关系的颠覆。如果父母总是介入解决孩子们的争端，那么孩子便学不会自行解决问题。

刚性的界限具有限制性且只允许有限的接触，这会导致疏远状态。处在疏远状态的子系统是独立的，但又是孤立的。从有利的方面讲，这能培养孩子的自主性；从不利的方面讲，疏远削弱了友情与亲情。那些疏远型的家人在发起互助之前想必承受了极大的压力。如果父母与子女保持一定距离，监督程度就被最小化了。当孩子们需要支持和指导时，父母的反应便会比较迟钝。

纠缠型子系统以牺牲孩子的独立性为代价，向孩子灌输一种经过强化的互助意识。纠缠型父母为他们的子女提供亲密感，但太过亲密会削弱孩子的主动性。

* * *

几年前，我在同一天接到两个寻求家庭治疗的电话，都是与她们 16 岁的儿子有关的。两位母亲都对她们的儿子有所抱怨。第一个家庭里的那个男孩存在“行为问题”：有时过了晚上六点半必须回家的时间，还绕着街区骑 15 分钟自行车；经常忘记扔垃圾；而且当他发脾气时，会摔上门回到自己的房间。另一个男孩极度压抑，曾经有一次陷入严重抑郁之中，好几周后父母才发现异常。那位疏远型的母亲并未过于关心儿子的事，所以直到事情发展到了无法控制的地步，她才意识到出了问题。

* * *

沙伦并未意识到她与詹森的关系具有纠缠的特点。他们都一心想着对方，他们强烈的相互关注限制了每个人对其他关系的参与度。沙伦与詹森的关系越纠缠不清，她留给斯图尔特的时间就越少，而詹森与自己的朋友自由交往的机会也越少。

纠缠型的父母培养出来的孩子通常在家庭之外行为得体，这很大程度上是因为天天与成年人（父母）交流，必然把成年人的待人接物记在心里。由于同样的原因，这些孩子极有可能在交朋友时遇到困难。相比较而言，那些在学校里已经出现行为问题的孩子经常与父母的关系保持一定距离。疏远型的父母更有可能对家里的事情漠不关心，而不是自由宽容。

* * *

有关界限的一个常见误解是家人要么是纠缠型的，要么是疏远型的。这种理解只能说大致正确。一些家庭，尤其是身处（美国）北方文化氛围的家庭，通常更注重隐私并彼此保持独立，而其他文化圈中的家庭成员就像豆荚里的豌豆一样保持相对独立。但更准确地说，纠缠与疏远适用于解释家庭子系统之间的界限。

萨拉萨尔一家是纠缠型的还是疏远型的呢？不过就算是属于其中一种类型，那又怎样呢？事实上，沙伦与詹森的关系是纠缠型的，而她与斯图尔特是疏远型的。这种认识不仅更加准确而且更加有用。

如果斯图尔特注意到了这种模式，他就有可能停止干涉沙伦对孩子的管教，从而来改变这种模式。他会寻找令双方都很享受的活动（而不是为他不能做她所建议的所有那些乏味的事寻找借口）把关系拉近些，并且花更多时间单独与儿子相处。

如果沙伦注意到了这种模式，为了让斯图尔特承担更多的家长责任，她有可能从詹森那边抽身出来。放弃控制权，寻求伴侣的帮助，或借口“无法”独自做每件事而让对方参与进来，其实比唠叨更有效果。

* * *

值得注意的是，这些安排都是按照性别来分类的。不能由此得出哪个更正确和哪个更错误的结论，但我们应当小心翼翼地避免受文化惯性的影响，将母亲固化为儿童的主要看护人，去责备母亲。那些认可“母亲 – 纠缠型，父亲 – 疏远型”这种标准化综合征范式，却将负担都压在母亲身上的治疗师，应当考虑为什么没有想到让父亲承受挑战。

* * *

尽管在不考虑人们所处社会环境的情况下，尤其是家庭环境，我们不太可能了解他们。但将注意力局限在互动的表面上，或者说局限在与内在体验割裂开来的社交行为上，却会将我们引入歧途。

精神分析理论在描述个体如何摆脱他们的家庭环境的同时，也在强调人际界限的培育。首先是要从与母亲的共生状态中分离出来并实现自性化，这便构成了“人类婴儿在心理学意义上的诞生”。精神分析学家是这样为我们描述了渐进式的分离过程的：该过程以个体告别恋母情结为高潮，并以个体最终离开大家庭为结束。

这是在片面强调不好确定的人际界限。精神分析学家并未对源自刚性界限的情感隔离问题给予足够重视。他们将对孤独感的偏好看作一种人为现象，一种针对缺乏心理分离意识的防御措施。这种将分离视为个体成长模式与衡量标准的观念，是男性容易将事情过于笼统化的一个例证。实际上，与丧失亲密感的风险相比，人们在人际关系中失去自我的风险不值一提。

为了避免家庭冲突带来的痛苦，沙伦和斯图尔特在他们之间筑起了一堵无形的墙。这种刚性的界限让他们避而不谈如何教育詹森的想法。

有关人际界限的另一个方面是不同界限之间具有互惠性。沙伦与詹森的纠缠与她与斯图尔特的疏远不无关系。她从斯图尔特那里得到的越少，她需要从詹森那里得到的就越多；而且她与詹森纠缠越多，她的生活中留给斯图尔特的空间就越小。

健康家庭的三大特征

什么是理想的家庭结构？其实并没有。家庭存在各种不同的形式，它们反映了文化偏好（例如，在有的文化中家庭以儿童为中心，而在有的文化中家庭以成年人为中心）和独特的需要（例如在单亲家庭里，年长的子女可能有必要承担相当比例的教养责任）。我们可以再举一个例子。很多夫妻即使不常见面，也过得很幸福。这些关系的稳定性与其说取决于某种抽象的准则（“家人应当和睦相处”），倒不如说取决于两位伴侣是否更适应疏远状态。

尽管没有一个最优结构的标准，但健康家庭通常具有三个结构特征：清晰的界限、等级结构和灵活性。

清晰的界限

为了满足个体和群体的需要，幸福的家庭总会努力平衡亲密与疏远的关系，从而确保个人自由和相互支持。斯图尔特还没有认识到参与家庭事务未必意味着放弃自主权。因为他感觉那样做好像只是为了实现家人和睦相处，而不是出于对自己利益的考虑。你不仅是一个个体，还是一个家庭的成员，这意味着需要考虑他人的观点，并说出你自己的想法。

健康的家庭拥有清晰的界限。这就像活细胞的细胞膜，它们的边界具有充分的完整性，允许在其内部出现高参与度的互动，同时又具有充分的渗透性，从而实现与外部世界的能量和信息交换。沙伦在家庭里的纠缠状态限制了她参与家庭之外成人世界的活动，并剥夺了她丰富自己情感的需要，妨碍了她自己乃至詹森的自主性。

最近我与一个男性来访者做了交流。他的妻子在休了六个月的产假后正在考虑回去上班。她重返工作岗位必然会触动家庭分工的平衡，显然这位来访者很关心这个问题。不过他很清楚，对于大家而言，她回去上班是最好的选择。“没错，我们可以多挣一笔钱，”他说，“但更为重要的是，我其实并不相信，如果她放弃了自己的职业，还会像正常人那样开心、有趣。”

在健康家庭内部，各个成员之间也有清晰的界限。他们尊重每个人的与众不同之处。爸爸喜欢中餐，妈妈喜欢沙拉和海鲜。约翰尼喜欢游泳和滑冰，苏济喜欢滑冰更喜欢徒步旅行。他们并没有表面上的那种虚假相容关系——也就是说都要喜欢相同的东西。然而他们会努力寻找解决问题的办法。协商过程包含了接受差异，以及朝着共同的目标努力。在这样一个如此差异化的家庭组合中，人们期待个体做出选择，家庭成员说出自己的想法，甚至家里的孩子们也都受到尊重，家长承认他们是拥有权利和义务的个体。

等级结构

健康家庭中存在权力等级，领导权掌握在父母手中，他们形成一个联合团队。这个家庭中存在明显的代际差异：父母比子女拥有更多权威，年龄大的孩子比年龄小的孩子拥有更多特权，要承担更多责任。

父母和子女之间清晰的界限为这对夫妻的私密关系制造了空间，并把子女排除在特定的成年人活动之外——例如做出重大家庭决定、做爱、成年人间的谈话，等等。但真正将几代人分隔开的不是距离而是关联模式。有影响力的父母是基于不容置疑的权威地位与他们的子女建立起联系的。他们通过营造快乐的氛围来管理这个家庭。他们并不过度控制他们的子女，但感觉也没必要放弃他们自己作为成年人的权力。

有些父母绝望地说："我说什么他都不听！"我问他们，是不是孩子们喜欢在汽车前面跑呢？不会，肯定不会。所以关键在于，为人父母者要教育子女遵守那些需要认真对待的规则。

大多数父母制定屈指可数的几个规则，孩子就能从中受益。但应当有一条规则属于上位规则：父母是负责人。规训太多（实际上是控制太多）和太少一样有害。一项重要的指导原则是：让儿童从他们自己行为的结果中吸取教训，过度使用规则会削弱父母的权威性。

灵活性

在健康家庭中，家庭角色是清晰而又灵活的。为了适应生活周期的变化，人际界限需要做出调整。正如你从萨拉萨尔一家的案例中看到的那样，为了维护他们的小家庭的自主性，新婚夫妻必须强化将他们和父母分割开来的界限。随着孩子的降生，一个让孩子能够接近父母而与此同时又将他们排除在特定的成人活动之外的界限必须建立起来。一些夫妻的二人世界过得很好，但当升级为三四个人的小家庭后，却未能做出有效的调整。还有一个很常见的例子：共同生活了很多年的两个人在结婚后却突然各奔东西了。究其原因可能是他们无法容忍婚姻可能带来的更加显著的人际界限。

令为人父母者陷入如此难堪境地的原因在于，正当你开始熟悉既有的界限时，孩子一点点长大了，你又被抛到一个全新的生活节奏中。当孩子们很小的时候，他们仅仅需要无条件的和慷慨的爱[①]。到后来，控制和指导变得越来越重要。孩子在成长过程中，他们的需求逐渐增加，这就需要父母在管理方面具有更高的灵活性。

* * *

当詹森还是小宝宝的时候，沙伦可以说是一位完美的母亲，用爱和奉献满足他的需求。然而当他长大些时，在角色转换过程中她却遭遇到了困难——从一个纯粹的养育角色过渡到养育兼控制角色。仅仅把这种状况归咎为沙伦未能熟练掌握规训的使用，想必是忽视了家庭环境的影响。若要对儿童不断变化的需求做出反应，需要所有相关家庭成员周期性地转换他们的角色定位。一位家长与子女的关系始终在反映其与另一位家长的关系——在单亲情形下是与其他成年人的关系。

如果我们把家庭理解为一个转型中的社会系统，那么我们便不会百般指责母亲，而且我们也不会为家庭贴上病态的标签。相反，我们会将萨拉萨尔一家视为转型受困的家庭。

正如我们从萨拉萨尔一家的案例中所发现的那样，转型问题可能是由成长过程中的变化引发的，也可能源自一位家庭成员（例如一位母亲重新上班后）与家庭外部不断增强的联系。当这种情况发生时，家庭成员必须重组角色和界限，以便适应变化的环境。另一个典型的错位发生在儿童进入青春期时。青少年逐渐融入广阔的外部世界，越来越不愿意屈从父母的权威。如果青少年想获得与其年龄相称的更大的自主权，人际界限必须改变，父母也必须改变。但父母若想改变他们与子女的关系，就必须改变他们自己的夫妻关系。

沙伦从主观角度观察她的家庭中存在的问题，这一视角并未将她自己在家庭中的角色涵盖进去。在她看来，斯图尔特与她和詹森保持了一定距离，但她试图改变的是他，而不是她自己在这些关系中所扮演的角色。试图改变其他人是一种徒劳无功之举。

---

① 一些人喜欢教训他们的孩子，但这种做法只能是以后父母对孩子进行说教和无视的前奏。

沙伦告诉斯图尔特，她希望他抽出更多时间和她在一起，但她并未注意到自己与詹森的纠缠状态令这种想法实现起来有些困难。当斯图尔特试图与她交流时，詹森总在周围转悠。但基于同样的原因，沙伦与詹森紧密的联系也令斯图尔特抽时间陪儿子的想法落空。当沙伦反对父子俩出去看一场冒险电影（“他在电视上已经看了太多这种题材的电影”）时，或者在詹森的穿着上过分介入时，斯图尔特有些抓狂并暗自决定，如果那是她所希望的，那就由她去吧。

假如沙伦因为自己的不开心而参加了个体治疗，她会发现那些家庭成员之间的互动与自己的家族史之间的联系。她会明白自己努力成为詹森好母亲的行为与她自己的不安全感有关，若深挖起来，这种不安全感源自父母未能认真对待她。而当你没有安全感时，你会感觉无论自己怎么去补救似乎都无济于事，这与你发现了自己有所不足时的反应有点儿类似。

在家庭治疗期间，沙伦应该可以认识到詹森的行为与斯图尔特，乃至自己的行为之间都存在联系。她会看到他们三个的关系就像一个三角形，所以如果她希望斯图尔特更多地参与进来，她便会意识到，她说什么其实不太重要，重要的是给他留出空间。尤其是当斯图尔特和詹森在一起时，她会尽量让他们单独多待一会儿。时不时地，她甚至会找个托词出去。简言之，她本可以在她自己和詹森之间建立起一个清晰的界限，这样做可以为斯图尔特今后更多地参与到对孩子教养中创造条件。假如……本可以……

尽管这对家庭成员发现自己行为的后果很重要，但治疗师过早地将这些问题指出来是错误的。我们是从我们的内心观察这个世界的。我们可以看到其他人在做什么，这是很自然的事情，人们必须首先表达他们的情感，然后博取一些同情心。家庭交流无果而终的原因在于，没有人愿意同情那些与自己观点相左的家庭成员。治疗师可以通过单独倾听每个人的抱怨来解决这个问题。

解析家庭结构

如果某位父母陷入纠缠状态，那么这位父母的大多数交流都将是有关孩子及其问题和成就的。对于处于疏远状态的父母而言，如果你花大把时间和他们聊孩子，他们的眼神会呈现呆滞状态。请参看图 7–1。虚线代表模糊的界限，短划线代表清晰的界限，实线代表刚性的界限。

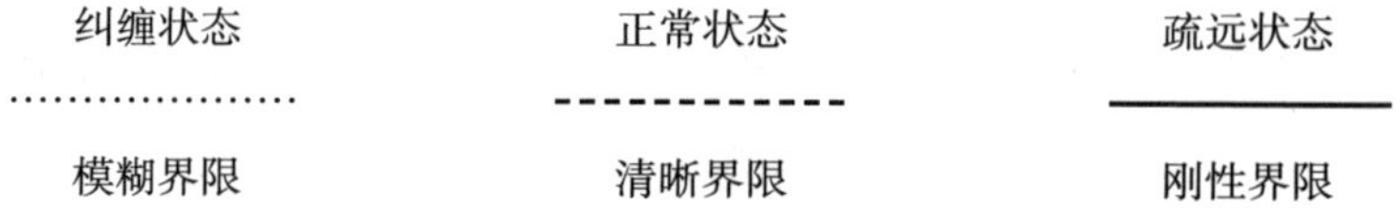

图 7–1　父母与孩子之间的纠缠、正常、疏远状态

如果你认为一位父亲正在疏远他的孩子，就在他们之间画一段实线，如图 7–2 所示。请记住，如果你正在思考他与自己孩子的关系，此时他的身份是父亲，不是丈夫。

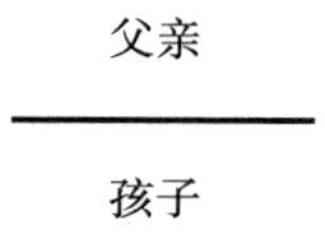

图 7–2　父亲正在疏远孩子

图 7–2 的问题在于，它略去了家庭中的其他关系，而且还略去了能够改变家庭关系的手段。现在我们将其他家庭成员放进图 7–3 中。

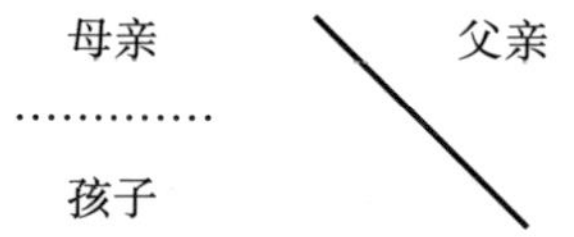

图 7–3　母亲与孩子纠缠，父亲与这两者疏远

当你以这种方式思考事情时，你可能看到事情会以三种方式发生改变：强化母亲和孩子的界限，加强父母之间的亲密关系，或者加强父亲与孩子之间的亲密关系。这些改变中的任何一个，都有助于其他改变的发生。

当父母允许孩子对他们自己的生活拥有合乎情理的控制权时，说明代际之间存在一个清晰的界限。一旦父母认为有必要减少对孩子生活的干涉，他们之间的互动大多采取两种形式：鼓励或控制。训诫性质的互动是简短和甜蜜的。当父母明确地负起责任时，他们与孩子的争吵很少，即使发生了也很快得到解决。

需要指出的是，打破刚性的界限意味着将感情拉得更近些。这种做法意味着要与家人共度时光，而且在这种关系中，不管遇到什么阻碍，家人都会敞开心扉。如果两个人关系疏远了，也许最好的解决方法是两个人共同完成一件事，进而拉近距离。然而，若要获得真正的亲密感可能需要纾解怨气并消除矛盾。

* * *

对拥有顽劣孩子的家庭而言，治疗师需要明确的首要目标是帮助父母做到行为一致、思想统一。然而，这一目标不应成为治疗师唯一的任务。有效的治疗意味着不仅要明确控制权，要强化人际关系，还要改善沟通效果，并鼓励父母指导和支持他们的孩子。那些坚定地负起责任的父母会听取孩子的意见并理解他们，而不是在对孩子进行控制和无视之间二选一，这两种做法都会摧毁孩子的自尊心。

培养孩子的自尊心

那些无法控制子女行为的父母通常会试图控制他们孩子的情感。当孩子们表达情感时，实际上是在寻求理解，并希望允许他们做某些事情。一个常见的例子是就寝时间。

爸爸：该上床睡觉了。
孩子：我不想睡觉！我不困。

一位对自己的权威有信心的父亲可能会同情孩子的感受。“我知道，亲爱的，你讨厌上床睡觉。你希望待会儿再睡，对吧？”不必多说什么了。

对于那些怀疑自己的控制力，将孩子情感工具性功能和表达性功能相混淆的父母而言，他们便不会顾及孩子的感受。顺便说一句，除非一个三岁的孩子整天精力异常充沛，否则如果她的父母认为有必要，想让孩子上床睡觉是很简单的事情，而且他们可能不得不这样做。不过如果他们要想让孩子早点上床，成功的次数寥寥无几。无须争辩的是，如果一个小孩子自己没有真正感觉到疲倦，是不可能按照父母的意愿上床睡觉的。我接诊过几十对年轻的夫妻，他们在晚上毫无安宁或私密可言，因为他们的娃娃不到 22:00 或 23:00 是不会“感到疲倦”的。

令人遗憾的是，那些在表达情感时遭受惩罚或遭到无视的孩子会尝试隐藏和掩盖自己的情感。最终他们会感觉不到自己的情感。事实上，他们感受到的只剩下压抑感：无聊、焦虑和冷漠。

* * *

詹森的母亲似乎无时无刻不在守护着他，但有时似乎又不是。她深爱着他，但她在回应他时经常把自己的情绪直接投射到詹森身上。沙伦可能是在充当保护神的角色：当黑夜的阴影变得面目狰狞时，她抱起他；当他的父亲发脾气时，她保护他免受波及。然而让詹森无比困惑的是，她竟然会为他打架的事训斥他，无法容忍他的坏脾气，偶尔还会因弄脏了衣服对他大吼大叫。她的温柔会让他怀着对母亲的无比信任跑到她跟前，但有时莽撞地跑过去却会劈头盖脸地挨一顿骂。

随着詹森日渐长大，他慢慢向父亲那边靠拢，但这一次他又非常不走运。他看到父亲对母亲言听计从，躲着她走，避免吵架，而真的发生争吵时，父亲又很快在她犀利的攻击面前低头认输。詹森从未像父亲那样让母亲骂得狗血淋头，但他逐渐意识到，他所热爱和敬佩的父亲是个胆小鬼。或许那才是男人和女人应有的交往方式。

妈妈的爱就像冬夜里温暖的毛毯，但有时也会产生摩擦。他希望到屋外玩耍，而她可能告诉他外面太冷了，为什么不待在屋里听大人讲故事。由于她总是试图控制他的行为，所以他搞不清楚母亲的行为什么时候是出于她自己的行为偏好，什么时候是出于对他的行为规范。有时当他淘气时，她没有注意到；有时她却呵斥他。她的呵斥对他的自尊心的影响比对他的行为影响更大。到了后来，他会用无情的怒火回敬她。现在他的心里满是伤痛。

* * *

假设事情已经失控，面对一个不太可能回到原来状态的孩子，一位家长如何重获控制权呢？可以做两件事。第一，恩威并施。如果奖励可以被用来塑造良好的行为，那就多多益善。最好在没有特殊理由的情况下，一开始就对孩子好一点，这将有助于建立起一种积极的亲子关系，并且会使制定行为规范更加容易。

需要记住的第二件事是，父母必须像团队一样携手合作。关键不在于他们掌握相同的教养之道（很显然那是一种美好的愿望），而在于他们同意支持同一套规则。

一些专家说父母不应该告诉孩子“你是一个好女孩（或好男孩）”，相反应该只赞扬特定的行为——他们希望他 / 她多做那样的事。这是一个开展行为训练的好方法，但在培养自尊心方面的效果并不显著。

然而，也没有必要过分强调孩子自尊心的重要性。被欣赏是构建自尊的前提。当孩子们很小的时候，他们需要热情的表扬。他们需要感觉到与众不同。当他们逐渐长大后，不必自作多情地认为他们需要表扬，而要认真对待他们的想法。对孩子进行控制和惩戒，应当是有针对性的、有说服力的。如果父母好不容易让子女做了几件事，最后却都弄得不欢而散，那可太丢人了。为了避免这种情况的发生，最好是打几场闪电战，快速解决问题。教育孩子们尊重他们的父母和所有长者，是对他们未来的一笔投资。如果他们学会了和成年人打交道，当他们自己也变成成年人时，还有什么好担心的呢？

第 8 章

干涉过多的母亲和置身事外的父亲

Inside Family Therapy
A Case Study in Family Healing

希瑟开始上一年级的那天早上，天下着雨。沙伦透过厨房的窗户看着大雨倾盆而下，再加上初秋断断续续的狂风，小街道被涤荡得干干净净。远方地平线上浅灰色的天空没有一丝亮光。看样子，这雨下一天都停不下来。

厨房里温暖、明亮。詹森正在玩乐高玩具，而希瑟刚刚吃完她的肉桂吐司。沙伦提出开车送希瑟上学，但希瑟希望和其他孩子一样坐公交车去。

沙伦站在门廊下看着詹森在雨中奔跑并跳上公交车。希瑟走得很慢，小心翼翼的样子。当她穿上漂亮的黄色塑料雨衣后，看上去像个大姑娘。大姑娘是不怕下雨的。沙伦不再抑制自己的情感，开始哭泣起来，但仅仅持续了一眨眼的工夫。她的脸上堆起笑容，挥着手，看着公交车渐渐远去。等公交车已经消失在雨雾中，沙伦才意识到家里的气氛有些奇怪。太安静了。

孩子们全天不在家，沙伦的生活又回归常态。过去的这几年似乎过得糊里糊涂，从整天喂奶和换尿布，到带着孩子四处散步，总之有无数个烂摊子需要收拾。要干的事情太多，时间永远不够。现在就不一样了。她再也不用带孩子了。她以为她应该享受自由了。事实上，留给她的是一种漂泊无定的感觉。

沙伦不想回去上班，待在家里很满足，还是有很多事情要做的。此外，她不希望当孩子们回到家时却发现她不在家。面对那些声称女人应当工作的人，她会摆出待在家里的无数个理由。然而，在她的内心深处，也感觉这件事并不十分正确。另外，虽然沙伦没有时间理顺自己的矛盾心理，但她和斯图尔特都认同他们需要这笔钱的想法。

斯图尔特认为她应该拿下硕士学位，这样她才有提高收入水平的资本。但沙伦不想再回去上学了。她希望找一份工作，而不是一个职业，而且她不希望在暑期工作。这很自然地将她找工作的范围限制在大学校园里，正好斯图尔特的一位朋友帮她在心理系找到一个空缺岗位。沙伦不太像一个秘书——更像负责协调教授研究项目的助理。薪水不太高，但工作听起来比较有趣，而且时间上很灵活。

斯图尔特很满意。他认为过去几年沙伦算是荒废了，当然他从来没有大声说出来。照顾孩子让她成了一个家庭主妇。现在重新工作对她有好处。

沙伦开始上班的前一天晚上，斯图尔特与孩子们做了一番简短的交谈。他告诉他们，既然妈妈找到新工作了，他们就应该帮助家里排忧解难。他们必须保持自己的房间干净整洁，并把自己的脏衣服送到洗衣间去。詹森要负责把碗碟收拾到洗碗机里清洗，希瑟要帮着摆放晚餐的餐桌。孩子们点头同意了。

* * *

最让沙伦手忙脚乱的是早上出家门的这段时间。她过去习惯了穿着浴袍下楼，给孩子们准备早餐。等他们离开后，她坐下来喝杯咖啡，看看报。在温暖的季节里，她会坐在后阳台上，聆听鸟儿唱歌。这段闲适的独处时间为她提供一天的好心情。没有了它，她感觉匆忙而紧张。

斯图尔特和孩子们试图适应这种状态。斯图尔特一如往常地做晚餐。希瑟和詹森自己准备早餐，詹森还帮着希瑟把她的午餐装进餐盒。这些午餐较之沙伦喜欢的搭配增加了水果圈和燕麦棒的量，不过她估计他们应该饿不着。

沙伦计划在下午校车抵达之前回到家，但第一周就有一两次没有做到。在第二周结束的时候，当时已经八岁的詹森说："妈妈，我并不介意当我到家时你还没回来。我能照顾自己。"

最明显的变化是斯图尔特主动做了一些事情。帮着准备饭菜已经不错了，不过还没有人主动洗衣服和做卫生。为什么斯图尔特看不出她需要更多帮助呢？

斯图尔特觉得现在的生活很美满。他喜欢看到沙伦梳洗打扮准备上班的样子。她看上去更像和他结婚时的那个女人，而不是后来的那个家庭主妇。能够分担采购和烹饪之类的事，他自己也感到很骄傲。但有一天晚上，他第一次知道，所有事情都做错了。当时他刚刚判完《了不起的盖茨比》（*The Great Gatsby*）测验剩下的 26 份试卷，正躺在沙发上看电视上播放的一部电影时，沙伦从地下室里走上来，把一个洗衣篮扔在他面前的地板上，然后噔噔噔上了楼。

斯图尔特的心里开始翻江倒海。他想说她疯了，要不然，为什么一句话不说就当着他的面摔东西呢？他继续看他的电影，努力不去想她。如果她每次发脾气，他都屈服的话，那就活该受罪。但几分钟后，他听到她在卧室里抽泣，便上楼去安抚她。很遗憾，沙伦已经准备开战了。“你说你要帮忙的，但你除了坐着看那破电视什么都不干，而我洗了六包你们的脏衣服。你表态时，说了那么多漂亮话，但你根本没有行动。你偶尔做一次晚餐，还是当太阳打西边出来的时候。但家里的其他家务活呢？谁洗衣服？谁带孩子？甚至当你屈尊做卫生时，我还得跟在屁股后面重来一遍。你把脏盘子塞进洗碗机就不管了，而我还要等污垢烤热后把它们刮掉。**除了你自己，你对谁都漠不关心！**”

斯图尔特本来想听她说下去，但后来实在忍不住了——她的大声叫喊和信口雌黄都远远超出了他的承受能力。当他说“我很抱歉”并伸出双臂拥抱她时，她把他的手挡开了。“不要碰我，你这个混蛋！”

他怀着满腔怒火夺门而出，下楼并走出前门，钻进自己的汽车里。但他接下来却不知怎么办才好了。他害怕离开家，但现在正在气头上也不能回去。于是他开车来到大学对面的酒吧。他要了一瓶啤酒，一边喝闷酒，一边回想沙伦说过的那些糟糕的、不公平的事。为什么她非要把所有的过错都怪罪到他头上呢？

在接下来的两天里，他们都躲着对方。斯图尔特很受伤、很生气，被沙伦的大喊大叫搞得很沮丧，没法认真领会她说过的话，而且很显然也气晕了头，根本坐不下来讨论它。沙伦打定主意等着斯图尔特找她服软。毕竟他是那个出走的人。在用两三天的时间消了气之后，他平静下来并思考沙伦说过的话。当然，她说得有些夸张，不过或许他可以多分担些家务。一方面是出于公平起见，一方面是为了安抚她，他决定尝试休战。他开始一如既往地表达歉意：“对不起，亲爱的。”沙伦什么都没说。她等着看他接下来说什么。“我知道你要做那么多事，我很抱歉，我做得还不够。我还可以做些什么吗？”

一段时间里，事情有了转机。斯图尔特确实比以前勤快了不少，不过沙伦还是明显地注意到，很多本来自己可以考虑清楚的事情，他还要问个没完没了。

一个雨天的早上，所有人都要迟到了，孩子们还叽叽喳喳吵个不停，沙伦问斯图尔特是否能开车送他们。“不能送。”他说。他上班前还有一篇文章要编辑。此外，坐公交车是他们的本分。还有一次，他保证自己会准时回家，然后开车送詹森参加溜冰派对，但他在最后一刻打电话说他送不了了。到那时，怎么去都来不及了。

他们似乎陷入了一个怪圈。一番口水仗后，总有一段时间，斯图尔特做家务活比较多，然后他的状态就开始下滑，总是忘事，渐渐养成了期望沙伦包揽一切的习惯。她忍着什么都不说。但过一段时间后，沙伦便又到了再也无法忍受的临界点。接着又爆发一场争吵，然后再次平息。一次次地保证，一次次地食言。

改变从家庭重构开始

只要我们对一个家庭进行长时间观察，就会发现家庭内存在巨大的灵活性和诸多重构阶段。而在这些重构阶段之间是一段时间的稳定状态：家庭成员天真地以为他们家的当前状态是永恒的。

* * *

在沙伦回归职场前，萨拉萨尔一家已经演化出一种行之有效的共同生活模式：斯图尔特充当疏远者，沙伦充当纠缠者。尽管这一模式并不理想，但也形成了一个功能性的小家庭单元。沙伦重新工作令整个系统失去了稳定性。斯图尔特悲哀地发现，有很多事情现在都需要他亲自做。干洗衣物、把自己的车送修理厂、为他的母亲买生日礼物——这些只是沙伦提供的众多服务中的少数几种，也是他认为自己理所当然应当享受的服务。

* * *

家庭结构应当适应不断变化的发展需要。我们看到了人们在此过程中遇到的困难。无独有偶，这个美国家庭本身也处在从互补型婚姻（complementary marriage）——存在基于性别刻板印象的劳动分工——到新型的对称型婚姻（symmetrical marriage）的转型期。

在传统的劳动分工中，由此产生的矛盾处于最小化状态，因为角色间的互动也处于最小化状态。配偶分担不同的角色——男人刚强并以职业为中心（偶尔有一点自私）；女人软弱而敏感（可能有些太过自私）。互补型婚姻关系通常是稳定的——有些类似拼图游戏中那些彼此相连的拼块。问题在于这种分工是不平等的。我们获得了稳定却失去了公平。

劳动分工需要更加平等一些，但“平等”未必意味着“相同”。我们所需要的是一种平衡型的相互依赖关系，要求夫妻双方以团队的形式经营这个家庭。

在这一方面最为成功的是有双份收入的夫妻，他们在划分和分配职责方面做得最好。他们都获得了更加对称、更加平等的婚姻关系。他们的做法不是分担同一件家务事，而是划分好自己的工作范围。他们并不试图一起做每一件事，而是有可能轮流做；或者某一个人基本上负责采购和做饭，而另一个人主要做洗洗涮涮，以及收拾衣物之类的家务。这种共享模式有时让人误以为是一种平等模式。平等？别自欺欺人了。大多数工作女性会接受 70∶30 的家务分配比例。

针对如何解决夫妻关系中的性别不平等问题，治疗师的做法也是有差异的。一些治疗师，如贝蒂·卡特（Betty Carter）和莫妮卡·麦戈德里克（Monica McGoldrick），更倾向于积极倡导性别平等而不是保持中立。即使夫妻双方并未提出有关公平的问题，他们也不准备放过。一旦这些问题被摆到桌面上，卡特和麦戈德里克都会坚决拥护平等的立场，甚至和妇女们讲，如果她们没有可观的收入，便不会在婚姻关系中拥有讨价还价的资本。一个不太具有指导意义的方法是对伴侣的意图和偏好进行探索。展开这些讨论可以起到两方面的作用：首先，帮助夫妻双方以非谴责性的方式探讨婚姻关系中的劳动分工问题，这样做有可能推动更加平等的解决方案的提出。其次，类似这样的讨论通常会引发更大的同理心。

同理心可以解决家庭问题吗？不会的，那种情况仅仅出现在沃尔特·迪士尼的剧本里。同理心并不会消除矛盾，但能被对方理解会让矛盾变得可以承受。

* * *

治疗师应当记住改变可能以小步走的形式发生。如果她一直在做大部分家务活，而当他开始尝试做一点家务但她的反应看上去没什么变化时，那么他可能感觉没有得到赞赏，便认定这种尝试没有意义。一个人做了自己分内的事还要受到表扬，这公平吗？不公平，但有用。如果你能通过逐次逼近奖励法教会一只松鼠骑自行车，那么你也应该能够教会一位丈夫叠床单。

对于家庭事务，男人往往不知如何上手，而女人不知如何放手。如果一个女人希望自己的伴侣在家里家外担负起更多责任，她必须把责任下放给他。妻子有可能会故意表现出一点“策略性无助感”（strategic helplessness）的姿态。与“我不要做”相比，“我不会做”导致争吵的可能性就小很多。大多数丈夫都擅长表现出策略性无助感——他们必须给那些新郎官们好好上一课。

* * *

到目前为止，我一直在探讨夫妻关系以及从传统的互补型婚姻关系转变为对称型婚姻关系的必要性。不过这一分析存在局限性，因为它让夫妻脱离了自己所处的环境。这是很多治疗师在思考家庭问题都会犯的一个错误——考察这个家庭的局部但忽视了其整体。丈夫和妻子都是家庭的设计师，而且他们都是最有能力改变这个系统的人。不过请记住，丈夫和妻子通常也拥有父母身份，除非他们在与子女的关系以及他们彼此的关系上都做出改变，否则的话，改变不会持续。

* * *

一位母亲重新工作时所面临的重大转变是母亲与子女间的模糊（····）界限变成清晰（--------）界限，转而让父亲更接近子女。家庭也像所有自然界的事物一样，憎恶空缺状态。

* * *

一个重新校准其人际界限以适应母亲重返工作岗位的家庭如图 8–1 所示：

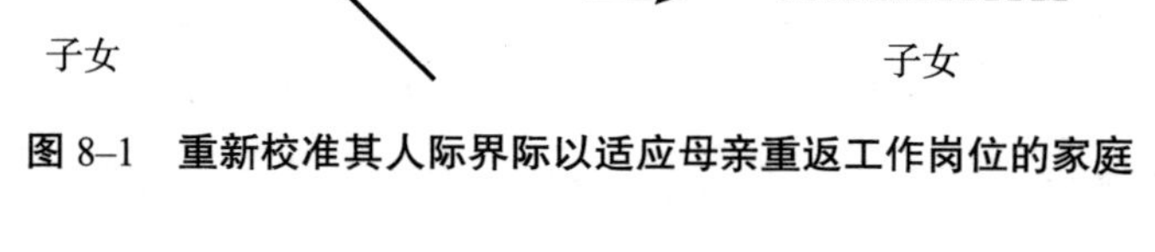

图 8–1　重新校准其人际界际以适应母亲重返工作岗位的家庭

正如你所看到的，改变必须在两位家长和他们的职业之间的界限中发生。他需要稍稍减少对自己职业的专注度，而她需要增加对自己职业的专注度。这两项调整都需要每位家长和他们子女的关系出现互补性转变。他需要增加介入程度，她需要减少介入程度。需要记住的一点是，这些改变都是相互关联的。

* * *

家庭治疗师都习惯把母亲当作来访者，把父亲当作不情愿的陪客，所以他们很少向父亲提问。这一态度的产生，首先源于人们接受父亲不能参加治疗课是“因为他还要工作”这一说法。有些家庭规则带有性别歧视的性质，对于那些希望参与改变进程的治疗师而言，他们必须摒弃父亲不参加治疗的思维，并坚持两位父母都要积极参与到治疗中。

在要求父亲必须积极与子女互动的同时，治疗师应注意一点，一个男人如果把自己的主要精力优先放在家庭上，他在工作上所能投入的精力就势必会减少，这是要付出一定代价的。要求一位父亲与子女加强互动意味着他要做出一定程度的牺牲，包括在职业上的牺牲，也有外部利益上的牺牲，或兼而有之。然而，要想扭转“母亲 – 纠缠型，父亲 – 疏远型”综合征的问题，不仅仅要牺牲男性特权，还要帮助男人学会如何表现出他们具有与人亲密的能力，并且他们要更加深入地介入子女的生活，此举终有一天会令他们心怀感激。但在做出这些改变之初可能有必要告诉父亲，子女需要父亲在他们的生活中扮演更加积极的角色。

共担养育责任

大多数男人认为照顾子女是妻子的责任。他们发现自己很难充分融入家庭生活。这不仅是因为男性通常沉默寡言，也与社会的架构方式有关。贪婪的占有欲是与一位父亲花更多时间和家人在一起的愿望相抵触的。但父母都有责任寻找一种在职业和子女利益之间实现和解的方式。如果父母都工作，他们应当共同承担抚养子女的责任。

共担养育责任的好处包括：（1）减轻女性负担，避免使其既要工作又要独自承担养育责任；（2）在男人和女人之间创造更为平等的关系；（3）给予男人更多接触子女的机会；（4）让孩子有机会接受两个承担养育义务的家庭成员的抚养，从而避免出现孩子与一个家长亲密而与另一个家长疏远的状态；（5）打破由性别刻板印象所形成的角色定位；（6）推动政治、经济和社会结构方面的社会改革，例如陪产假、产假、工作分担、同工同酬和容易获得的儿童保育服务。

有些夫妻试图共担养育任务，但他们在颠覆所谓的“妈妈做主”规则时也是困难重重。无论父亲做了多少家务事，归根到底还是由妈妈决定谁带孩子去看牙医，他们的衣服是否干净，以及是否参加孩子的课外活动。

对于不了解家庭具体情况的人来说，这种认识相当普遍。一天早上，当我在家写作时，我家孩子所在小学的护士打电话过来，要求和尼克尔斯夫人通话。我说她上班去了，我是尼克尔斯医生，需要帮助吗？她问是否能帮她联系上我那正在上班的妻子。我再次问她是否需要帮助。她说我们的儿子保罗生病了，还在卫生间里呕吐，问我能不能把尼克尔斯夫人工作单位的电话给她呢，这样她便可以通知我妻子来学校把保罗接回家。我说那我来接吧，她说“噢”。

通过改变自己来改变另一半

沙伦和斯图尔特努力促使养育责任更加平等，尽管他们都是一片好心，却逐渐回归到原来自己熟悉的家庭角色上。斯图尔特开始在周五下午提前回家，并带詹森和希瑟出去郊游。这一周去森林里徒步旅行，下一周可能教他们如何投橄榄球。在周中的晚上，他帮他们收拾盘碟，辅导家庭作业——原本都是沙伦平常督促他们做的事。

有一天吃过晚餐后，斯图尔特让詹森捡起扔在客厅地板上的脏袜子，带回自己的房间，这时詹森突然冒出来一句：“你越来越像妈妈了！”

斯图尔特急眼了：“赶快捡起那些臭袜子，回你的房间去。别再跟我那么说话，听见没有！”

斯图尔特很想知道是什么原因让詹森做出那样的反应。难道他没有威信了吗?

由于孩子与父亲的关系不像和母亲的关系那么密切，孩子与父亲的关系通常更缓和一些。他是一个让人捉摸不定的、让人畏惧的和理想化的人。这就是为什么父亲们通常是善于厉行纪律的人。说到底，他们还不具备真正管教好孩子们的能力。

爸爸周五下午与孩子们的郊游渐渐被取消了，通常是因为工作中的某件事横插进来。你很难同时兼顾事业和孩子。很少有男人能够做到。

他们的关系因此又恢复到得过且过的状态。斯图尔特继续帮助沙伦做些家务——刷洗碗碟、打理草坪，还时不时地做一桌饭菜。在和孩子们相处时，他只做自己喜欢做的事，而沙伦则做必须要做的事（带孩子去看儿科医生或牙齿矫正医师的时候，她会悄悄地数一数陪孩子候诊的父亲的人数）。

* * *

沙伦的生活几乎全被两个孩子占据了——她现在的状态和单亲母亲没有太大区别。她做了那么多，斯图尔特却没做什么。难道这是一种正常的生活方式吗?

有一段时间她似乎成了孩子们的专职司机——足球训练课、游泳课、周日学校、钢琴课、滑冰派对，回回不落。为什么每项活动都距离那么远呢? 偶尔也有斯图尔特开车接送孩子们的时候，他总是期待收获大大的表扬。丈夫有时“出手相助”，但这种帮助与共同承担有很大的区别。

当沙伦 35 岁的时候，她已经习惯了为孩子们准备好一切。她有时也会感到恼火，例如首先要开车送希瑟到塔米游乐场玩，接下来带着詹森横穿市区，前往童子军营地，但她极少劳烦斯图尔特，也从未质疑过这一趟趟接送的必要性。

当她开口说不时，会产生一种罪恶感。有一次，当她不想开车送詹森去密室逃脱游乐场时，狠狠地与詹森吵了一架。此后，詹森便没再去玩，也完全忘记了密室逃脱这段记忆。不过他的埋怨还是时不时传到沙伦的耳朵里：“但其他孩子都去了。”

当她终于成功地把斯图尔特从孤立状态拉出来时，结果是喜忧参半。有时他欣然领命，有时你根本指望不上他。

一个周五，沙伦带着孩子与下班后的斯图尔特到一家餐厅就餐。这是他喜欢参与的那种活动——下班后喝一杯。詹森有些犹豫不决，迟迟定不下来想吃什么，沙伦很耐心地等他，但斯图尔特反对这种做法。够了！“俩孩子都给惯坏了，为什么不把他们留在家里呢？有他们在旁边晃荡，我们都没有机会好好说话。”他们坐在富有情调的餐厅里吃了一顿死气沉沉的饭。她有时觉得他攒了一肚子的邪火，就准备在他们外出高消费的时候一股脑地发泄出来。

* * *

置身事外的父亲是一个我们都很熟悉的角色。之所以这样说，是因为我们在脑海里浮现出这样的刻板形象：一个没有情商的男人，对自己的成就沾沾自喜；不关心家人，除非是迫不得已。和众多刻板形象一样，这一形象尤为简单，也显得尤为真实。这种刻板印象将一次不愉快的互动归结为某个人的问题，并暗示那个人是自私的。

事实的真相要复杂得多。就像家庭里出现的大多数问题一样，对于一位父亲的孤立状态，我们可以从三个层面理解：一元层面（monadic）——父亲的个性；二元层面（dyadic）——夫妻间互动；三元层面（triadic）——母亲与孩子们的联系以及父亲与工作的联系。正是父亲与工作的联系固化了他与其他家庭成员之间的距离。

* * *

斯图尔特的生活可以用自立来概括，但他并未选择独处。谁愿意独处呢？他的母亲坚持以身作则，并在大多数情况下让他自己做决定，这一切奠定了他现在的生活态度。

在大学里，他回避宿舍卧谈会和各种联谊活动。为什么凡事都要出风头呢？此外，他也没有富裕时间。他的计划都非常有目的性，这让他始终忙于工作和研究，而与此同时也掩盖、隐藏了自己的焦虑和不安全感。

沙伦则有所不同。她喜爱音乐和艺术，而且似乎发自内心地对他感兴趣。他出于多方面原因选择结婚，但或许没有哪一条能像摆脱孤独感那样令人信服。他以为每当他需要她的时候，她总会在他身边。

事实证明，她确实总在他身边，但并不总是符合他对她的需要。他后来发现，她是一个区别于他独立存在、拥有自身权利的个人；而且两个人的行为习惯差别是那么大，冲突不断。这令他既痛苦又惊诧。

斯图尔特有某种直觉，沙伦长时间和孩子们在一起，是因为对于她来说，他的独立意识太强了。曾经有段时间，他认同这种说法。他当时相信，正是在她生了孩子之后她才开始让他有被孤立的感觉。但现在他和沙伦随着年龄增长，他们的生活变得更加平静、更加随性。或许他们可以变得更亲密些——只不过孩子们总是充当电灯泡。她任由孩子们打扰自己，只要他们愿意。如果没有他们陪伴，她哪儿都不想去。另外，周末她和斯图尔特在一起时，什么都做不了，因为总有哪个孩子需要他们陪着参加某项活动。

斯图尔特并没有想到自己会这么忙，但他确实很忙。他爱希瑟和詹森，但在一天结束的时候，他给他们留不下多少时间。沙伦似乎并不理解这一点。对于他们，她始终是随叫随到，甚至当她很疲惫的时候。如果斯图尔特不情愿像她一样做那些杂事，她会变得很不耐烦。

那么，是什么令斯图尔特如此努力地工作进而把自己孤立起来呢？令他感到焦躁不安的恰恰是松散的日常家庭生活。尽管他在单身的时候并未真正注意到，但他始终就是这样。他精心养成的习惯把他与轻松的社会交往隔离开来。那些不认识他的人对他刻意表现出来的冷漠状态感到非常困惑。事实并非如此。他只是对进入社交环境的时机有点挑剔而已。这种隐私模式可能适合单身男人，对于已婚者并不适用。

像很多工作狂一样，斯图尔特由于太过专注事业而未能顺应家庭生活的潮流。他的工作日程消耗了他的时间和精力，因此日常家庭活动、情绪和烦心事也影响不到他。他试图通过努力工作恢复活力和保持斗志。

他知道自己的感觉，但沙伦的呢？沙伦身上有一部分是他无法深入了解的。他对沙伦的强烈爱意会时不时地突然袭上心头，尤其是当她不在身边的时候。不过大多数时间里，他感觉她要求太多，也太依赖人了。

* * *

最好了解一下斯图尔特和沙伦各自的心理特征——她对归属感的需要，他对隐私的渴望。如果斯图尔特和沙伦可以相互理解的话，他们或许可以消融他们的怨恨，并放下改变对方的冲动。

我在前面提到，人们的问题体现在一元、二元、三元层面上。斯图尔特与沙伦的情感距离反映了他们的个性、互动模式，以及他们在其他方面的感情投入——她对孩子们的投入，他对自己的职业的投入。如果沙伦希望与斯图尔特变得更亲密些，她必须做出反常规的行为。她不应该再试图把他拉向自己了。正如你将看到的那样，沙伦最终抓住了机遇，过程虽然痛苦但最终放飞了自我，她发现可以通过改变自己来改变他。

纠缠者与疏远者

纠缠者感觉被忽视，疏远者感觉很窒息。纠缠者越感觉被忽视，他们施加给伴侣的压力就越大。当这种压力没有效果时，他们就批评对方太自私。疏远者感受到的压力越大，他们就越往后退缩。这对伴侣就像两匹旋转木马——一方追赶另一方，但永远追不上。

* * *

多年来，沙伦一直希望斯图尔特花更多时间与她和孩子们在一起。起初她只是希望他能与自己分担教养责任，分享其中的快乐。唯一的麻烦是，斯图尔特并不赞同她有关教养责任或乐趣源泉的说法。他认为他们不应该给孩子们报名参加那么多课外活动，那样的话，还要开车带着他们在城里到处跑。而且在他看来，去博物馆、艺术馆参观和欣赏音乐会之类的活动也没什么乐趣。

沙伦总想拉着他一起去。她先是叫孩子们邀请他。当她感觉已经无计可施时，就冲他咆哮。这些发泄行为通常能引起他的重视。有几天时间，他会尽量抽出时间陪伴他们。但接下来他又会我行我素，恢复到自我疏远的状态。沙伦绞尽脑汁，想尽了各种办法。但值得注意的是，她所采取的策略无外乎迫使斯图尔特接受她的做事风格。

斯图尔特的生活方式正好相反。他们刚刚结婚，他便感受到来自沙伦的巨大压力。给人的感觉是，她希望控制他，迫使他弥补她所欠缺的东西。他感觉她希望他一直陪伴在身边，这种压力让他忧心忡忡，破坏了他内心的宁静。

她似乎没有属于自己的生活。“为什么我要独自承担呢？我们结婚了，不是吗？”她反对他打排球——“为什么你有时间打球却从来没有时间陪我呢？”遇到这种情况时，他通常会缴械投降。他感觉被利用了，很受伤、很屈辱。不过所有这些要比自己生闷气要好得多。就这样，他不再打球，并与大部分朋友断绝了来往，最后就剩下了一两个朋友，因为沙伦与他们的妻子比较投缘；一句话，他不再开心了。难道我追求自我享受有什么错吗？噢，不，这就是她的错。看来患神经官能症的小伙伴们要有新成员了。

不过孩子们出生后，事情起了变化。随着她往孩子那边投入的感情越来越多，她对他的需要越来越少。经过多年的磨合，这个家庭形成了一个稳定的格局：沙伦和孩子们包揽了全部的家庭生活，而斯图尔特一直在忙于工作。一家四口偶尔会一起看场电影，而更常见的情形是，沙伦坚持全家一起看场演出或音乐会。她坚决要求斯图尔特参与到这些（他不喜欢的）活动中，但这反过来强化了他的抵触心理——不过一般情况下他不会提出自己喜欢的建议。有时候因为未能积极参与到家庭生活中，他会感觉愧疚。但多数情况下，他感觉自己像个囚犯，想逃跑想过了头。既来之则安之？做不到。

* * *

或许等我们到了一定年龄之后，才不会等待其他人做出改变，哄我们开心。我们的亲人不会对我们要阴谋诡计。他们的行为之所以让我们感到吃惊，只是因为尽管我们一直试图说服他们做我们希望他们做的事，但他们该做什么还做什么。一旦我们清楚了这一点，就不会感到那么吃惊和沮丧了。我们可以让他们展示他们的本来面目。他们无论如何就是那个样子，而我们可能也一样。

沙伦最终明白了纠缠斯图尔特是在做无用功。她不再试图搞定他，不再往自助类书籍上标记出一个个段落供他阅读，并开始自己照顾自己。在生活中，把注意力放在自己身上而不是这个男人身上，使沙伦能够更好地善待自己。与此同时，随着她越来越把关注点放在自己身上，她感觉自己对丈夫的控制欲也在逐渐消减。

* * *

这下没有人再纠缠他了，斯图尔特便不再逃跑。他始终在关注自我的完善——仿佛他需要不断完善自己。于是他决定加入“est”，这是一个著名的会心团体培训班[①]，旨在帮助参与者从生活中获得更多有价值的东西。沙伦并不想去，但她希望这个培训班对他有所帮助。

那些鼓励斯图尔特参加活动的朋友不会告诉他这个培训班都包含的具体内容（从某种程度上讲，活动效果取决于内容的新奇性），但他们确实让他做好接受严格限制的准备。在两个长周末[②]期间，去卫生间、进食都必须按照管理员规定的时间表进行。周末要到了，按照约定，斯图尔特在周五下午乘火车赶到纽约，并入住他所能找到的最廉价的旅馆。为什么一定要花钱预订他只能使用几个小时的高档客房呢？他和朋友们到唐人街吃晚餐，但是他对自己第二天的培训忧心忡忡，所以他自己并没有玩到尽兴。

当他到达培训点时，首先令他感到震惊的，是这里异常严格的管理制度。每件事都是计划好的。我说的是**每件事**。他拿到了自己的胸牌，把手表寄存在一位助手那里——参与者别想估计时间——并在礼堂里找了个座位。突然之间，他感觉真的很焦虑。在一个相当小的房间里，密密匝匝地摆了两百把木椅子，斯图尔特意识到，他将要和一群陌生人在狭小的空间里共度两个完整的周末。

就在此时，有一位助手走到房间的前面并宣读规定——听起来和军队的规定一样：不许做这个，不许做那个。斯图尔特感到厌烦和恼怒。他已经知道这些规定了，但某些人显然还不知道。有十几个人站起来质疑，对这些规定进行抗议和

① 会心团体（encounter groups）：人本主义心理学家卡尔·罗杰斯将 20 世纪六七十年代在美国出现的一些性质相似的组织称为“会心团体”，其特点是：强调团体中的人际交往经验，注重此时此地的情感问题。团体咨询的目的不是为了治疗，而是促进个人的成长，包括了解自我，增强自信，寻求有意义的人际关系等。——译者注

② 长周末（Long Weekend）是美国和欧洲国家延续多年的休假制度。长周末制度就是指以双休日为中心，借（或挪）用节假日来凑成三天长周末。——译者注

挑战。

“如果我一定要去卫生间呢？”有人问道。“愚蠢至极，”斯图尔特想，“如果你要走，那就走好啦。”

有人从后排起身走到讲台上说：“胡说！不需要有人告诉我，什么时候坐下，什么时候起立。这些规定都是愚蠢的！”

在一一听取那些问题或争辩后，负责人简单重申了相关规定，好像在说“这里就是这个规矩，要么接受，要么离开”。但争论还在继续。似乎礼堂里的每个人都要站起来宣布自己和别人不一样，并试图找到绕开规定的法子。

斯图尔特的火气越来越大。为什么这些人不坐下并闭嘴呢？要不然我们怎么把这个培训继续下去呀？但越来越多的人站起来说，他们不喜欢这个，不喜欢那个，而且为什么我们必须做这些事，另外你们不能命令我们。接下来，他好像恍然大悟：这些人就是我呀！他们和我之间唯一的不同点是他们愿意说出自己的感受。

接着培训师走进来，阐述了把训练规定和生活规则联系起来的重要意义，正如你所看到的，这些规定是武断的、不公平的。在斯图尔特听讲的时候，他吃惊地发现，从闯黄灯到希望沙伦变得更加独立，他几乎把生活重心都倾斜到对抗规则上了。如果遵循这个世界的规律，而不是因为生活未按照既定目标运行便抱怨不已，那么生活会变得轻松很多。

并非所有接下来发生的事情都有同样的冲击力。有些事很有趣，有些事令人烦恼，还有一些事只能被概括为平淡、乏味。但有些瞬间值得一提。有件大事在第二个周六的晚上才姗姗来迟。培训师搞了一堂训练课。在课堂上，参与者需要直面自己内心的恐惧。一般来讲，人们甚至都无法触及内心的恐惧，更谈不上对抗它们。但漫长的培训时间再加上陌生的生活环境，很多不同层次的抵触情绪都给消磨掉了。

当训练课开始的时候，斯图尔特并没有太多期待。他以为只是一堂训练课而已。接下来是一组精心安排的预热活动，做起来像某种形式的催眠诱导，参与者在指导下进入生动逼真的幻想状态。他们想象着走进一条黑暗的城市小巷，然后迎面碰上一个亡命徒。由于房间里漆黑一团，而且周围一片尖叫声，效果格外逼真。起初，斯图尔特无法真正地融入这个幻境。或许他要是真的住在那座城市里，会害怕走进黑暗的小巷，但既然没住在那里，也就没感到害怕。接下来发生了一件事。天啊！斯图尔特并没有看到什么罪犯，而是看到沙伦和孩子们朝他走过来。他们向他伸出手来，他能看出他们很爱他，但他还是给吓得差点灵魂出窍。他尖叫起来，并试图把他们挡在外面，但他依然能够看到他们的脸。这一瞬间他反应过来，他给吓坏了。斯图尔特一直在尖叫，但现在眼泪也顺着脸颊扑簌簌往下流淌，而且他开始啜泣起来。斯图尔特的哭喊声停不下来。他们爱我……他们对我的希望就是我也爱他们……我不停地跑，跑得远远的。

那天晚上的训练课结束之后，斯图尔特感觉很疲惫，但无法进入睡眠状态。他一直可以看到沙伦和孩子们甜美的笑脸，他们的眼睛里饱含爱意。不知怎的，斯图尔特对幻想中的这些人感到很困惑，他们确实很爱他，但身上带有某种隐匿在小巷中的黑暗和邪恶，他们希望以此耗费他的精气神。

斯图尔特从第二次周末活动回来后，决定不再远远地躲着沙伦和孩子们。他感觉到他们是爱他的，他们并不希望从他这里索取什么，而是要和他在一起。他努力放下心中的羁绊，并主动投入他们的怀抱，但后来又渐渐恢复到原来的自我封闭状态。

打破家庭关系的死循环

闷闷不乐的人通常认为是其他人做的事让他们成为那个样子的。“我的教授看不上我。”“克里斯从不打电话。”“每当我要求我丈夫与我和孩子们一起做什么事时，他总是让我难堪。”精神治疗师会问：“你对那件事怎么看？”家庭治疗师会问：“你会怎么做？”第一句问话可能让来访者对事情产生新的看法；而第二句问话则会催生出新的互动关系。

“你会怎么做”这句问话旨在揭示存在于各类关系问题中的互动循环。谁做了什么，是在何时、何地做的，以及如何做的？当我第一次要求我的患者回想一下，为了努力获得自己所希望得到的东西，他们一直是怎么做的，他们中的很多人立刻回答："我已经试过了！"这一反应属于一种半防御（一定是其他人的过错）半天真状态。这种天真来自一种思维模式：尝试就是尝试就是尝试，就像格特鲁德·斯泰因（Gertrude Stein）的玫瑰一样。[①] 事实上，采用曾经尝试过的解决方案经常会使问题加剧。

在一次访谈节目中，曾经有一个女人打电话给我，就她丈夫的问题咨询我的意见。她说她的丈夫现年 42 岁，性欲已大不如前。多年以来，他做爱的欲望始终比她频繁。可现在情况出现了变化，他现在的兴趣越来越小。我建议她，如果希望获得更浪漫的享受就要尝试着在行为上表现得更浪漫些，但还没等我做进一步解释。她就打断我说："噢，我那样试过了。"她所尝试的是在卧室里多撩拨他。绝不要对一个疏远者穷追不舍，你永远追不上他。

* * *

你可以要求他们采用两步分析法，以此打破弄巧成拙的循环。第一步是要运用循环因果关系的原则；第二步是思考**强化**的特点。

丈夫可能认为正是妻子的唠叨（因）让他退缩的（果）。而她同样相信他的退缩是导致其唠叨的主因。从家庭系统的角度看，他们的行为就像一种循环：她越唠叨，他就越退缩，而他越退缩，她就越唠叨。这种互动一旦开始，便会在二人之间持续下去，而且谁都无法打破这个循环。

在治疗过程中，有一种方法可以让互惠原则直达夫妻双方，即让一位伴侣描述一下另一半的抱怨，以及后者认为前者应该做出怎样的改变。接下来问另一半应该怎么做才能真正对事态产生积极的影响。由于我们大多数人很容易产生一种臆想，即其他人如果做一些事，情况可能会有转机；所以此时治疗师可以借机阐明自己的观点：伴侣双方都可以通过改变自己的行为，进而改变形势。

一个特定的反应有没有可能重复取决于其结果。如果这个反应得到强化，重复的可能性很大。如果这个反应被忽视了或受到惩罚了，该反应便会被逐渐消磨

① 格特鲁德·斯泰因是美国著名小说家、剧作家。她的名句"玫瑰就是玫瑰就是玫瑰就是玫瑰"出自《地理与戏剧》。作者在此处套用了斯泰因这一名句的结构。——译者注

掉。那么接下来呢？显而易见，即使对这一反应再进行强化（无论你怎么称呼它）也是于事无补的。如果你审视一下互动模式，事实确实如此。

无论一个人希望表达什么想法，其行为都会发挥明确的作用：要么强化、要么惩罚。她冲着丈夫大喊大叫："你在家里什么都不干！"这便是在表达厌恶之情，这是惩罚。

乍一看，似乎任何人都不太可能强化不受欢迎的行为。但为什么父母会任由孩子们发脾气呢？为什么丈夫的退缩行为似乎给妻子造成了那么大的伤害，但妻子还听之任之呢？其实答案并不存在于某种复杂的痛苦动机中，而是存在于简单的事实中：人们通常无法意识到自己行为的结果。

从表面上看，一个女人与一个有意保持距离的男人成为伴侣似乎是一种消极的体验，好像生活中缺了点什么。实际上，她感觉她的生活中所缺失的可能是一种纠缠不清的关系。她所有的时间和精力都集中在他的身上：需要他，为他着想，对于他不能守在自己身边感到非常不安。这种互动关系确实挺糟糕，占据了她的大部分意识，而且在这种情形下，人就好像上瘾了一样（谁说人们只会对让自己感觉良好的事物上瘾呢）。这种关系之所以让人上瘾，是因为它能分散她的注意力，将她从生活的其他事务中抽离出来，进而缓解痛苦。她对于他的迷恋就像毒瘾一样，能够缓解她生活上的空虚感和不安全感。事实上，她在生活中感受到的痛苦越多，她就越需要转移自己的注意力。她可能不知道在生活中自己该怎么办，但只要她沉浸自己对他的期望中（即使无法实现），并且还坚持认为一切都是"他的错"，便能有所行动，并发现她是谁、她想要什么。

* * *

尽管沙伦渴望与斯图尔特保持亲密，但她并不太了解何为隐私。她是在一个关系非常亲密但几乎没有隐私的家庭里长大的。令她的父母保持亲密关系的是义务、社会责任、家庭传统和习惯。他们一起做每一件事，但说实话，"每一件事"并不包括他们彼此坦诚相待。在沙伦的青春期阶段，她便感受到这种持久但肤浅的亲密关系中所蕴含的空虚感。她最想做的就是逃避。而令斯图尔特如此吸引人的原因就是他比较安静、比较认真、没那么多要求。但当他们结婚后，她本能地重新创造自己习惯的家庭环境。我们几十年来一直与我们的遗传性对抗，但到头来还是让它占了上风。

* * *

追求者通过厌恶控制法（aversive control）保持距离感。我已经解释过，纠缠一个疏远者只会令其感到压力，从而导致其产生焦虑和退缩行为。决不要纠缠疏远者，有些行为只会让情况变得更糟。例如，你本来希望从某个人那里获得更多亲密感，但你却没完没了地数落他。你在那个人面前唠叨，希望彼此亲密些，但效果却和你的汽车抛锚时踢它一脚差不多。

在不幸福的婚姻关系中，伴侣们对问题的反应是试图施以厌恶控制——唠叨、哭泣、退缩、威胁。这些夫妻极少想到寻找积极的替代方法，因此这些伴侣对彼此的看法会越来越消极。如果有人呵斥你不要再做某件事了，你可能感觉很沮丧；你或许清楚那个人想要什么，但你一定不想取悦对方。当然，当我这样给你解释时，任何人都能看到问题的本质。可能你能够发觉你的伴侣所做的某些事情令人非常厌恶，但是我们很难意识到自己做的某些事是令人厌恶的，因为没有人会故意表现得讨人嫌。而且我们所做的事情经常受情绪影响，而不是受理性思考推动。

颇具讽刺意味的是，纠缠者不再穷追不舍时，反而会得到更多。就像一位学会放松、潇洒挥棒的棒球运动员一样，你也可以通过放下自己的欲念获得更多的亲密感。选择放手可以为其他人创造出自愿靠近的空间。

* * *

对于疏远者来讲，让事情按照他们所希望的那样发生改变可能会更难。或许他们只希望独处。但如果他们愿意拿出一点时间和伴侣共处，之后便会发现在其独处时他们会感到更加自由。另外，在某种程度上，他们在一起时的那种糟糕感觉（互相批评或抱怨）是他们关系日渐亲密的产物。她必须给他施压，她感觉他并不希望留下来，而他的想法正是如此。我的建议是打破这种互动模式，从逃避和勉强服从变成积极主动地接触。尽管这需要一段比较长的时间，但能一石二鸟。首先，“主动出击”的一方将减轻他们二人一起生活时所承受的压力和批评。其次，如果某人开始做他们喜欢的事情，他们便会发现共同生活终究没那么糟糕。

有些来访者质疑某些人追求亲密关系而其他人偏爱距离感这种想法。一个女人似乎与她的丈夫和孩子保持一种关系，而与她的父母保持另外一种关系。这是一个重要的观察结果。尽管大多数人都拥有属于自己的一套占据主导地位的行事方式，但一个人在不同类别的人际关系中所采取的行事方式是不尽相同的。正是这种差异促使我们重新认识人们做出改变的动因——这是人际关系的产物，而不是对性格的修正。

另一个经常被问到的问题是："好吧，那我如何改变我的感受呢？"如果你真的希望得到一个答案，那么你首先要注意到，在大多数关系中，你的行为都是无意识的，而且经常是一个互补型婚姻模式的组成部分。接下来，你所要做的就是尝试改变这种模式。如果你正在追求一个疏远者，可以尝试做出妥协，花更多的时间和你的朋友在一起；如果你是一个疏远者，可以尝试主动发起接触。看看接下来会发生什么。你会发现你有能力调整既有的模式。

一些来访者抱怨："听起来很不错，而且我已经做了一些保持距离的尝试，但并没有什么效果。"需要指出的是，在主动和被动保持距离之间还是存在重大差别的。如果你生气的时候选择了离开，而你的伴侣也知道个中原因，那么你的伴侣会感受到巨大的压力。主动保持距离就不一样了。如果你在情势相对平静的时候，创造了更多的交流空间，那么另一个人在做出道歉及补救行为的时候便不会感到有压力，对方会开始想念你。

另外还有一件事：如果某人是一个纠缠者，而她又做了让步，这时她应接受针对她的任何举动，即使对方生气也无妨。一些纠缠者说，他们希望另一半能表露出自己的情感，但他们的真实想法是他们希望对方能够向自己传达积极的情感。如果一个人希望另一个人和她亲近些，或者说希望夫妻关系更加亲密，那么她可能首先需要学会耐心倾听对方的抱怨。长期以来，她一直在设法回避听取对方的心声。

最后，我想在我的建议里加上一条：应当鼓励来访者每次只尝试做出一两项改变。如果一个人把所有可能的方法都快速尝试一遍，它们的效果可能会相互抵消。

第9章

家庭积怨

Inside Family Therapy

A Case Study in Family Healing

“最后一个跑到车前的是臭鸡蛋！”斯图尔特喊道，然后便跑过停车场。现在已经 10 岁的詹森自然不甘落后。希瑟唯恐被甩在后面，站在一辆汽车前面的她也突然跑了起来。虽然司机及时踩住了刹车，但这也足够让希瑟的小心脏狂跳不已了。

斯图尔特放慢脚步，让孩子们追上来。接着等他们几乎赶到车前时，他一个箭步冲过去，先行到达。他猛地拉开车门，跳上去。“哈！”他笑着说。

片刻之后，詹森用手拍打风挡玻璃，刚好超过希瑟。“我赢了！”他得意地喊道。“猜猜谁是臭鸡蛋？”

希瑟可怜地抬起头。“你抢跑了！”

“那又怎么样呢？你是臭鸡蛋，嗯，好臭啊。”

“孩子们，快过来，这就是一个游戏。不要凡事都那么认真嘛。”

当他们回家后，沙伦想问个究竟，“你们两个怎么看上去都气哼哼的？”

“希瑟还是小孩子脾气。我们赛跑，她输了。现在她正生闷气呢。”

“这不公平，”希瑟一开口就是很委屈的样子，“詹森抢跑了，而且他还取笑我。”

“是这样吗，詹森？你是在取笑妹妹吗？”

“没有！她太孩子气了。”

一听到这话，希瑟大哭起来。

“詹森，向妹妹道歉，马上道歉。”

“为什么她这么孩子气呢？你总是护着她。”

沙伦火冒三丈。“我谁也不护着。你总是欺负她。为什么你们就不能好好相处呢？你越来越自私、刻薄了，我真受不了！”

沙伦训斥詹森的时候，斯图尔特在旁边看着，心里忐忑不安。他觉得应该上前阻止，但又不知道该怎么做。令斯图尔特惊讶的是，詹森立刻回怼妈妈。

“这不公平！我说什么你都听不进去。”

“好了，就此打住。回你房间去。”

詹森蹬蹬蹬爬上楼，并咣当一声关上自己的房门。

“我不发话，你就别出来，”沙伦在他身后喊道。

在斯图尔特看来，沙伦解决孩子们之间争执的做法只会让事情变得更糟。“让他们自行解决问题更好。”他想。但一如往常，他什么都没说。

一般情况下，别的孩子会学着父母的样子吵架，但詹森和希瑟没这样的机会。当沙伦冲着斯图尔特发火的时候，他很少反驳，至少不会公开和她对着干。

半小时后，当斯图尔特上楼的时候，惊讶地发现希瑟在詹森的房间里。他们正坐在地板上下中国跳棋，玩得正欢呢。

斯图尔特很好奇，他们怎么还能玩到一块儿呢？ 前一刻还吵得不可开交，没过一会儿他们便一起玩得很开心。或许这也是问题的一部分。他们待在一起的时间太多了。

斯图尔特并未意识到正是因为他总把两个孩子做比较，兄妹二人才会不停地争风吃醋（“为什么你不像妹妹那样爱干净呢？”）；他还经常当着一个孩子的面贬低另一个孩子（“詹森，如果你帮我做晚餐，我当然会很高兴——你比某人强多了”）；而且把每件事都变成一场竞赛（“最后一个爬上山的人是小笨蛋！”）。

不管出于什么原因，斯图尔特和沙伦正在饱受折磨。至少曾经有一天，詹森和希瑟打了一架。一件非常不起眼的小事便有可能让其中一个人翻脸，很快两个人开始斗嘴，然后不欢而散。在过去，出去吃饭或看电影常常是令人期待的事。但现在，两个孩子之间持续不断的冲突令家人在一起时的欢乐黯然失色。

手足之争

手足之争是在家人之间亲密感不再之时发生的一种情况。“孩子们在打架吗？别担心，只是手足之争而已。”每当朋友和祖父母聊起手足之争时总是面带微笑。人们对此熟视无睹。人们对车祸的态度也是如此。

为什么兄弟姐妹会经常打架呢？这个常见的问题困扰了无数沮丧的父母，但它也有常见的答案。兄弟姐妹之所以打架都是嫉妒心作怪。每个孩子都希望父母只爱自己一个人，而且在忙碌的家庭里，空闲的时间越来越少，令兄弟姐妹起争执的原因也越来越多。

当一个新生的宝宝获得太多关注时，手足之争的种子便种下了。一方面，彼时我们在大孩子身上看到的退缩行为，是对更为幼稚的行为模式所进行的无意识的反对；另一方面，也是一种为了博得更多关注的蓄意行为。

大多数父母基本上都会向我们讲述一两件下面这样的趣事：

这是我妈妈喜欢讲的一个故事。一天下午，我那还是小宝宝的妹妹正在睡觉，屋子里异乎寻常地安静。妈妈正在查看孩子们睡得是否安稳，这时我那 13 个月大的弟弟爬上了婴儿床的侧板，正要把自己的橡皮锤玩具放到妹妹的头上。妈妈猛地俯下身抱起弟弟，一边爱抚他一边解释，他不能用玩具打弗兰的头，因为她还是个小宝宝。我弟弟抬起头看着她并回答：“可我也是个孤独的宝宝呀。”

很显然，一个小宝宝激发了其他孩子的嫉妒心：大孩子的整个生活被颠覆了——另一个人突然成了最受妈妈关注的人。即使一个满心欢喜、等待小弟弟或小妹妹降生的孩子，到头来都会感觉被骗了。最小的那个孩子不会玩、不会说，只不过是个讨厌鬼。当他们请求爸爸妈妈再生一个宝宝的时候，可不是在开玩笑。

手足之争是一个在《圣经·旧约》中反复出现的主题。兄弟们争着索要父亲的祝福——很显然也是冲着继承财产去的——这让饥饿的以扫与雅各做了一笔亏本的买卖。当约瑟的哥哥们联合起来除掉他们的竞争对手时，雅各也失去了自己最喜欢的儿子约瑟。其中最令人扼腕叹息的是，该隐谋杀了他的弟弟亚伯。这为人们敲响了警钟，以此警告兄弟姐妹相互嫉妒的恶果。

也许是被这种可怖的后果吓怕了，我们很容易忽略兄弟姐妹之间的争斗所产生的价值。手足之争是一种很自然的行为，在整个动物王国里比比皆是。发生在猴子、小猫小狗，以及你自己孩子之间的吵闹和激烈的游戏会培养出敏捷的身手。争斗行为会教会动物幼崽如何在这个世界上打拼出一块生存之地。另外值得一提的是，当动物玩打斗游戏时，它们发出的并非是以命相搏的信号——人类的孩子也一样，尽管他们的父母并不总能获得这样的信息。

在朋友和兄弟姐妹之间尝试树立自己的领导地位，会令孩子更具适应力。而且大家都会注意到，就像小猫小狗一样，孩子们自有一套在安全限度内争斗的方式——尤其是当他们意识到当局面失控且周围没有人介入、叫停时。争斗教会孩子们如何确认自己的身份、如何维护自己的利益，以及在冲突没有被叫停的情况下如何妥协。

然而，手足之争具体会产生何种效果，在很大程度上还是取决于父母的反应。父母处理手足之争的方式对兄弟姐妹在童年时代，以及以后的生活中如何相处，有很大的影响。

* * *

有一位中年女性因患抑郁症而找到我。西尔维亚是一位典型的自我牺牲型妻子和母亲，始终准备着为其他人做事。她现年 50 岁，孩子们都已长大成人，但她感觉很空虚。她很想知道为什么自己享受快乐生活那么难，还有为什么她（用她的话说）“对每个人都那么贱呢”。尽管她的两个女儿（一个 19 岁，一个 21 岁）都住在她们各自的公寓里，但她继续给她们买日用品并定期帮她们洗衣服。

和很多患者一样，前来治疗的西尔维亚认为自己需要做点什么才能改善自己的状况：时不时地学会说不。她把我们的治疗课当作一种鼓舞斗志的手段，向我讲述谁现在需要什么，以及为什么她不应该做出让步。说到底，她似乎停不下来。她知道自己需要做什么，但她的习惯在童年时代便已形成而且很难改变了。

西尔维亚是三个姐妹中最小的一个。当她四岁的时候，父亲连续犯了三次心脏病，所以一直到去世前的 10 年里都是那种病恹恹的样子。家里的这种氛围与病房无异。西尔维亚的母亲提醒孩子们不要发出声响、不要吵架、不要做任何可能让父亲感到心烦的事。对于一个在如此环境下长大的孩子来说，她儿时所被灌输的经验教训是难以磨灭的：别惹麻烦。至少这种“戒条”在西尔维亚身上是能看到效果的。她的两个姐姐对于母亲的警告基本上无动于衷；她们继续制造噪音，一切都是自己合适就行，而且相互间还争吵不断——简言之，她们表现得还像个孩子。

西尔维亚的母亲对于久病不愈的丈夫已然没有了感情，转而从她的“乖女儿”这里寻求慰藉和同情。母亲向西尔维亚抱怨那两个姐姐不体贴人，所以这个家就指望她了。西尔维亚很听话，于是变成了现实版的“灰姑娘”——无论是因为爱和责任，还是因为威胁和惩罚，每次她都轻而易举地让自己陷入生活的桎梏。

* * *

我的另一位年轻男性患者是秀树（Hideki），他在考上研究生后产生了强烈的焦虑感。尽管他在本科阶段取得了优异的学习成绩，但他害怕自己已经江郎才尽。他觉得自己仿佛是一个冒名顶替者，此前表现太过招摇，而今恐怕要东窗事发了。每当他被点名在课堂上发言时，他所表现出的完全是一种惊恐发作的症状。

秀树时常将自己与同学们做比较。他感觉他们知道的都比他多，而他不仅在学业上无法与他们竞争，在社交上也无法融入他们。其实我们不难发现这些情感产生的根源。

秀树是小弟弟，他的两个哥哥（一个比他大两岁，一个比他大四岁）都很争强好胜。他们并未把他当作一个需要照顾的小弟弟，而是一个竞争对手，一个基于年龄原因很容易打败的对手。似乎秀树的母亲总是显得很疲惫，而且经常遭受各种病痛的折磨。因此作为一位母亲，她无法鼎力支持和保护自己的小儿子。他可能不需要母亲介入进来，但确实需要她的同情。出于对关注的渴望，他转而向父亲求援。不过他在父亲那边也没有得到自己想要的。

秀树的父亲是一个求胜欲望很强的商人，他相信人们生活在一个丛林世界里，只有强者才能生存下来。他鼓励孩子多参加体育运动，并培养他们胜者为王的信念。秀树赢不了。爱是有条件的，而父亲的条件——战胜他的哥哥们——他是不可能满足的。难怪他在成长过程中一直认为自己是个无能之辈，每当面对任何严峻挑战时，便注定会失败。

* * *

大多数父母对子女间争吵的反应一般都是可预料的，这些反应都是基于对侵犯行为的恐惧，以及对父母管理子女的责任和能力被夸大的认识。通常情况下，父母开始会和这帮小对手讲道理，但到最后都是威胁他们，在孩子们有机会解决纠纷前把事态稳定下来。

那些一心培养孩子竞争精神的父母（要么是故意的，要么是无意的）煽起了敌对和怨恨的火焰。父母们通过鼓动一个孩子战胜另一个孩子来挑起公然的对抗；或者通过将孩子做比较来挑起微妙的对抗。

父母们并不愚蠢。我们很少有人要求比较小的孩子在行为上和他们的大哥哥、大姐姐看齐，而且我们也很少有人煽动大孩子击败小孩子。无论年龄上、身材上，还是能力上，每个孩子都是与众不同的，因此应当被区别对待。这是很容易理解的，但父母们对此并不总是那么敏感。

父母们有时还以鼓动一个孩子对抗另一个孩子为乐。“过来，比利，看到远处的救生艇了吗？我们觉得你肯定比妹妹早跑到那跟前。”“谁能堆这个大雪人？”有时父母们很容易出差错，当他们被烦扰时（有客人要来，他们便给孩子们安排任务，看谁卫生做得最干净），或者当他们焦急地等待结果时（孩子们取得好的学习成绩、在重要的社交活动中行为得体、交到“好”朋友），都会让孩子们陷入竞争状态。父母们有时悄悄地挑起这些竞争。“不要告诉你哥哥，但……”不要悄悄告诉一个孩子任何你不想重复的事情。如果父母们想到后果的话，是不会玩这些把戏的。但问题是他们有时想不到。

手足之间的对比行为让家庭生活变成了一场竞赛。积极的对比（“我希望你的弟弟和你一样乐于助人”）赋予孩子一种想要超越他人的进取心。消极的对比（“为什么你不能和妹妹一样干净呢？”）可能会让一个孩子认为他可能不是最棒的，而是最次的，从而憎恨“优秀的”兄弟姐妹，并且在生活中总是会评估自己是否胜过他人。

* * *

有一种教养方式危害甚大：父母让孩子们扮演不同的角色——这会让孩子们彼此争风吃醋。如果一个孩子是“小宝宝”，另一个是“我们的大姑娘”，那么年龄较大的孩子可能会妒忌。这个大孩子可能不希望变成个“小大人”，而是渴望和弟弟妹妹们一样享受到关注。

父母为孩子设定角色类型的做法会阻碍孩子的成长。 如果把其他所有角色类型都剔除掉，仅剩下一种角色设定时，任何所谓的正面角色形象，都会潜移默化地给孩子带来一些负面影响。当父母给孩子们贴标签时（“我那学习刻苦的女儿”“明星运动员”“很认真的孩子”），便会把自己的焦虑感转嫁给孩子们。这不仅会限制孩子的发展——将孩子培养成和父母一样的人——还会让兄弟姐妹出现两极分化现象。令一个孩子扮演某个角色的同时通常会将其他孩子塑造成与其相对应的角色。如果一个孩子“干净”，另一个孩子就“邋遢”；如果一个孩子“坏”（粗野），另一个就“好”（温顺）。

在我和我哥哥的成长过程中，他是“大男孩”，而我是“小宝宝”。我始终认为这赋予了我某种“不公平的优势”。在任何竞争中，他都不会获胜。如果他在我之前学会了游泳，又怎么样呢？他比我大嘛。但如果我先完成了某件事，他怎么被“宝宝”击败了呢？他还是“队长”呢，而我就是个“队员”。事实上，我相信他和我一样体形健美，而我可能和他一样聪明伶俐。嗯，可能是吧。但这些自我形象更多的是被强加给自己的，而不是被发掘出来的，所以酿出了不少苦果。我的体育成绩优秀，我总想成为明星，但从未如愿以偿。我哥哥甚至就没有尝试过加入什么运动队。而在智力方面，我在最后一刻撤回了报考一所常春藤大学的志愿，因为尽管学习成绩不错，SAT[①] 分数很高，但我感觉自己还是不够聪明。

或许你可以回忆起你在家庭里扮演过什么角色，以及你的父母是如何培养你

① SAT（Scholastic Aptitude Test）美国学业能力倾向测验，是美国高中生升入大学必须通过的测验，相当于中国的高考。——译者注

成为那些角色的。请记住：这对于了解家庭生活是一项很好的实践活动。

* * *

家庭治疗师有一项任务就是向限制潜能发挥的角色定位发出挑战。父母会强化符合某个角色设定的行为而忽略其他不适合这一角色设定的行为，从而使自我形象简化为固定角色的效度得到增强。如果吉尔被贴上了“任性”的标签，她的父母会将注意力放在她和别人的争吵上，而忽视她和别人的合作上。如果杰克被贴上了“后进生”的标签，他便有可能对自己不抱什么希望。

如果完全依靠手足间的对比进行身份构建，那孩子们今后的身份定位将停滞不前。这样一来，孩子在技能上和人格上的发展都会萎缩。当家庭成员表示他们在某些方面向来就是那个样子、改变不了时，治疗师会告诉这些人：你们错了。“不，”治疗师说，事实上，“你比你所了解的自己复杂得多。”

当家庭成员介绍自己和其他人时，都很清楚把重点放在哪些方面，闭口不谈其他事情。仅仅从家人口中得知自己有哪些优势还不远远够，了解自己尚未被挖掘的潜力也很重要。

避免与孩子产生纠缠

在处理孩子们的手足之争时，父母最容易犯的一个错误是：总想过多控制孩子们的生活，即纠缠。

请记住家庭是由诸多子系统构成的，它们都有各自的界限，保护这些子系统免受不必要的干扰。除非一个子系统周围的界限是清晰的，否则该子系统中的成员都不会发挥有效的作用。如果代际之间没有清晰的界限，父母的执行能力便会受损。应当教育孩子尊重父母，但父母也应当尊重孩子。那些虽费尽心力却没有教会孩子掌握社交技能的父母是在浪费孩子学会如何与人相处的机会。

父母可能在开始时不太了解孩子。孩子们其实已经学到了很多——大多是在试错过程中习得的。试误学习（trial-and-error learning）通过强化过程发挥作用。我们尝试各种方式，保留那些有效的方式，摒弃那些无效的方式。实验室里的大鼠就是这样探索迷宫的：它们不断前进，直到找到奶酪为止。如果一条通道走到头没看到奶酪，就会尝试另一条。父母和大鼠之间的差别就在于父母的大脑更复杂。正因为这样，父母们会在某些道路上探索好多年，尽管那里并没有“奶酪”。或许下一次就有了。

在家庭生活中，父母有时会因孩子犯了错误而给予奖励。请看下面这个熟悉的生活场景：

一位面色疲惫的母亲来到超市收银台前排队结账，这时她的小儿子伸手去拿一支棒棒糖。母亲告诉他，很快就要吃饭了，再吃糖不好，然后这个小家伙开始号啕大哭。此时她有些情绪失控。“如果你认为你这么捣乱我还会给你买好吃的，那你简直是在白日做梦！”数落只会让小家伙的脾气愈发急躁，他的哭声越来越大。最终，颇为恼怒和窘迫的母亲说：“好吧，如果你马上安静下来，我就给你买一包饼干。”

很显然，这位母亲强化了孩子发脾气的行为。还有一点同样重要，虽然体现得不太明显：她自己的行为也得到了强化，即为了获得安宁可以选择让步。行为学家将这种现象称为“交互强化”（reciprocal reinforcement），而它也是家庭里始终存在消极行为的重要原因之一。

我之所以在这里特意借用一个发脾气的例子引入交互强化的概念，是因为每个人都知道不应该发脾气。不过当涉及兄弟姐妹间的手足之争时，事情并不那么简单。父母，尤其那些纠缠型的父母，干涉太多。令人遗憾的是，这种干涉还得到了强化。如果父母在孩子发生争端时，并没有去解决问题，而是勒令孩子就此打住，那么父母的干涉行为就会得到进一步加强。下面是一个很典型的例子：

正当一家人准备坐下来共进节日晚餐时，孩子们因为谁该坐哪儿争吵起来。“我挨着爸爸坐。”“不行，我坐在那儿。”“不，我要坐那儿！”就在此时，他们的妈妈插话了：“如果你们再拌嘴的话，就回到你们的房间去。”争吵平息下来，不过日后还会继续的。他们始终如此。

父母最好是充当孩子们争吵的旁观者，让他们自行处理此事。

* * *

为了对手足间子系统的人际界限表示尊重，有必要澄清一下哪些属于手足关系的范畴，哪些属于亲子关系的范畴。他们什么时间上床睡觉、谁先睡，以及父母想在客厅里读书时是否容忍孩子们在旁边大喊大叫——这些事都属于亲子关系的范畴。在运动场上，相互怎么称呼，这一次轮到谁坐在汽车前排，还有众所周知的“谁挑的头”——这些都是由孩子们来决定的事。父母应该作壁上观。

兄弟姐妹群体类似一个实验室，孩子们在这里学习如何相处。一些孩子只学会了在一个过于活跃的裁判在场的情况下如何吵架。

“好吧，但如果他们开始大喊大叫、开始骂人了该怎么办呢？”一切顺其自然吧。如果他们预期父母会出手调停，他们便觉得无论他们做什么都是安全的；如果他们开始依赖父母的干预行为，他们的争吵便有可能不断升级，反正也不会受到惩罚。他们知道，他们不必承担什么责任，因为他们知道爸爸妈妈会介入的。

如果孩子们开始争吵或将他们之间的矛盾提请父母处理，此时父母的最佳应对之道是表示相信他们有解决问题的能力，然后离开房间。请看下面这个例子：

> “妈妈，妈妈，汤米进了我的房间，拿了我的手电筒，现在他不还给我了。”
> “我没拿！那是我的手电筒；你的在地下室里。”
> “你看他！老欺负我！让他把手电筒还给我。”
> “我相信你们可以自己解决。我还要继续做饭呢。”

父母很容易犯的一个糟糕错误就是要试图决定“谁挑的头”。首先，几乎不可能搞清楚谁挑的头。这个“头”是从哪儿开始的？是当杰西喊希杰“智障”时，还是希杰未经邀请闯进杰西的房间时？还有一个父母容易犯的错误是让其中一个人担责，而不是让他们都担责。也许真的有父母能够搞清楚谁挑的头，但这个不是重点。如果父母必须介入进来，他们就必须惩罚整个子系统内的所有人。通过这种方式，孩子们会明白他们是一个休戚与共的整体，就有了学着解决问题的动机。

* * *

因为父母爱自己的孩子，而且希望什么事都顺顺利利的，所以他们都以各种方式贸然介入孩子们的生活，并经常越过父母责任和子女私事之间的界限。当纠缠程度加重时，父母必须减少介入行为，而非增加介入行为。

然而，通过这番分析我们会发现一个问题。在探讨纠缠问题时，我似乎对母亲有些吹毛求疵，因为母亲是心理分析的首要目标，但纠缠并非母亲的专利。纠缠是一种家庭模式。母亲不会因为自己的侵入性和控制欲而过度介入孩子的生活。只有当父亲的介入程度不够时，她们才会出现过度介入的情况。

让孩子学会自己处理争端

在前往自行车区的通道上，斯图尔特伸手去拉希瑟，并紧紧抓住她的手。他们穿过一排排漂亮毛衫和时尚牛仔裤的货架，以及一面巨型彩电展示墙，仿佛正在参加一场游戏竞赛节目。距离上次来希尔斯百货购物已经好长时间了，令他感到震惊的是，这里非常与时俱进，已经由他记忆中那座售卖实用、耐用商品的商店变成了一个摆满闪亮的时尚和娱乐商品的大卖场。当他们来到自行车区时，发现可供挑选的品种和数量大大出乎他的预料。出乎他意料的还有价格！斯图尔特以为用不了 100 美元便能买到不错的商品，但现在好像什么都买不到了。

希瑟要有属于自己的第一辆新自行车了。詹森传给她的那辆自行车已经显得太小了，而且斯图尔特也希望自己成为那个为她购买这件特殊礼物的人。

“你很快就要长成大姑娘了，”他告诉她，“你应该有一辆属于自己的自行车了。”他很激动，为希瑟感到骄傲，也很高兴能表达自己的心情。

希瑟也很激动，但她没表露出来。她试图成为爸爸眼中的那种好女孩——心存感激但并无贪欲。他们在看过几款自行车后，斯图尔特问她最喜欢哪一辆。希瑟说它们都很漂亮，但斯图尔特能看出来，她的眼神始终瞟向一辆紫白相间的都市自行车。斯图尔特此前看到过这款自行车。希瑟的朋友贝蒂有一辆，只不过她的稍小，是红色的。贝蒂的父亲是美国海丰银行的一位副总裁。希瑟看中的这辆车带脚刹和手刹，还带可拆卸白色柳条筐，售价 249 美元，远远超过了斯图尔特的预算。

“你很喜欢那辆车吧，亲爱的？”

“是的，但它们都不错，爸爸。”

斯图尔特伸出胳膊搂住了自己的宝贝女儿，而且搂得很紧。“爸爸非常爱你，希瑟，”然后扭头对着售货员说，“我们就要那一辆。”他的手指向那辆紫白相间的自行车。

“噢，谢谢您，爸爸！谢谢您，谢谢您，谢谢您！”

在售货员的帮助下，斯图尔特把新自行车放进他的汽车后备厢里。当他们在前排座椅坐好后，斯图尔特问希瑟喜欢去哪儿吃晚餐。

希瑟说她并不在意去哪儿吃，或许可以吃中餐——她知道他喜欢。

“亲爱的，也许你不想吃晚餐，而是直接回家，这样你便能骑上你的新车了。我可以打电话叫外卖，给你点一份比萨饼。”

“噢，不，爸爸，我想和你一起去吃晚餐。”

他们驱车前往金龙大酒家，行至半路，斯图尔特说，“我们还是回家吧，亲爱的。我打赌你肯定想赶紧骑上这辆新车。”

“是的，我真的想骑。”她热切地回答道。

在斯图尔特家，如果你想喝杯水，你可以说“不，谢谢了”，连说三次。接着再证明你不愿添麻烦之后，说“是的，如果不麻烦的话。”父亲这样，女儿也这样。

他们费力地把自行车从后备箱里搬出来，希瑟骗腿儿上车，便一溜烟地骑走了，她希望能马上找到贝蒂。斯图尔特看着她骑车离开，很高兴自己给了她这一幸福时刻。

半小时后，詹森突然闯进门并喊道：“死丫头！”希瑟眼里噙着泪水，紧紧跟在后面。“詹森不让我把自行车放进车库里。”

又怎么了？斯图尔特并不介意自己说脏话有些多（尽管沙伦不许这样），但为什么他们非要把他拉进他们的争吵中呢？

“希瑟占了我的位置。我一直把我的自行车放在你的车和妈妈的车中间，但希瑟抢走了我的车位。”

“没有别的地方了。再说那地方也不是你的。”

斯图尔特不想再听他们争吵了。令他恼怒的是，他们依然期望父母能平息这次争吵。他并不愿意掺和进来，所以他并没有用心听。“不好意思，你们应该自己解决这个问题。你们现在出去，让我自己待会儿。”

詹森和希瑟知道，当他们的父亲认真起来的时候，他们就该离开房间了。但他们没有解决任何问题，也没有需要解决的问题。刚才的事情已经结束了。还是有放下两辆自行车的空间的，但是他们沮丧的心情还没有平复。

他们现在正在想什么？斯图尔特一点头绪都没有。他也没有想这件事。主要是他们清楚不能指望任何人解决他们的问题，而是学着独立解决问题。这才是问题的关键。不是吗？

詹森之所以沮丧是因为希瑟总拿他的东西。自打她能爬着进他的房间起，她就一直这样做。而他对此无可奈何，妈妈和爸爸总是袒护她。

希瑟沮丧的原因则是詹森在贝蒂面前叫她宝宝。他总拿她开玩笑。她没有主动来找爸爸，让他命令詹森把自行车挪开。她是自己和詹森说的。但在哥哥面前，你很难装大人，因为他知道怎么折磨你，还知道怎么让你在朋友面前哭鼻子。

两个孩子都回到自己的房间，并猛地关上门。他们都很生气，也很泄气，而且都感觉不被理解和同情。希瑟拿起一本书，努力忘记自己不被理解的感觉。詹森拉过毯子来盖在头上，并在脑海里反复思考整件事，因感到不被理解而烦恼。

* * *

父母和子女之间拥有一个清晰的界限意味着父母可以同孩子保持适当的距离，以便培养孩子自己处理争端的能力。但是，除非这个界限异乎寻常地清晰，否则它也意味着当孩子沮丧的时候，他们有权从父母那里获得安慰。

当詹森和希瑟因为自行车吵架并跑回他们的房间时，他们心里在想什么？斯图尔特不知道，事实上孩子们也不知道。

尽管我们经常说情感是某种特殊的东西，但它一开始并不是那个样子。幼儿的情感是模糊不定的。小孩子除了感觉到快乐和痛苦之外，其他的都感觉不到。小孩子学会区分生气和沮丧的感觉、激动和不安的感觉，以及恐惧和罪恶的感觉都是需要时间的。在这其中，父母可以通过对他们表示理解来提供帮助。你可能见到过无法将上述情感区分开来的成年人——有的女人在受到侵害后仅仅表现为难过，有的男人会自动地将伤害转化为愤怒。

父母不会教给孩子如何了解自己的想法。他们通过倾听和表示理解来帮助孩子发现自己的情感。这让孩子们认识到他们的情感——甚至是“糟糕的”情感——都是很自然的，而且这帮助他们将早期的情绪反应与清晰具体的情感区分开来（这也是我们都喜欢读小说的一个原因，因为小说家可以清晰地表达出我们对生活的感受）。一个沮丧的孩子从一位具有同理心的父母那里获得的理解有助于消除不快乐情感所带来的刺痛感。如若不然，兄弟姐妹之间可能会继续心怀怨恨、彼此嫉妒，而且这种不良情绪可能会无限度地恶化和加重。

当孩子们相互争执时，父母应当置身事外。但当其中一个孩子开始哭泣或发出抱怨时，父母应当富有同情心地倾听，并让这个孩子知道父母非常理解他。尤其是当父母认识到孩子们无法解决争端时，这一点更需要做到。

父母应当承认他们的孩子因手足之争而产生的负面情绪。这从一个侧面印证了同理心的巨大影响力。将感情与行为分离开来，让他们自行解决问题，帮助他们了解自己的情感，并让他们知道你在同情他们。“当她那样做时你很反感，对吧？”“有时你恨不得她从你眼前消失，对吧？”“他其实很清楚如何气你，不是吗？”

兄弟情与姐妹情

“我希望我的孩子们有朝一日成为朋友。”这句话说出来包含着渴望和遗憾。

各种各样的最后期限令我们绷紧神经，不胜其烦的工作消磨着我们的时间，但在它们的背后依然潜藏着无尽的孤独感。当我们放缓脚步时，这种孤独感就会袭上心头。我们渴望获得友谊。家庭就是孕育友谊的温床。我们开始满怀依恋和渴望，为我们的兄弟姐妹着想。随着他们逐渐长大，兄弟姐妹们彼此之间愈发充满关爱。兄弟姐妹们为了彼此的孩子互帮互助，共渡难关，如分享婴儿床和交流育儿经。不仅如此，他们还会彼此关怀，增加亲密感。虽然我们探讨的是现在，但兄弟姐妹之间可以通过回忆过去共同的经历，来丰富他们的情感生活。我们在建立亲密关系方面成功与否，在很大程度上取决于很久以前播下的亲情的种子。

* * *

沙伦的错误与斯图尔特的错误正好相反。她混淆了亲密与和谐的概念。只要有关正常家庭生活安静且快乐的神话还盘踞在父母的脑海中，他们便会徒劳地为孩子们的吵架而烦恼。而孩子之间的争吵可能会掩盖他们的互相关爱和相互需要的程度。孩子争吵的原因多种多样——可能为了避免过分亲昵，也可能是为了掩饰相互依赖，抑或是为了明确他们独立的身份，甚至只是因为心情不好。一个没有发泄空间的亲情关系就在像跳一支不与他人接触的舞蹈，只能自己原地打转。

吵架是亲密关系的一部分。被美化的兄弟姐妹关系总是要制造出一种合作无间的假象——没有嫉妒，也不会生气——这是一种精心编织的亲情关系。没有矛盾的亲情关系是没有温度的亲情关系。

如果我们引导孩子掩盖他们之间的矛盾，隐藏他们真实的情感，那么我们便是在为他们成年后的胆小怯懦、缩手缩脚埋下祸根，令他们生活在一个被阻隔和阉割的情感状态下。限制孩子们争吵会让他们在未来陷入一个既想逃避矛盾，又不得不持续面对困难、解决分歧的两难境地。

手足关系对家庭生活很重要，纵有起伏，但始终存在。然而这条纽带也存在很多破损之处。与其他关系相比，兄弟姐妹们往往把彼此的关系置于次要地位。我们中的很多人就是这样做的：如果我们的男朋友或女朋友、情侣或伴侣与我们的兄弟姐妹关系不和睦，我们会与兄弟姐妹断绝来往。基于这种原因，在我们二三十岁的时候，兄弟情和姐妹情可能退回到幕后。只有在紧要关头，例如当遭遇家庭危机时，兄弟姐妹才会团结起来。但他们之间关系的亲密程度可能受到插入他们中间的第三方的干扰。

父母对于这条手足之情的纽带所能做的最大贡献就是减少干涉，让他们处理好自己的关系。不要逼迫他们“好好配合”，更不要试图让他们彻底打成一片。如果他们想要亲密的关系，那就好好相处；如果他们非打不可，那就开打好了。

第 10 章

忠贞之殇

Inside Family Therapy
A Case Study in Family Healing

一个周日的上午，临近中午。屋外，天地一片洁白，这个季节的第一场降雪令阳光也变得温柔起来。积雪附着在长叶松的枝杈上和云杉粗短的树枝上。这场持续了一个晚上的降雪现在停了下来，不过寒风还在摇晃着这些树木，将一团一团的积雪吹落到地上，让人感觉这场暴风雪似乎还在继续。

斯图尔特和沙伦坐在客厅里读着《纽约时报》(*New York Times*)。斯图尔特正在阅读书评版面，沙伦则在浏览旅游专版。他朝沙伦那边瞟了一眼，想看看她正梦想着去哪个遥远的地方。

沙伦将旅游专版扔在地板上的报纸堆里，然后走到窗前。她站在那里看着窗外的雪景。他距离她仅有三四米，但他感觉相距遥远。他们谁也没有说话。有一种寂静几乎和大喊一样喧嚣。它充斥在周围的空间里，厚重而压抑。

没有任何迹象表明她还没有原谅他，但他不知道。她不说，他也不问。

他只知道每当电影或电视剧中出现通奸镜头时，他就不寒而栗。坐在旁边的她也是这种感受吗?

通奸行为的余波就像闹离婚；他们坐在一起互揭老底。沙伦得到的是羞辱和自我怀疑。她用自己的忠贞来安慰自己，但为未来担忧。斯图尔特得到的是内疚和羞愧，还有他所享受到的最刺激的性爱回忆。

他们生活在一起，但现在他们之间已经隔了一堵墙。尽管他们之前交流不多，但至少是有话可说的。现在，他们似乎无话可说。渐渐地，沙伦在斯图尔特入睡之后才爬上床，并在他已经起床并穿好衣服之后才醒来。为什么她还要和他在一起呢？这是出于爱情，还是出于生活的需要呢?

斯图尔特努力不去想婚外情这件事。“婚外情”——他讨厌这个字眼，但又找不到合适的词来称呼它。如果他当时知道他现在的状况，那么他本可以避免所有这些伤心事。接下来，他的内心常常背叛他。是的，但那无法言表的激情呢？他现在的心态感觉就像一句探究不道德行为的古谚：“爱了又散了，与从未拥有爱情相比，哪个更好些呢？”

* * *

若在六个月之前，斯图尔特会说他绝不可能出轨。他无法想象那种情况的发生。每当朋友们对女学生评头论足时，他都感觉很难堪。他们使用粗俗的语言谈论研究生，甚至是本科生：“这个女孩的屁股很翘”“那个女孩的胸很大”。这一切都令斯图尔特退避三舍。

曾经有一次，他们吃过午餐后往回走，途中在科尔森报刊亭前驻足，皮特和唐翻开一本《阁楼》（*Penthouse*）杂志并说：“嘿，斯图尔特，快来看这个妞儿的大波！”他看了一眼，但觉得很难为情。他们怎么这么不检点呢？或许他们没有发现，在他的想象中，这些淫荡的女人确实令人心猿意马。

时近春末，系里新招聘了一个女秘书。安吉拉算不上漂亮——鹰钩鼻，而且长得太高，连她自己都这么觉得。不过她的身材不错，对于这一点，她也不打算掩饰。她之前在市中心一间法律顾问处工作。尽管现在的工作环境和之前相比发生了很大变化，但她依然打扮入时。她上身穿了一件鲜艳的紧身女衫，外披丝绸罩衫，并搭配一条筒裙，与办公室里的其他女人不同的是，她还化了淡妆。

皮特和唐又开始八卦了：“我很好奇她是怎么得到这份工作的。”但斯图尔特可以感觉到，在他们眼里，安吉拉打扮太俗艳了。不过他却不这么认为，他的目光就离不开她的身体。

尽管斯图尔特感受到了这位新秘书的吸引力，但他刻意保持一定距离。每当请她打一份试卷或查阅一个学生的档案时，他总是落落大方、公事公办的样子。他可能看上去很冷漠，但事实上他被她的性感惊到了。当她在这里工作了一个月后，一切都改变了。

某个周一的早上，斯图尔特注意到安吉拉看上去很沮丧。她忙于案头工作，但每项工作的耗时都比平常多了一倍，而且脸上的微笑也消失了。斯图尔特很想知道是什么事令她不开心，但因为太害羞没敢问。

第二天，安吉拉依然看上去很萎靡。终于在下午快下班时，斯图尔特走到她的办公桌前，问她出什么事了。“什么事都没有，”她说，“我只是有点感冒。”

又过了一天，到了周三。在这一天，他因为给研究生上现代美国小说讨论课，在学校待到很晚。他喜欢这门课，因为上这门课给了他重读自己喜欢的名家经典的机会：第一个作家当然是索尔·贝娄（Saul Bellow），还有安·泰勒（Ann Tayler）和托妮·莫里森（Toni Morrison），以及他最喜欢的菲利普·罗斯（Philip Roth）。他喜欢这门课程，但讨厌待到那么晚。

午餐时间，斯图尔特坐在自己的办公室里，把门关上，一边吃金枪鱼三明治，一边阅读迪克·弗朗西斯（Dick Francis）最新出版的惊险小说。刚刚读到入神处，他听到一阵敲门声。

“请进。”他说，并尽量让声音听起来比较礼貌。

门开了，安吉拉走了进来。“能借用你几分钟时间吗？”她问。

“当然可以，”斯图尔特说，“请坐。”

安吉拉的眼神与斯图尔特交汇了片刻，但接着把眼帘垂了下来。她的造访令人兴奋。斯图尔特努力稳定自己的情绪。

“我不想麻烦你，但我不知道还能和谁说。你和这里的其他人非常不一样——很真诚。你很好心地问我怎么了，而且……嗯，我男朋友搬走了——我真的不知道什么原因。他大概的意思是说不想搞得那么正儿八经，可我们已经同居一年多了。其实我还没有要他和我结婚呢。我只是感觉很可怕。”说到这儿，她开始啜泣起来。

“嗯，是挺糟心的。”斯图尔特说。他不再怯阵。此时的安吉拉与其说是一个激动的女人，倒不如说更像一个不开心的女孩。

斯图尔特听得很认真。安吉拉讲述了她是如何遇到她的男朋友的，如何一开始并不想和他谈恋爱，但最终还是坠入情网，接下来便逐渐感觉到他们都有了彼此托付终身的愿望。不过，现在他却走了。

斯图尔特为她感到难过，对抛弃她的那个男人感到气愤。他猜测那个小子必定另寻新欢了，而且只是不愿意那么坦诚地说出来而已。否则，为什么要搬走呢？他也并没有把这个想法说出来。

又过了几分钟，安吉拉擦干眼泪并抽了抽鼻子。“我不知道为什么我要和你唠叨这件事，”她说，“我知道你很忙。”

“不不，我很高兴你讲给我听。我们可以随便聊，任何时候都行。”

“嗯，谢谢啦，萨拉萨尔博士。”

“还是叫我‘斯图尔特’吧。”他说。

“好的，斯图尔特，谢谢你听我说了这么多。”

当安吉拉起身准备离开时，斯图尔特也站起来，他再次注意到这是一个很迷人的女人。她说再见，而斯图尔特也评估了一下自己的情感。现在，她已破冰，而他和她相处时也感觉很轻松。是的，她长得很好看，而且她根本不高冷。

一来二去，斯图尔特和安吉拉成了朋友。起初是他邀请她在校园里散步并喝了一杯咖啡。后来，他偶尔会邀请她共进午餐。他们经常谈论起她和她前男友的事。她试图挽回那段感情，但没有成功。斯图尔特很惬意地扮演着慈祥大叔的角色，他和学生们相处时便是这种形象。

夏末一个周五的下午，在从一场花粉热病中恢复过来后，斯图尔特请安吉拉出去喝一杯。“我们找一处更上档次的地方吧。”他说。于是他们前往市中心，来到希尔顿酒店的酒吧里。斯图尔特很不安，就像一个逃学的小学生，但几杯杜松子酒下肚后便渐渐放松下来。安吉拉问他是怎么当上教授的，斯图尔特开始说起他如何酷爱读书并希望成为一名作家，但后来在大学里没有表现出那种天分，于是决定当老师。随着交流的深入，斯图尔特发现自己真的放开了。

安吉拉似乎真的很感兴趣并问了很多非常得体的问题。自己能得到别人的关注，斯图尔特感觉非常陶醉。沙伦就记不住他昨天说的事。

当安吉拉借口说要去卫生间时，斯图尔特环顾了一下这间酒吧。他以前没来过，房间里挤满了时尚的青年男女，积极地投身于调情的“伟大事业”中。他们看上去像正在兜圈子的捕食者和猎物。火热的单身汉生活令人心潮澎湃。斯图尔特开始感觉局促不安，他不属于这儿。这时他注意到时间已经很晚了。当斯图尔特打电话给沙伦说路上严重堵车要晚到家 45 分钟时，他的心怦怦直跳。

"斯图尔特……你没事吧？"

沙伦能听到他心跳得很厉害吗？"没事，什么事都没有。你怎么想起来问这个？"

"我不知道，你的声音听起来很奇怪。"

"我累了，就这样。"

"好吧，你赶快回家吧，我准备酒，我们吃一顿丰盛的晚餐。"

斯图尔特开车把安吉拉送回她停车的地方，然后就回家了。坐在家里，他舒了一口气。感觉很安稳。

* * *

自那以后，斯图尔特开始躲着安吉拉。他不相信自己的感情。没错，他和她见面时会打招呼，相处得很友好，但他并不认为应该和她出去共进午餐、一起喝酒。相反，他把精力投入到完成自己的一本介绍弗朗西斯·斯科特·菲茨杰拉德（Francis Scott Fitzgerald）的书中。他在写前半部分时充满激情，之后陷入停顿。现在，他又重新拾起这本书并发现要写的内容实在太多。

大约在一个月之后，一个周二的下午，系里为一位成功通过论文答辩的女学生举办了一次红酒奶酪派对。斯图尔特讨厌这类活动。教职工站成一圈，就像牧师参加教友联谊会一样，学生们簇拥在一起，就像虔诚的教区居民，渴望得到观众的赞扬，希望打破惯例，而且或许能收到祝福。斯图尔特姗姗来迟，之后又匆匆离场。喝过两杯红酒并和别人简单聊了两句，然后就想返回自己的办公室，继续写自己的书稿。

在他准备离场时，安吉拉拦住了他。"你不是要走吧？"她问，呼吸稍稍有些粗重。

“是啊。我恐怕要走了，我还有很多事要做。”

“太遗憾了，”她说，“我会想你的。”

后来，由于写作太投入了，斯图尔特并未意识到天色已晚。现在是 18:45，同事们都已经回家了。他快收拾完案头工作的时候，听到有人敲门。他还没有答话，安吉拉便推门而入，手里端着醇香的红酒，身上喷了昂贵的香水。她上身穿了一件黄色的丝绸罩衫，下身穿了一件黑皮裙，看起来很前卫。斯图尔特的心跳加快，感觉有些喘不过气来。在他们二人之间突然萌生了一股激情，他们呼吸急促，甚至有点难受。

“萨拉萨尔博士，哦不，斯图尔特，我想和你共度良宵。”

斯图尔特无法呼吸，无法思考。他本能地回答道：“噢，安吉拉，这一定很美妙，但我已经结婚了，而且我的婚姻很美满。”

“我不介意。”

“我不能。真的，我不能。”

安吉拉开始哭泣。斯图尔特的内心开始沸腾。她似乎很不高兴。为什么她对他如此迷恋呢？他用臂膀环住她的肩头。“不要哭，好吗？”

她投入他的怀抱但又用手推他。斯图尔特失去了分寸。他所能想到的就是他也非常渴望她。他的手顺着她的肩头轻轻滑到她的罩衫前面，她没戴胸罩。安吉拉伸手摸索到纽扣，为他敞开胸怀。

斯图尔特感觉自己就像一个初谙世事的少年，安吉拉的热情足以将其融化。不过，他知道他应该停下来，于是他的身体向后退。“我们到此为止吧。”他说。

安吉拉就站在那儿。她的罩衫还挂在肩头。她的眼睛紧闭，嘴巴张开，双唇湿润。她的呼吸非常沉重。斯图尔特激动得不能自已，他的身体在颤抖，他离不开她。安吉拉伸手把自己的裙子撩起来。斯图尔特的双手摩挲着转移到她的身后。在他把她拉过来的时候，安吉拉呻吟起来。

斯图尔特无法自制，但也前进不得。他不知道该怎么做。安吉拉帮他做了决定。

当一切都结束后，安吉拉放下自己的裙子并扣好罩衫的纽扣。“我得走了。”她说。“好的。”斯图尔特说。这是他们唯一在语言上的交流。

那天晚上，斯图尔特没睡好觉。他的内心仿佛有一个活物正在火上翻滚、炙烤。他躺在床上，辗转反侧，睡不着觉，他努力不去想这件事，但他的意识在质问他：我染上梅毒或疱疹怎么办？我怎么和沙伦说呢？

他起得很早，而且他一到办公室便锁上房门并给韦斯医生打电话。第二声铃声响起的时候，他咣当挂了电话。“还是要谨慎一些。”他想。于是，他从电话黄页里查到了一位内科医生。他告诉前台接待员说，他担心染上了性病，希望验一次血，越快越好。对方说他们当天下午可以接待他。在把一大股深红色的血液抽到试管中后，护士告诉他，他们明天会给他打电话。

又是一个不眠之夜。第二天，在接到从医生办公室打来的电话后，斯图尔特长长地松了一口气。他有些犯傻了，他就是身体有些弱——但他很幸运。现在他必须做的是避免这种事再次发生。

安吉拉整整一周都没有上班。她只是说因私请假，到市中心再找一份工作并参加面试，但斯图尔特不相信。下周一，安吉拉回到办公室，斯图尔特告诉她，他需要和她聊聊。下午想请她喝一杯咖啡，问她是否赏光？

咖啡时间到了，斯图尔特心里很不安，坐也不是，站也不是，于是他们出去散步。尽管在空旷的校园里他们已经走得非常缓慢了，但斯图尔特依然感觉喘不过气来。他告诉安吉拉说他可能犯了一个可怕的错误，他很抱歉，这种事绝对不应该再发生了。

安吉拉没有多说话，她似乎也很不安。她说不管怎样，她已经想明白了，她决定还是回去当一名法务秘书。那份工作比较无趣，但薪水高出不少。她会在两周内离职。

在剩下的两周里，斯图尔特总是躲着安吉拉，后来她走了。这件事就此告一段落。

出轨，说还是不说，这是个问题

H.L. 门肯[①]曾说："对于每一个复杂的问题，通常最终会有一个简单的答案，而这个答案通常是错误的。"

在这个特别复杂的问题上，大多数人都不像我这样愚钝。他们知道对于出轨这件事情一定要守口如瓶。在雪儿·海蒂（Shere Hite）的性学报告中，绝大多数男人和女人都感觉——即使先抛开对伴侣激烈反应的恐惧——"更文明、更礼貌"的应对方法还是"保守有关他们特殊关系的秘密，并顾及伴侣的情感"。当然，其他人的信念也很坚定：你应当公开坦白。弗兰克·皮特曼（Frank Pittman）是家庭治疗界最为睿智的代表人之一，他认为除非婚外情被曝光，否则它始终是毒害婚姻关系的隐秘源头。

我不知道是否应该说出来，但我的确知道承认或保守秘密的某些后果。

一位出轨的伴侣希望挽救婚姻和自己的忠贞，所以决定结束一段婚外恋情。不过这位朋友可能感觉，用坦白的形式给伴侣增加负担是很危险的，而且没必要。之所以说它危险，是因为遭到背叛的一方会变得很愤怒并且会想离婚；之所以说它不必要，是因为不应该让一个人的错误导致另一个人伤心。

在有关性的事情上，不忠就相当于欺骗。决定不声张是在选择自己解决问题，并把事态保持在可控的范围内独自处理。

坦白能够测试婚姻关系的稳定程度。它可能会产生危机，而这种危机会让两个人更亲密，创造一个拉近距离感的机会，也让偷情无机可乘。反观那些试图逃避这种危机的人，他们能够成功地与伴侣保持距离感，用愧疚和秘密强化伴侣之间的隔阂。一个永久保守的秘密可能会造成一个永恒的障碍，制约了夫妻关系的亲密度和忠诚度。**一句谎言要用千百句谎言来圆。**

可以肯定的是，承认自己出轨会掀起一场情感风暴。然而，这场危机也迫使双方暴露并处理夫妻关系中出现的问题，从而有可能形成更加牢固的情感纽带。

---

① H. L. 门肯（1880—1956 年）是美国作家、编辑。——译者注

对大多数人而言，是否承认偷情的问题都是自行解决的。在愧疚感的折磨下，他们在隐瞒和坦白的问题上左右为难。其中一些迹象会偶然暴露出来（若要人不知，除非己莫为），但通常很难想象不忠的伴侣怎会如此粗心大意，除非出轨方不知何故，无法承担隐匿愧疚感的负担。我听说过一些值得注意的案例，某些原本非常谨慎的人竟然做出愚蠢的、自我暴露的事。

当然，其中就有一听接电话的人不对就咔嗒挂断电话的情况。有的丈夫竟会把情书遗落在交给妻子去洗的衣服的口袋里。缺心眼吗？妻子经常会在丈夫的口袋里发现 20 块钱的纸币吗？不会。那为什么一些胆大包天的家伙竟然把情书遗落在办公桌上？不过我想这种信件真的被妻子发现的机会也不大。

一旦东窗事发，一些人便会想出非常荒诞的借口。我听过一个特别搞笑的借口。某位老板在城外一个朋友家里过夜，他正在卫生间里，这时他的朋友的朋友的女朋友突然闯进来，极尽挑逗之能事，令他无法自持，所以才犯错。

* * *

斯图尔特很想告诉沙伦最近发生的事，但总是鼓不起勇气。这让他回想起小时候站在湖畔一处悬崖上时的感觉。他站在那里，摆着往下跳的姿势，想尽各种理由证明自己，但他太害怕了。想当年小男孩斯图尔特可以通过纵身一跳来证明自己的勇气，但现在作为男人的斯图尔特为了保住亲密的夫妻关系却不敢再冒险了，以免自己暴露。

几周后，斯图尔特的焦虑感慢慢消失了。是的，他羞于承认自己的行为。但在处境相仿的人中又有多少人的举动会与众不同呢？至少他最终做了正确的事情。

斯图尔特完全没有想到安吉拉会打电话过来。他根本就没打算再见到她，然而当他在电话里听到她的声音时，一阵战栗感顿时贯穿了全身。“我要见你。”她说。当然，他断然拒绝了。“但我有件事要告诉你，很重要。”斯图尔特的心里如同一团乱麻，他想忘记这个女人，然而她的声调让他有些害怕，于是他愿意听听她想说什么。她提出下班后见面喝杯酒。“不，不可能。”他说。不过他同意和她在城里共进午餐。“我只有几分钟时间。我们就去麦当劳吧。”

斯图尔特到得稍早些。他点了一些食物，并在角落里的一个小隔间坐下。

安吉拉是准时到的。她穿了一件看着很昂贵的羊毛西装，深棕色的，贴身穿的是一件黑色软缎衬衫。她看起来状态很好。

斯图尔特抿了一口奶昔，但他太紧张了，什么都吃不下。他的眼神有些凝滞，而她的笑容是温柔、热切的。他等着她开口。她等着他问问题。

“你想告诉我什么呢？”

她的声音有些颤抖：“我想再次见到你。我觉得我爱上你了。”

“这不可能！你甚至都不了解我。”

“不要这么说！我当然了解你，而且我认为你是一个很棒的男人。我不关心你是否结婚，我就是想再次见到你。”在她说话的时候，她的声音逐渐加大，这令斯图尔特感觉非常不舒服。

斯图尔特的耳朵开始嗡嗡作响，他的身体也跟着摇晃起来。“我们可以找一个更私密的地方聊吗？”

他们去了安吉拉的公寓。斯图尔特隐隐约约地知道，他们这次不仅仅说话这么简单，但他的想法非常模糊。或许他们只是在鬼混。

这一次和此前基本一样，只是这次他们没有停顿。当他们结束的时候，安吉拉先去了浴室。几分钟后，她就出来了，身上只穿了丝绸质地的红色内裤。“你想喝点什么？”她问。

斯图尔特的喉咙发干，所以他同意在离开前喝一杯百事可乐。当他快喝完的时候，她很自然地坐到他旁边。“这里有你特别喜欢的东西吗？”她贴着他的耳际轻声说。

没有人说过哪怕一句稍稍让斯图尔特感到刺激的话，但他的意识中立刻浮现出色情电影中跳脱衣舞的场景，他还从未看到过如此令人血脉偾张的场面。不过，他并没有这么说出来。他只是说：“我喜欢看你裸体的样子。”他想：“即使这样也已经太过分了。”这意味着还有下一次。

是的，还有下一次，再下一次。斯图尔特对安吉拉没有柔情可言，有的只是纯粹的欲望。在他的眼里，她是可有可无的。她就是一个普通人而已，像其他所有人一样，应该拥有那么一点东西——他人的理解和尊重，但斯图尔特并未思考这么多。如果他思考了，他可能就不会允许自己去感受那种欲望。

他试图把自己与安吉拉的隐秘激情提取出来，并把同一种欲望带回自己的卧室里，但沙伦没有兴趣。“你是怎么想的，难道说这一整天照顾完一家老小的起居之后，我还有兴趣做爱吗？”

斯图尔特有些伤心和生气。他想：“让她见鬼去吧。”于是他怀着受害者那种特有的“报复”心理继续偷情。

斯图尔特对沙伦的气恼让他有了推迟几周再结束这段风流事的借口，但他知道这种事是必须停下来的。这一次当他告诉安吉拉一切都结束的时候，他的态度又明确了很多。他的内心不再犹豫，他的话语中透露出坚定。她有些失去理性，说她爱他，接着便哭了起来，说他是混蛋。斯图尔特无动于衷。该结束了。

当天晚上 11:00，电话铃声响起。沙伦拿起电话，但只听到电话挂断的声音。斯图尔特有些惊慌失措，但电话没再响起，这是他最后一次见到安吉拉。

第二天晚上，斯图尔特和沙伦坐在客厅里，看电影《安妮·霍尔》[①]（*Annie Hall*）。他简直就是个傻瓜，打断了简单而美好的家庭生活。他制造了巨大的风险，但最终“家里红旗不倒”。循规蹈矩的生活流淌着舒缓的旋律，斯图尔特的心态又恢复了安稳。安妮·霍尔（黛安·基顿饰）给艾维·辛格（伍迪·艾伦饰）打电话，要他过去，说在自己的浴室里有一只蜘蛛。她最怕蜘蛛了，她的电话给了辛格一个充当护花使者的机会。接着一段商业广告插入，沙伦问道：“你不会做了什么亏心事吧？”

斯图尔特僵住了。他无法说是，也无法说不是。就在他犹豫和彷徨时，沙伦冷不丁地变得歇斯底里起来，一边啜泣，一边咒骂。

① 《安妮·霍尔》是由伍迪·艾伦执导的一部爱情喜剧片。——译者注

摊牌之后

我们可以想见，斯图尔特面对的是多么可怕的局面。对他来说，沙伦发泄一通怒火过后的前几分钟是一段无法言表的焦灼期。他还想撒谎，但无济于事。他干脆卸下了心中的包袱。这是内心暴露无遗后痛苦的坦白。他把一切——或者说近乎一切——都告诉了沙伦。他还从未如此害怕过，他最担心的还是沙伦会离开他，他会失去她和孩子们。

关键在于，在危急时刻你要知道你该怎么做。汽车开始在结冰的路面上打滑，你险些车毁人亡，但你恰好避开了，并朝安全的软路基漂移过去；或许你在一场暴风雨中受困于一条小船上，而且你知道它很可能会倾覆，但接下来暴风雨开始减弱，此时你意识到你淹不死了。斯图尔特向沙伦坦白，并保证一切都结束了，他痛哭流涕，祈求原谅。

沙伦就像一只受伤的猛兽，猛烈抨击斯图尔特，她尖声吼叫，迫切想知道发生了什么，如何发生的，为什么会发生。如果她不肯退让，这段婚姻就将破裂。当斯图尔特不想再忍受煎熬时，便问她是不是想离婚。“不！”她说，“我不想离婚。”到了这一刻，斯图尔特知道他有救了。

在接下来的几天里，暴风雨渐渐平息。但沙伦和斯图尔特都很清楚他们的夫妻关系出现了大问题，但他们也知道婚姻会存续下去。很多时候，他们感觉“某件可怕的事情”会同时降临到两个人身上，他们要共同面对这场危机，尽管他们没有说出口。斯图尔特非常迫切地需要产生这种感觉。回顾这段时间他所经历的事，他知道他是错误的一方，所以现在他也要吞下这颗苦果。不过他依然感觉到某种程度的解脱，不再独自承受难言之隐所带给自己的负担。

沙伦试图平息斯图尔特对她所做的这一切的感受，而且在这些天里她时不时地会尝试一下。但接下来，所有的伤痛和苦楚都会在她的内心重新升腾起来，直到她感觉自己将会在极度痛苦中窒息而死。此时已无爱情可言，她的内心备受悲伤和愤怒的煎熬——丑陋、可怕的情感吞噬了希望和幸福。

所以当你的丈夫和别的女人睡觉这件事被证实后，你会产生什么感觉？沙伦知道斯图尔特做了什么，但她无法静下心来想这件事。她宁肯想象吃下了一条臭鱼，也不愿让他与别的女人赤身相拥的画面进入她的脑海。

* * *

研究人员估计，在美国人当中，30%~60% 的丈夫和 20%~50% 的妻子在 40 岁之前发生过婚外情。考虑到很多夫妻中只有一方出轨，这意味着受此影响的家人可能占到三分之二。

随着网络时代的到来，“偷食禁果”已经越来越方便。网络的可访问性、可支付性，以及匿名性已经让线上出轨行为泛滥成灾。一项调查发现，75% 的美国成年人报告称，他们借助网络与自己迷恋的人调情；另外在所有网络用户中，有 20% 的人报告称，他们曾借助网络进行过性行为。尽管出轨行为高发，但很少有人认为这种事会发生在他们身上。我们认为一夫一妻制是理所当然的事情——仿佛它就是一种准则。

一些人可能会说，夫妻关系基础不稳的一个原因是男性和女性在气质上的差异。如果确实是这样，那么夫妻双方均为男性和女性的情况下会发生什么呢?

研究显示，婚外性行为在男同伴侣中更为常见、更容易被接受。由于艾滋病的阴影笼罩了男同性恋者社群，起源于 20 世纪 70 年代不受约束的性自由已经不再流行。最近有关艾滋病肆虐的时代的研究显示：尽管大多数人承认在其婚姻关系存续期间至少有过一次出轨经历，但男同性伴侣可能比以往更加恪守单一配偶制。

很显然，出轨未必会威胁到男同性恋者的伴侣关系，因此医生不应在未经询问之前便假定此类伴侣处于单一配偶状态。一些男同性伴侣关系研究专家认为，对于男同性伴侣而言，非排他性是一个可行的选择。然而，如果一对男同性伴侣希望遵守单一配偶制，出轨行为就可能产生通常出现在异性恋夫妻中的、同样具有破坏性的影响。

由于有关女同性伴侣性行为的研究尚未充分开展，因此无法援引参考数据。不过，在讨论性关系中有关非排他性的普遍性和宽容度时，如果认为女同性伴侣与其相对应的男同性伴侣的情况是一样的，那么这种假定可能是错误的。

* * *

偷情可能会让一对夫妻面临最揪心和最痛苦的危机。在背叛行为的打击下，整个家庭都受到震撼，而家庭结构也受到损害。

在当前危机过去之前可以做些什么呢？坚持。一旦东窗事发，可想而知在两位伴侣的内心中和他们二人之间就是一团糟的状态。但你知道，出轨是一个常见问题，而且是一个可以得到解决的问题。那些牵涉其中的人——心怀愧疚、处于守势的通奸者和委屈、生气的受害者——可能深陷悲痛之中，以至于做出绝望之举。他们很容易想到谋杀、自杀或离家出走。

没有必要立即采取行动，耐心等待风暴过去。

* * *

在如此艰难的时刻，斯图尔特和沙伦应该求助治疗师，这样不仅可以使他们有能力承受愤怒和痛苦，甚至还有可能将其转化为具有建设性的优势。

如此难以承受的感情波折将撼动家庭系统，解除对旧模式的限制并使新模式成为可能。遭受婚外情重创的婚姻可以破镜重圆，令婚外情乘虚而入的真空地带可以被封闭。但有两项棘手的任务必须完成：这对夫妻必须愿意交流感情，而且他们必须就婚姻关系中出现的变化展开沟通。

斯图尔特和沙伦犯了人们通常都会犯的错误。沙伦无力承受痛苦，并且只向斯图尔特展示了自己愤怒的一面。过多的斥责让人感受到过分的惩罚，并为日后的婚外情埋下祸根。即使未来的生活平稳度过，它也在伴侣之间楔入了钉子。

沙伦想告诉斯图尔特她有多难受，他努力倾听。他的眼睛会和她交汇片刻，但她总是做得有些过分。他会突然改变主意，对她断然关闭沟通的渠道，并转身离开，活像一条挨了鞭子的狗。

斯图尔特没有听出来她的斥责中包含的痛苦；相反，他只会像受迫害者一样恼羞成怒。因此，他甚至从未想过进入下一步，他本来可以借机谈谈导致自己做出出轨行为的原因——对婚姻家庭的种种不满，并努力改善他们的婚姻关系。然而，他根本没有想到这一点。

在如此痛苦的时刻，共情会发挥神奇的作用。但无论是斯图尔特还是沙伦，都无法想象另一个人的痛苦。他们自己的遭遇就够痛苦了。他们没有心思理解他人。

最徒劳无益的问题：为什么

人们在问到婚外情时，其中一个最徒劳无益的问题是“为什么”。受到欺骗的伴侣似乎有无穷无尽的问题：发生什么事了？什么时候发生的？在哪儿发生的？为什么会发生？为什么？为什么？他们刨根问底，希望消除在面对未知事物时他们的脆弱无力感。这是一个永不完结的游戏。

一旦秘密被暴露出来，出轨的一方应当坦白所发生的事。到了这个时候还在撒谎是无法容忍的。反过来说，遭到背叛的一方要求对方极为详细地讲述事情经过也是不明智的。这些问题的真实动机是找到一种方式来安抚难以释怀的怀疑和困惑之感。最好直截了当地面对这些恐惧，不要试图通过无休止探究细节的方式来平息它们。无休无止的盘问就仿佛严刑逼供，很可能引发更多的谎言。让谎言就此打住吧。

到了现在这个时候，事情的经过、细节并不重要，重要的是寻找一种方式治愈下面两种形式的伤害。第一种伤害是丧失感，由丧失忠贞导致丧失信任。应对这种丧失感就像应对任何其他问题的方法一样。正常的过程是感受痛苦、愤怒的情感折磨，然后经历一段哀伤期。

出轨行为的受害者方无法将自己受到伤害和遭到背叛的情感抛在脑后，压制情感更是没有效果的。当丑陋的场景降临时，人们需要去面对。当可怕的情感产生时，人们需要去感受。有些问题可以通过夫妻治疗解决，但解决不了太多。在没有为自己辩解之前，负罪一方倾听这些情感方面的能力是有限的。被欺骗一方可能需要私下里和别人诉说自己的遭遇。

如果你告诉一位朋友或一位治疗师，你感觉到了伤害和背叛，这个人在听你倾诉时就有可能会对你报以同情。如果你告诉了某个有责任感的人，这个人可能告诉你："是时候抛弃这种情感了。"出轨的一方之所以无法容忍太多批评，是因为这让他们感觉非常难为情。

除了感觉遭到背叛之外，被欺骗一方还会遭受另外一种形式的伤害：一方面感觉自己站在道德制高点上，另一方面自尊心又受到了伤害——我到底做错什么了？

有些人是不会问这个问题的，因为它触及了人的意识层面，会让人感觉太过痛苦。这些人将他们对自我的怀疑深深地隐藏在愤怒和责备的烟幕背后。但对大多数人而言，如果他们的伴侣出轨了，下面这个问题才是所有问题中最棘手的：他们感觉自己被抛弃了，并想象原因可能是他们自己的能力不足。

在更深的层面上，尽管我们试图忘记这个问题，但我们的内心都充满了不安全感。出轨行为颠覆了我们过去的认知。然而，伴侣的不忠真的可以证明你做错什么事了吗？作为一名治疗师，对于那些有这种感觉的人，我有时会这样问他们："是谁决定了你的伴侣成为人类价值的伟大仲裁者的？如果你问一下所有那些真的非常了解你的人，他们会说你不可爱吗？如果他们了解了那段婚外情，他们会说那必定是你的错误吗？"

* * *

我们不要强迫性地寻求安慰，而是要诚心地探索婚外情发生的原因。

如果发生了婚外情，肯定有什么地方出问题了，对吧？夫妻关系中想必失去了某种东西。这种夫妻关系与什么都没有失去的夫妻关系是截然相反的吗？好像那些不太圆满的事情可以解释出轨行为发生的原因，而且还能由此侦测出伴侣的背叛行为，这并非偶然。真实的情况是这样吗？

作为一名家庭治疗师，我更关注的是未来而不是过去。我发现基于无法避免的原因，以及重复发生的可能性，与审视夫妻关系相比，关注一次婚外情的动机着实没什么意义。通奸者——一个如此丑陋的字眼——通常是比较弱小的一方，这个人并不幸福，但也不会诚实到把与此有关的事情都说出来。婚外情就像一位伴侣针对另一位伴侣的叛乱，而后者被视为一位具有控制欲和剥夺权的家长。

发生婚外情的概率由三种因素共同决定：出轨的机遇、欲望的强烈程度和抵抗的力量。欲望未得到满足的程度与见诸夫妻关系中的满足感，以及在他们生活中的其他领域所表现出来（或未表现出来）的满足感有关。尽管一些人追求固定伴侣关系之外的性爱符合他们个人的行事原则，但这些人中的多数人都出现在通俗小说中而非现实生活中。比蓄意通奸者更为常见的是那些在不经意间被诱惑打败的人。

婚外情表现为很多不同的形式，从一夜情到长期拈花惹草，从纯粹的性爱关系到浪漫多情，所以探讨出轨的原因和源头的工作会因上述因素变得非常复杂。容易发生婚外情的是这样的一些人：征服欲强的人、开放式婚姻中的伴侣、异性恋婚姻中的同性恋者，以及类似斯图尔特这样的相对有点天真的人（造成他出轨的原因如果不是因为他缺乏责任感，就是因为他缺乏经验）。

出轨的动机有很多，如生气、挫折、叛逆、厌倦、嫉妒、报复、好奇、被接受的需要，当然还包括性欲。我们期望我们的伴侣满足我们两方面的需要：与性有关的需要和与情感有关的需要。随着时间的推移，我们的失望越来越多。像罗密欧和朱丽叶那样，只有恋人们年纪轻轻就死掉了，他们那种刻骨铭心的、令人迷醉的爱情才会得到永恒。在现实生活中，浪漫的爱情会逐渐凋零，但一些人无法接受这一点。

在斯图尔特见到安吉拉的时候，是他开始一段婚外情的最佳时机。他和沙伦的关系已经有所疏远。他们婚姻中性生活的缺乏令他感到既沮丧又生气。他自己的挫败感和自卑感又因对职业的担忧而雪上加霜。尽管最终就像吉米·卡特[①]（Jimmy Carter）一样，他在内心里渴望得到女人，但他从未想过将幻想付诸行动。他当然对主动出击的女人无法抗拒。

---

① 吉米·卡特是第 39 任美国总统。他在 2003 年出版了个人第一本小说《马蜂窝》（*The Hornet's Nest*），书中有大量色情描写。而且他在接受媒体采访时坦承："尽管从未在肉体上出轨，但我在心里一直渴望婚外情。"——译者注

“夏娃引诱他了？”当然，而且他是故意上钩的，不仅仅是因为对性的需求，也是因为渴望得到他人的肯定。我们在探究夫妻关系的本质时，关键可能并不在于确定发生了什么，而在于事后发生了什么。出轨是对信任的违背，它令依恋情结走向破裂。如果婚外暧昧关系受到限制，这种破裂可以得到修复，过错方承担责任并向对方表示关心和关注，而遭到背叛的一方以一种开放的胸襟接受对方的悔意，由此二人进入一段稳定的依恋期。然而，如果夫妻关系受到威胁的程度非常严重，或者夫妻关系在过去并未经历过稳定的依恋期，那么这对夫妻在应对出轨时可能会遇到麻烦。

斯图尔特的婚外情因性欲而被点燃，更因与沙伦的对立而短暂地得到强化。和其他所有问题一样，大多数婚外情都是因为夫妻间的怨恨而得以维持的。

雪儿·海蒂在《海蒂性学报告：情爱篇》（*Women and Love*）中指出了大多数已婚女性出轨的主要动机。根据海蒂的研究，大多数已婚女人之所以会在情感上疏远她们的丈夫，是因为她们的丈夫无法满足其最主要的欲望——亲密关系。正是情感上的饥渴驱使女人投入其他男人的怀抱。

海蒂得出这样的结论：“发生婚外情可以将新的爱情和温情带入某人的世界里，使那个人得以继续生活下去。”换句话说，婚外情“支撑起一段并不美满的婚姻”，仿佛夫妻关系是一种不幸福之人无法控制的外部事物。

我曾经治疗过好几位已婚女士，她们均维持着婚外情，而且她们都表现出类似的出轨动机——她们对自己的婚姻感到窒息。婚外情令她们感觉自己变得更有活力、更能被人欣赏。这恰恰是雪儿·海蒂所探讨的动机。她声称，在人类文化中，女人的需要无法在婚姻中得到满足，因此女人出现婚外情是可以理解的。这种认识或许是正确的，但在我的治疗案例中，相关问题的症结究竟出在哪里，还是很令人费解的。

到底是哪儿出了问题？是夫妻关系的原因还是个人的原因？我所治疗的所有出轨的已婚女士都是在30多岁或者刚过40岁时开始出现婚外情的，她们所有人都过得不如意。她们的生活一成不变，正处在寻找自我的过程中。一些人发现——或重新发现——自己拥有被埋没的艺术天分，还有一些人通过健身和体育活动发现了一种全新的生活。正是在人生的这个阶段，她们从自我否认和辛苦乏味的工作中被解脱出来，每个女人都遇到了自己的情人。这些男人可能是艺术老师、写作教练、空手道教练，以及从事其他职业、能给她们的生活带来新鲜活力的人。除此之外，大多数女性的婚外情伴侣和她们的丈夫都是截然不同类型的人——不一定多好，但肯定有所不同。婚外情是出轨者焕发新生过程中的一部分内容，但婚外情是导致出轨者焕发新生的原因，还是由此催生出的结果呢？

在某种程度上，多数婚外情都是个人激情再度苏醒的结果，或许同样的能量本来可以用来使那些死气沉沉的婚姻复苏。

据说一次婚外情可以恢复濒临破裂的夫妻关系，重新唤醒性欲，并引发一次可以暴露潜在夫妻矛盾的危机。虽然听起来很不错，但一次婚外情同样有可能让一段糟糕的夫妻关系继续下去或摧毁一段好姻缘。婚外情依然是公认的、导致离婚的原因。

在其探讨已婚女人不幸生活的书中，雪儿·海蒂列举了一个个不同寻常的故事。这些故事一方面再现了孤独的主题和情感距离，另一方面也暴露了婚姻中的一类问题——双方都没有认识到婚姻是两个人的事，而且父母对其遭遇的问题都负有责任。同样引人注目的是，出轨的妻子会把她们和情人的感情与她们和丈夫的感情相提并论。坠入爱河的女人与坠入爱河的男人没什么两样，都是一时冲动而已。

把情人与长期伴侣相比是疯狂之举。在海蒂研究报告中，一个女人评论道，她的情人最讨人喜欢的地方是他并不关心衣服是否熨好了。怎么说呢？我们多数人在结婚之前面对我们的心上人时，都能感受到那种炽热的爱情，但不同的阶段有不同的爱情。如果你一定要这么比，那就比吧。

从婚外情中恢复过来

伴侣出轨的动机可能是想重塑其崩塌的自尊心、渴望得到性爱的欢愉、补偿事业上的挫折、寻觅爱情，或者只是厌倦了要照顾到每个人的感受这件事。作为家庭治疗师，我帮助夫妻摆脱困境的方法是问他们这样一个问题：“为什么这些挫折不能在夫妻之间得到解决呢？”问题的关键不在于仅仅因为我们是夫妻便要放弃个人的需要；而在于要明白强化夫妻之间的联系通常就是让双方的生活丰富起来的最佳方式。

一旦一段婚外情结束，最好是将其视为夫妻关系不尽如人意的一种表现，并在接下来想方设法让双方同心协力获得更大的满足感。

从家庭系统的角度看，出轨行为既是夫妻关系疏远的原因也是其导致的结果。夫妻关系疏远令婚外情更容易出现，也更有可能出现。婚外情令夫妻间疏远状况日趋严重，而疏远程度的加重也会催生出婚外情。

两情相悦、卿卿我我，多数夫妻在开始时都亲密无间，如图 10–1 所示。[①]

图 10–1　亲密无间的夫妻关系

然而，有时紧张与矛盾会侵入夫妻关系中——即使是最融洽的夫妻关系也不能幸免，如图 10–2 所示。

图 10–2　充满矛盾的夫妻关系

尽管多数夫妻都在努力消除紧张状态，但他们却开始渐行渐远，他们之间的界限也被当作一种避免痛苦矛盾的手段得到强化。或许两个人在相背而行。他们可能建立起了一种疏离 – 纠缠模式，如图 10–3 所示。

图 10–3　夫妻间的疏离 – 纠缠模式

多年以后，刚性的人际界限使冲突不断的夫妻关系在今后更有可能具有侵入

① 显然并非所有共同生活的情侣会结婚或属于异性恋，不过为了便于阐述，我还是把伴侣关系描述为丈夫（夫）和妻子（妻）。

性。如果一对夫妻有孩子，那么其中一位父母或父母双方与子女之间的界限将会变得模糊，而其中一位父母或父母双方与外部人际关系之间的界限也将是模糊的，如图 10–4 所示。

事业 ⋮ 夫 | 妻 ⋮ 子女　　或　　子女 ⋮ 夫 | 妻 ⋮ 朋友 事业

图 10–4　父母双方与子女或外部人际关系之间的界限

婚外情就发生这些“外部人际关系”中，如图 10–5 所示。

情人 ⋮ 夫 | 妻　　或　　夫 | 妻 ⋮ 情人

图 10–5　诱发婚外情产生的人际关系界限

从这个角度看，最紧迫的目标是强化这对夫妻与外部人际关系之间的界限，以促使他们变得更亲密些，如图 10–6 所示。

图 10–6　强化夫妻与外部人际关系之间的界限

最优先的选择是止损——通过结束婚外情，避免夫妻关系走向破裂。如果出轨的那个人发誓结束婚外情但并未做到，那么这对夫妻的关系可能会变成一场“谁在说谎 – 谁在发狂”的游戏。最让人难以原谅的是，一个出轨的伴侣发誓结束一段婚外情，但接下来又被发现在撒谎。遭到背叛的伴侣会感到加倍地受伤。如果发生婚外情的那个人明确表示不愿意结束婚外情，那么分居是这对夫妻最明智的选择。一般来讲，在分居期间，婚外恋的状态会被打破。令人遗憾的是，到那时候，一切都太晚了。

有时分居似乎是一个好主意？也许吧。根据我过去的经验，如果一对夫妻正在闹婚外情或正在分居，我就会拒绝为他们提供治疗。我过去的立场是，当一对夫妻彼此的承诺不充分或太多的情感都投入到别处时，我是无法帮助他们修复婚姻关系的。不过现在，我有些不那么确定了。

强化夫妻关系周边的界限与强化这对夫妻的承诺相关。承诺是最典型的陈词滥调之一。如果你是和我一样的人，那么当有人谈及承诺时，你会打瞌睡的。尽管如此，在一段牢固的夫妻关系中，承诺是一个基本元素，尽管没有一段婚外情了断之后的承诺那般庄重和信誓旦旦。承诺就像胶水一样，当人们并不确定他们还有没有亲密无间的感觉时，它便把人们黏合在一起。

夫妻间彼此的承诺就好像一道隔绝外部侵扰的防火墙。在关系紧张时，这种界限——或者说承诺——可以保护夫妻关系免于解体。在承诺不充分的情况下，也就几乎不会存在迫使双方必须面对彼此的压力，而当关系再度紧张时，避免关系解体的保护作用也就无从谈起了。

值得注意的是，推动关系疏远的伴侣恢复亲密关系的目的是让隐藏的矛盾浮出水面。夫妻不会无缘无故地彼此疏远。他们彼此疏远的原因就是夫妻不和，夫妻不和必须得到妥善处理，否则两人的距离是不会被拉近的。

要想关系走得更近些——打破刚性的界限——需要我们大声倾诉和倾听。如果两位伴侣都希望把关系拉近，他们就必须将不满表达出来，并就各自尚未得到满足的需求展开协商。而且如果双方都希望对方产生更亲近的感觉，他们就必须坦诚面对伴侣的感情、抱怨和诉求。

在过渡到更加稳定的、令人满意的婚姻关系之前，大多数人都直观地意识到，必须妥善处理好尚未得到解决的风流债，但他们很难走出令夫妻二人关系疏远的怪圈——用指责代替寻求改变、用退缩面对批评。

沟通离不开倾诉和倾听，但我们很难同时做到。通常，沟通就是两个人都在吐露心事。当谈论相对安全的话题（如电影和美食）时，这种交流可能会有效果。而涉及情感的话题，如有关夫妻之道的本质问题，几乎是不可能触及的。

因此，务必要让两位伴侣轮流倾诉。如果他们很难做到这一点，可以一起接待他们，但不要同时和他们交谈。

尽管沟通可以促进治疗的效果，但只是让夫妻双方说出心里话还不够。为了治愈出轨行为所造成的伤痛，夫妻双方必须共同朝着道歉和宽恕的方向努力。宽恕并不意味着受害人否认对背叛和愤怒的感受。宽恕意味着受害人选择赦免施害人，放弃了报复的权利。在这个过程中，掌握平衡技巧的治疗师会帮助遭到背叛的伴侣以非攻击性方式表达其愤怒之情。正如大多数出轨的伴侣所表现出来的那样，当一个人为自己的行为感到羞耻的时候，原本这个人是心怀愧疚的，但如果过分惩罚他，他就会变成因受到羞辱而感到愤怒。

如果打碎了一只茶杯，说句“对不起”或许就已经是比较有诚意的道歉了。但如果伤透了一个人的心，上述表达歉意的方式就远远不够了。布莱恩·凯斯（Brian Case）建议采取一种渐进式的道歉过程，即首先承认已经做过的行为。这个坦白过程应该是坦诚的、不做辩解的，还要表现出真心懊悔。很难说有多少有关婚外情的细节应该讲出来，但或许一个总的指导原则是，这方面的内容可以迟些再坦白。

很重要的一点是，出轨的一方应该明白并承认其行为对配偶产生的影响。常见的情况是，出轨的伴侣要么避免触及由于自己的原因所导致的伴侣的愤怒，以及伴侣遭到背叛时所产生的情绪，要么转入防守状态。对于这种情况，治疗师是可以有所作为的，譬如指出让对话很难继续下去是非常丢人的事。这种解释可以让不忠的伴侣认识到，为什么自己很难听进别人的话，以及为什么自己不能设身处地地为对方着想。

最后，同样重要的是，我们需要承认每对夫妻所能维持的亲密程度是有限的。从婚外情的后果来讲，那些希望强化夫妻关系的人需要相向而行——在表达失望和怨恨的同时多多分享他们的希望和期待。然而，治疗师也应该注意，不要鼓励乌托邦式的亲密感。一个值得推荐的经验法则是，表达自己对另一半适度的期待、采取循序渐进的方式，并对伴侣产生焦虑情绪的迹象有所警觉，因为产生焦虑情绪就代表某人对亲密程度的现状已经无法忍受了。

* * *

在开放两个人之间刚性界限的过程中，致力于解决矛盾是最重要的步骤。然而从某些夫妻的表现来看，两位伴侣在化解矛盾后，几乎什么都没留下。很多年后，他们之间的关系极度僵化——活物变成了大石头。

因此，让夫妻关系重现生机是非常有必要的。治疗师可以鼓励他们在配偶身上重新发现兴趣点（寻找一个人的有趣之处的最大秘诀是对这个人充满兴趣）。此外，还要督促伴侣们表达他们对彼此的关心、爱心和关切——尽管这是老生常谈的事情，但还是有必要强调一下。

强烈建议夫妻双方想方设法增加在一起的时间。这可能需要做些工作——习惯的桎梏并不会因为美好的愿望而消失。建议他们列出 10 项最喜欢的活动，然后记录下他们上一次做这些事情时的时间，他们一定会大吃一惊的。

请他们斟酌一下这份清单。最好先规划一下两个人都喜欢做的某项活动的时间，然后让他们考虑轮流分享自己的兴趣点。或许一个人喜欢户外活动，如野营、划皮划艇、远足、野餐、眺望星空、玩户外游戏、骑单车、散步、跑步和游泳；另一个人可能偏爱电影、美食、音乐会和跳舞。建议他们尝试着在以夫妻的身份共同做事、独自做事，以及以家庭为单位（如果他们有孩子的话）做事之间保持平衡。关系融洽的夫妻可以平衡好独处的时间和共处的时间。

* * *

斯图尔特和沙伦终于从这段婚外情中恢复过来。时间在流逝，生活还在继续，婚姻得以存续。

斯图尔特认识到，他一直被婚姻期间缺乏性爱所困扰。起初，他处于焦虑不安的状态。他仔细观察沙伦，寻找性暗示的信号。这在过去是屡试不爽的事情。一个月过去了，斯图尔特变得愈发消沉和焦虑，但由于他不想做出错误的举动，因此，干脆以静制动。他没有拥抱沙伦，也没有握她的手，甚至早出晚归时都没有吻过她。他保持他所认为的自我克制状态，但给人留下了冷漠的印象。

后来在一天晚上，二人之间的紧张关系似乎缓和了。在路易吉餐厅吃了一顿烛光红酒晚餐之后，沙伦问斯图尔特，是否想去看电影。他在惊讶之余连忙说可以。他坐在黑暗中，看着屏幕上流光溢彩的美好生活，感觉沙伦靠了过来，抓住他的手。

回到家后，他们躺在床上，沙伦的身体滑过去，蜷缩在他的身边。斯图尔特静静地躺着，思忖着该做些什么。在克制了一会儿之后，一阵欲望的高潮来袭并驱使他贴了过去。

沙伦一直处在矛盾和犹豫不决的状态。她希望结束冷战，但在再次敞开心扉之前需要时间。斯图尔特误读了她的信号，反而帮她克服了矛盾心理，她没有阻止他的行动。她还能做什么呢？现在拒绝他只会导致更大的伤害和退缩。

结果，当年他们新婚之夜的情景再现。他们一直缠绵到后半夜，彼此都感觉很疲惫。但不管怎么样，斯图尔特觉得他们必须让婚姻关系通过性爱得到实质性的恢复。这不是一个好主意。沙伦同意维持这段婚姻，但由此开始，她是在做自己并不太情愿去做的事，同时这也是她与斯图尔特炽热情感终结的起点。当时勉勉强强结婚就是个错误，而今这个状态依然是个错误。

沙伦感觉激情已过，便转身睡去。自此以后，两个人的性生活又恢复到低落状态，而斯图尔特又开始回避她。他心怀愧疚和恼火，无论在卧室里还是在夫妻关系上都是选择抽身而退。很快，沙伦感觉自己的情感又回到了荒漠状态，而且再次开始了纠缠和攻击行动。斯图尔特再也不愿灰溜溜地走掉了，但他依然听不进沙伦的话，而且准备反击了。

现在他们之间的争吵更频繁了，每隔几天就有一出。要么大声争吵，要么就谁也不搭理谁。詹森和希瑟都听说了事情的经过。他们每个人都以自己的方式表达了对这种家庭生活状况的厌恶。詹森是生气，希瑟是害怕。

第 11 章

离婚、再婚和继父母的教养行为

Inside Family Therapy
A Case Study in Family Healing

一天半夜，希瑟被父母吵醒了。他们争吵的声音很大，言辞很刻薄。她把被子蒙到头上，用枕头把耳朵捂住，试图屏蔽吵架的声音。但即使她听不清他们在说什么，却依然能听到这种噪音。最终传来砰的关门声，叫喊声戛然而止。希瑟唯一听到的是母亲的哭泣声。“也许他们要离婚了。”她想。她的很多朋友的父母都离婚了。

* * *

当我们听到一个人要离婚的时候，我们通常会说“这没什么奇怪的”，但有时我们的反应是“怎么会是他们”。

我的一位朋友从未对他的妻子说过抱怨的话，也从未和别人谈过他的婚姻。我唯一知道的是，他们确实很少在一起。他们的婚姻是否幸福，我无从得知。甚至就连他们是否对自己的婚姻感到满意，我也一无所知。

我还认识一对夫妻一直在吵架，和他们一起出去吃个饭还要听他们斗嘴。这种状态已持续了 20 年。或许他们只是那些将矛盾公开化的夫妻中的一对，在有证人在场的情况下，他们谁也不愿意示弱。而事实的真相是，你永远都不会知道其他人的家庭关系都是什么样的。

* * *

他们邂逅于威斯康星大学。艾德是大一新生，凯瑟琳就读理疗学专业。她正在学生会喝咖啡，一抬头瞥见一个面色红润、阳光帅气的男生在盯着她看。她躲开他的目光，但他走过来，直接开启了一段对话。这就是他们萍水相逢的场景。

他觉得她乐观、向上。“她看上去很有爱尔兰人的气质——我感觉很舒服。我们都信奉自由主义的政治价值观，不过从个性上讲，我们都很保守。”

凯瑟琳认为艾德很聪明，而且他比她认识的大多数男孩子更敏感，不过他也太强势了。“他似乎很自信。我喜欢他这个样子，因为我太害羞了。”她说道。

他们的恋爱期是那种暴风骤雨的样子。按照艾德的话说，“有时我们玩得非常开心，但在参加比较重大的活动时，譬如派对、舞会等，我们就会遇到问题。如果我和别人聊得时间长点儿，她就会感觉被冷落了并往边上躲，这样一来，整场活动都会变得索然无味”。

曾经有一个周末，他们和朋友一起去滑雪。凯瑟琳认为艾德总和室友的女友打情骂俏，于是她一赌气回到自己的房间，不再参加后续的篝火晚会。她感觉他不太关心她，他认为她就像一个长不大的孩子。他们为此大吵了一架。“我早就应该知道，”艾德说，“我们都没考虑对方的感受。”

很多不幸福的已婚人士在回顾当初约会时出现的问题时，都会觉得这些问题应当是引起他们重视的警示信号。不过，爱情打消了很多疑虑。

当然，也不乏一些美好的回忆。艾德回忆起在芝加哥帕尔玛酒店举办的一场正式舞会。当时凯瑟琳到住在格林湾的亲戚家玩时，一场暴风雪不期而至。“我以为这个周末要泡汤了，但她开着她父亲的皮卡去了。走了好远的路！她看上去太迷人了，她穿了一件黑色抹胸礼服。上帝啊，她看起来真像安·玛格丽特（Ann Margaret）。”

当我问他决定什么时候结婚的时候，艾德不再犹豫：“我一直希望早日结婚并组建家庭。决心还没有下，应该只是时间问题了。”

又是一年的秋天，当凯瑟琳去找艾德玩的时候，他们又吵了一架。现在艾德有些厌倦了，当她走后，他想：“终于解脱了。”他们谁也没有打电话，也没有写信。后来，在情人节那天，凯瑟琳送给艾德一件红色的带兜帽纯棉浴袍。这件礼物令艾德好生感动。在极度孤独的情感驱使下，艾德开车去找她，一切又重新开始。

“我们到了谈婚论嫁的阶段，”凯瑟琳回忆道，“但还有一个很大的问题没有解决，那就是把家安在哪儿。”然而，这个问题被筹办婚礼的事情推到了一边。

这是一场盛大的婚礼，来了很多亲戚朋友。两个人都很开心，但也出现了一点儿状况。艾德与他的伴郎在酒店的楼上，他穿好礼服，准备动身去度蜜月。他凝望着远处的树林，眼睛有些湿润。这是怎么了，他不知道。他现在是集幸福与哀伤于一身。“嗨，新郎官，”他的伴郎说，“你好像要哭了似的。”说完这话，他们都笑了。

婚礼过了两个月后，凯瑟琳怀孕了。是哪一天怀上的呢？我并不相信有什么精确的计算公式，不过这个小家伙来得可能太早了些。所以在这对夫妻找机会梳理好自己的关系之前，他们先要适应这件事——又是一件让人分心的事。

不过，艾德立刻喜欢上了这个宝宝。“那个时候，父亲们还不被允许进入产房。我记得我走进育儿室，看到了许多宝宝，然后我就把目光锁定到了她身上。她在最前面，粉嫩的小脸蛋，满脸的笑意。站在她面前，我的心中发出一声感叹：‘我的女儿奥布莱恩，她是我的’。”

那一年过得很快乐。他们一直很忙碌，每个周末都有事情做——去芝加哥旅行，去附近的大学校园里游玩——而且与双方家人的关系也很亲密。凯瑟琳说：“我们为我们的关系加入了令人兴奋的人和事。”

如果艾德和凯瑟琳的婚姻关系和他们与各自原生家庭的关系之间具有较为明晰的界限，那么两人之间还能形成非常紧密的关系纽带吗？很难说清楚，但要是没有前者，后者也够呛。

艾德与凯瑟琳经常在婚姻遭遇异常糟糕的情形之后会经历一段突然从痛苦中解脱出来的过程，因为他们在探索某些新事物的时候忘记了自己的烦恼，譬如有了小宝宝、令人兴奋的社交生活，当然以后肯定还有其他事。“有太多事让我们分心了，我们无暇思索我们两个人的关系。”凯瑟琳说。艾德回忆这些往事时充满了幸福之情。不过他的大部分记忆都与宝宝有关。

另一件令人分神的事情是他们把家搬到了纽黑文。艾德在这里读研。只不过与凯瑟琳相比，令他分神的事更多。

已近而立之年，艾德又住进了充满刺激的大学校园，周围的人都很有趣。“我感觉很荣耀。”不过凯瑟琳觉着受到了冷落。她讨厌别人叫她“艾德太太”。这段婚姻正在变得愈发糟糕。凯瑟琳变得有些抑郁并开始看心理医生。心理医生坚持把艾德也拉进来，但他拒绝了。“她是一个自寻烦恼的人，”他说，“让她去调理一下挺好。”这番话引发了他们之间最激烈的一次争吵。这件事过后，凯瑟琳考虑搬出去住。

艾德突然有些不知所措。他在继续自己的学业的同时，已经把她待在自己身边当作理所当然的事情。失去她是他无法想象的。

现在看来，他忽视了夫妻关系中出现的各种问题，而且他们两个人几乎没有解决问题的经验。我认为他们的状况很奇怪。或许问题的关键在于，艾德认为做一个完整的人的想法与结婚成家的想法是绑在一起的。他并不是很担心失去凯瑟琳，而是担心婚姻解体。

* * *

在治疗师的诊室里，有关结婚和离婚的抽象概念变得真实而触手可及。一些人已经迈出了第一步——尽管在表现出准备解决问题的意愿之前，这一步可能不是那么明显。但轮到大多数人做最困难决定的时候，寻求指导又是非常普遍的做法。他们发现，如果有人可以帮助他们下决心，这种痛苦的负担就可以减轻一些。当然这是一个很委婉的说法。

治疗师与咨询师的不同之处在于，治疗师可以做到进退自如而且不选边不站队。当有人给你讲自己受到别人虐待的故事时，你便有了实践这一技能的机会。而当涉及做重大且具有诱导性的决定（比如是否该摆脱一段并不幸福的婚姻关系）时，治疗师却很难抵挡帮助人们抚平矛盾情感的压力。

当人们问他们应该怎么做时，很多治疗师会说：“我不知道，你们应该自行解决。”但作为一名治疗师，你如果认识不到自己存在某种偏见，便难以保持真正中立的态度。假装公正只会增加他们解决问题的难度。

此外，你还要特别留神你的来访者，他们会诱导你做出投射性认同（projective identification）。曾经的一次接诊经历，让我至今都很自责。我记得一个女人在有了一段短暂的婚外情后，找我来咨询。她很沮丧，内心也在遭受愧疚感的折磨。“我是一个无耻、令人恶心的人。”她说。其实这只能算她的热身活动。在接受了一两次这样的治疗后，我终于开口了：“你认为你是第一个发生过婚外情的人吗？”我想要表达的仅限于字面意义，但她却认为自己得到了许可，只要认为找到了真爱就要付诸行动。于是，她离开丈夫并投入生活中遇到的另一个男人的怀抱，自此以后，他们幸福地生活了六个月。之后她成了一个单身母亲。

我当时的观点可能有些天真，但它显然传递了我对这件事的态度，只不过我有些欠考虑，而且也没有任何个人经验。

无论是否考虑治疗师的影响，当事情变得非常糟糕且人们认为他们已经准备好应对后果时，他们便走到了离婚这一步。当离婚变成现实时，人们会犯很多错误。毕竟大多数人面对离婚时都没有什么经验可言。

* * *

由于艾德拒绝与凯瑟琳一起接受治疗，因此她所关注的大多是如何让自己幸福起来，而非两个人如何改善他们的婚姻质量。以往只有当一位伴侣日渐孤独，并且双方对彼此的不满可能会日益加重时，才会有治疗师明确反对维持一段婚姻。多数情况下，治疗师会说：“你自己做决断吧。”

自从凯瑟琳加大威胁力度后，艾德不得不在心里思索离婚的可能性。当他这样做时，首先要面对他自己的不满，于是他转而求助自己一直依赖的技巧——自我改善。他开始去健身房健身，以便让自己强壮起来。

接下来，事情出现了反转。现在是他希望离开了，但他不知道如何和凯瑟琳说。最终，他以一种尴尬而转弯抹角的方式告诉了她。她哭了，她很困惑，搞不清楚谁对谁错。艾德莫名其妙地感觉很心烦，那不是他希望听到的。

就在同一周，凯瑟琳得知自己又怀孕了。当她告诉艾德时，这是很长时间以来第一次看到他这么开心。不过这让她很失望，她真的不希望再要一个宝宝了。此外，他的反应清楚地表明他真正关心的只有孩子，而不是她。

凯瑟琳在第三个月的时候流产了。医生说：“看来命中注定不该有啊。”

他们的生活再一次偏离正常轨道。艾德研究生毕业了，他们计划搬到威斯康星州的麦迪逊市居住，他在州政府谋了一份工作。因为要讨论搬家和房子的事，他们的关系又紧密了起来。一些夫妻可以讨论很多事情——孩子、工作、朋友、政治，什么都可以谈。也有一些夫妻凡事都要争吵一番。两个人可以主动讨论的话题的数量，是衡量二人亲密程度的一个指标。凯瑟琳和艾德可以讨论房子和家具。

他们对这段时间很满意，但接下来家庭生活又恢复了原状。艾德的工作令他精疲力竭，而凯瑟琳一遍又一遍地说想搬出去住，她始终在抱怨孩子和房子拖住了她，而且连找个称心如意的工作都难。她责怪婚姻拖了她的后腿。

凯瑟琳去咨询了律师。第二次是夫妻二人一起去的。“你自己请个律师吧。”凯瑟琳的律师告诉艾德。

她希望重拾自己的职业梦想，过自由自在的生活。起初他们同意为此选择分居，但后来凯瑟琳改了主意。两年一晃而过，而这两年间他们都是在敌对和冷漠中度过的。

接下来，艾德有机会去爱尔兰旅行了一个月。毫无疑问，凯瑟琳是不会去的，因为他们的关系已经非常疏远了。他自己去也是一种解脱。现在他终于有空闲可以好好思考一下了。在家时几乎没有时间思考，因为各种需求和冲突纠缠在一起，很让他头大。

在爱尔兰，艾德陶醉于永恒的风景中，开始以一种更加超然的态度思考自己的婚姻。回到家后，他去找了律师并起诉离婚。米根现在已经 12 岁了，凯瑟琳想把离婚的事告诉她。艾德则希望说得越晚越好，“等到离婚协议都落实后再说吧”。不过，最终艾德还是同意告诉女儿。当然，米根知道父母关系紧张，但根本没有猜到他们会真正分手。

艾德笨拙地解释着，米根静静地坐在那里，手里摆弄着自己的一个毛绒玩具，他努力控制着不哭出来。她只问了一个问题：“什么时候？”接着，她说她并不想再提这件事，便下楼看动画片去了。

又过了几个月，他们才将开庭日期确定下来。这是一个痛苦而漫长的过程。

庭审现场是丑陋的。每个人都说着令人厌恶的事——当然也是谎言——就好像事实还不够糟糕一样。

法官是天主教徒，非常保守。他把米根叫到庭前并说："你想跟谁一起生活？"对一个孩子来说，难道还有比这个更残酷的问题吗？她说谁也不跟，她希望住在自己的房子里。

接着，法官又和凯瑟琳和艾德说："你们两个应该感到羞耻。你们有一个好女儿。为什么你们就不能消除你们的分歧呢？"这话说得很尖刻，但也是他们现在的感受。"经过慎重考虑，我决定授予共同监护权，但米根必须和她的父亲住在这所房子里。"

艾德感觉如释重负，凯瑟琳并没有改变主意。当天晚上，米根站在楼梯最上端，看着她的母亲打包。母亲走后，房子似乎变得空荡荡的。

* * *

离婚就像经历一次死亡。这是一次重大损失，一场痛苦的巨变，也是一个人开始新生活的需要。但与死亡不同的是，离婚给人带来一种失败感。一位伴侣的死亡固然是一种残酷的损失，但清清白白，不会带来污名。而在离婚过程中，整个家庭都会被硬生生地肢解掉。几乎每个人都会被搞得遍体鳞伤。

离婚并非家庭的终结，而是转变

"离婚意味着家庭走向终结"这一想法只会让事情变得更糟。离婚并非代表着终结，这是一个转变的过程。

对于丈夫、妻子和子女而言，离婚是一种损失，也是一种解脱。从家庭的角度看，这是一次从旧有家庭模式转变为新型家庭模式的转型升级。这个家庭系统需要保留一些子系统，去除一些子系统，并发展新的子系统。

离婚时遇到的麻烦大多来自婚姻子系统和亲子子系统之间的界限模糊。"前……"是指婚姻关系，并非亲子关系。对于正在闹离婚的夫妻，他们之间的界限必须得到强化，以便促进伴侣的自性化，父母和子女之间的界限只有保持充分的开放状态，才能促进亲子之间的联系。建立新型关系模式的前提是彼此之间要建立起更加复杂的人际界限。

首先需要了解的是，在离婚过渡期内实际上存在两个过程：分居和重组。

夫妻关系解体

在分居过程中，几乎每个人都会经历一个看上去无法掌控的阶段。他们的情感是一团乱麻。牵涉其中的每个人时不时地都会感到困惑——不确定他们自己的感觉，不确定其他人的诉求，不确定如何做出响应，也不确定这种生活状态的最终结局是什么。

值得一提的是，分居又可以细分为三个阶段：决定分居、实质性分居和分居后的家庭重构。

分居的决定通常是由一个人发起的——至少表面上是这样的。

* * *

格伦达 24 岁，正在读研，比她丈夫优秀得多，他们显然不是很般配。杰克长得很帅气，心地也很善良，但文化水平低，他最大的愿望就是拥有一所好房子和一个家庭。格伦达是一个才女，她的天分和兴趣使其远离邂逅杰克时的中下层社区。他们结婚不到两年，格伦达便渐渐对丈夫心生不满，但莫名其妙的是，她竟然对此无可奈何。在格伦达家共进晚餐意味着可以享受美食，但也要忍受主人的唠叨。是杰克乏味的对话，还是格伦达尖酸的评头论足呢？我无法确定哪个更糟。

此时此刻，我有些同情格伦达了。杰克很无聊，格伦达很孤独。随着时间的推移，她开始把不满发泄出来。她每周都有两三天是在外面待到很晚才回家的，她在同伴面前奚落杰克，而当他抱怨时，她就嘲笑他。在遭受她六个月处心积虑的虐待后，杰克宣布他想离婚。看到他们分居，朋友们并不感到奇怪——但他们奇怪的是，“是杰克提出的离婚”。

＊ ＊ ＊

米切尔在 37 岁时遭遇了中年危机。他很不开心并将其归咎于自己的婚姻。当他们前来诊治时，他要求妻子做出改变。他希望获得更多乐趣、参加户外活动，如航海、打网球——总之就是享受生活，而且他希望奥德丽和他一起去。

奥德丽同意多参加米切尔喜欢的活动，但米切尔依然不确定自己是一个幸福的人，而且他感觉奥德丽不像他所希望的那样对他一往情深。

尽管奥德丽对米切尔的不快乐很是同情，但令她恼怒的是，他把一切都归咎于她。不过，她认为对他的那些需求表达不满是不明智的做法。

因为二人相处得不太好，所以米切尔决定搬出去住，让自己能静下心来好好想想。为了能让自己好好考虑一下，他接受了个体化心理治疗。经过思考和治疗后，米切尔确认自己希望获得幸福并和妻子重归于好。他把这个想法告诉了她，并提了一系列要求——都是要她做出改变，使婚姻更加美满。

起初奥德丽认为分居都是她的错：她未能让自己的丈夫幸福。但过了一段时间，她意识到这种想法并不正确，他们从未幸福过。奥德丽本来希望挽救这段婚姻，但她看到米切尔提了那么多条件，还把所有的责任都推到她身上——让所有改变都由其中一方承担。她不希望看到这样一种夫妻关系，于是她告诉他：“不，如果这是你所希望的，那我的希望是搬出去住。”一周后，他们分居了。到底是谁离开了谁呢？

＊ ＊ ＊

夫妻关系的解体本就是一个私人的决定。一对婚姻不美满的夫妻会为自己受到的伤害感到忧伤并认真思索改变现状的可能性。如果有一方独自承受这些不如意的事情，这对不开心的夫妻的关系便会出现裂痕。沉默可以令自己保持深入思考的能力，但剥夺了伴侣做出回应的机会。

从某种程度上讲，明确表达不满的夫妻已经认为夫妻关系无法挽回了。他们现在只盯着消极的事情，颠覆了早期的理想化过程。别的夫妻似乎更幸福，婚外情的诱惑、自由自在的单身生活……这些看上去更好的生活方式进一步强化了他们对夫妻关系的不满（一般来讲，单身生活明显对已婚人士更具吸引力）。

思索离开的可能性会触发焦虑感，而且每当焦虑感出现在夫妻关系中时，人们通常会与第三方建立起三角关系。

我记得一对年轻的夫妻因为婚姻问题找到我。当我问发生了什么问题时，这个男人说他和别人好上了，并准备离开。他没有开玩笑，他起身就走了！这不是婚姻问题，而是准备分居的问题——他把他的妻子交到我的手上就相当于把皮球踢给了我，然后他便可以自行其是了。

当一对夫妻从做出分居决定过渡到实质性分居后，和律师做好沟通是很好的思路。但律师所充当的角色很可能是制造问题的人，而不是解决问题的人。从结构上看，伴侣和他们的律师之间应当有清晰的界限（是的，我说的是双方的律师）。最好聘请经验丰富的婚姻律师。除非你想受虐，否则一定不要找拥有“食肉动物”绰号的律师。

* * *

结为伴侣是两个个体将他们的生活重构为一个单元的过程：他们成为一对夫妻。朋友们邀请这对夫妻共进晚餐；美国国税局向这对夫妻征税；这对夫妻积攒财产；邮件是寄给这对夫妻的。分居是结为伴侣的逆向过程，在这个逆向过程中，两个人逐渐把自己重新定位为独立的个体，将他们的财产和身份分割开来。

夫妻在分居前的经历可能不太愉快，但这种情况是可预见的。夫妻关系解体是打破常规的过程。

分居后的伴侣感觉无依无靠，没有固定的身份定位来指导自己的行为。如果你分居了，你会独自参加办公室的圣诞派对吗？如果学校要开家长会，你会告诉你的伴侣吗？如果你的朋友知道你们分居了，他们会邀请你们中的一个或两个——或两个都不邀请——参加一次晚宴吗？

令一个男人惊讶的是，他的家人对他的离婚非常理解。他同样惊讶的是，他的朋友们把他抛弃了。“无过错”只适用于司法程序，这个词在朋友和家人眼里并不是一个令人愉快的概念。

我听到很多分居的人都嘲讽地说："你现在发现谁是你真正的朋友了吧。"好吧，那些真正的朋友可能恰恰和正在闹离婚的人们一样感到困惑。我们鼓励来访者把自己的感受告诉朋友，并寻求他们所需要的支持。

* * *

在做出分开的决定后，实质上的分居过程需要依赖家庭结构重组来完成。当一位父母离开时，夫妻子系统、父母子系统，以及亲子之间的子系统这三个子系统都会发生根本性的改变。此时此刻，虽然父母子系统依然是一个能够解决问题的子系统，但在整个家庭功能系统结构中，夫妻之间已经产生了一个清晰的界限。

假设一位丈夫离开他的妻子，这时我们审视一下会发生什么情况[①]，如图 11–1 所示。

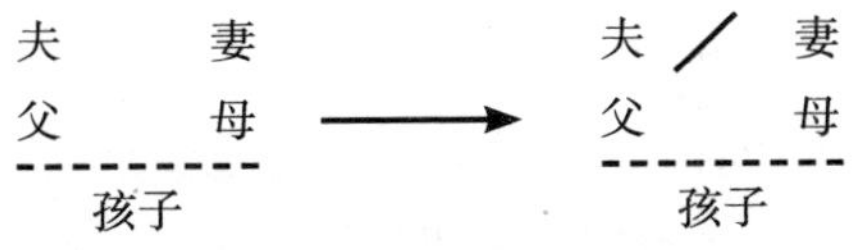

图 11–1　丈夫离开妻子后父母与孩子之间的人际界限

事实上，就像妻子和母亲一样，丈夫和父亲同样是让此番调整更容易被人理解，而非更容易实现的人。

在幸福的婚姻中，夫妻关系和父母关系之间是有界限的。然而在失败的婚姻中，当夫妻关系不再满足伴侣的需要时，夫妻关系的重要性会降低，或者沦为亲子关系的附庸，从而导致这两种关系的界限受到侵蚀。当这种界限变得模糊时，那些正在选择分居的伴侣便很难辨识哪些领域属于夫妻关系，哪些领域属于为人父母的义务。界限必须得到澄清。

当存在和解（不管是真实的还是想象的）可能性的时候，家庭重组是试探性的。与离婚相比，分居需要一个不那么刚性的界限。如果丈夫离开了，他的家庭

---

① 在描述分手过程时，我再次用到了"丈夫"和"妻子"这两个词。很显然，除我所描述的这些可能性之外，还有其他可能性。

必须重新调整；如果他回归了，这些调整必须被推翻；如果他本来就处于疏远的状态，那么他的分居或回归会有助于巩固母亲和子女的联盟；如果和解失败，分居将导致离婚，结构性改变会被固定下来。分居是在瓦解家庭，而离婚是在重组家庭。

重组家庭

离了婚的人应该学会放手，因为生活还要继续下去。同时还需要心理疏导和家庭系统重组。从情感上接受现实，需要对失去的爱做一个了断，这个哀伤期可能会持续一年。一般只有那些离过婚的人才知道离婚的痛苦有多么刻骨铭心。治疗师可以为他们提供帮助，重点告知这些人他们将要经历什么——不要试图用美好的承诺激励他们，也不要让他们刻意回避正在遭受的苦痛。务请记住哀伤期是一个治愈过程：不要试图破坏它。

在彻底接受婚姻失败之前，这段哀伤期是不会开启的。我遇到过很多离婚夫妻如何度过哀伤期的案例：因为他们无法接受夫妻关系已经结束的现实，所以这种心态导致他们的痛苦期被延长。

假如一位伴侣依然抱有不切实际的和解希望，那么此时双方坐下来好好谈一谈可能会有效果。而那些希望分手但又不情愿直接说出口的伴侣可能在治疗师的诊室里表现得更诚实些。

是时候抛弃怨恨和指责的做法了。我在这里推荐一个可以帮助人们重新审视他们之间的积怨的方法：可以问问他们，在家庭里谁是那个充满怨恨的人。换句话说，要帮助家庭中成员克服“怨恨是别人施加在自己身上的”那种想法，同时也要让他们意识到这种想法确实有一定的合理性。不过从另一个角度讲，这也是家庭中固有的“受害者思维”的副产品。

一旦让他们把备受煎熬的家庭积怨抛在脑后，人们就很容易感到空虚和失落。这种无根浮萍般的感受是很难忍受的。其实这些情感是旧有依存关系解体，以及一对伴侣再次变成独立个体的过程中的副产品。离婚既是对旧有秩序的毁灭，也是对本真的乐观追求。

* * *

将后离婚家庭视为一个重组系统，有助于阐明在不同子系统中划分明晰的界限和确立角色定位的重要性。每位父母都与其子女形成一个子系统。有可能出现两个家庭只有一个家庭系统的情况。不管被授予的是什么类型的监护权，有两件事对子女的福祉是至关重要的：稳定的、可预测的生活安排和父母的探视权。

尽管共同监护的现象正在变得越来越普遍，但更常见的情况是只有一位父母拥有监护权。负责监护的父母与其子女组成的家庭通常被称为“单亲家庭”。但严格地讲，这种说法并不准确。

让我们观察一下图 11–2 中所示的这个家庭单元的结构。

有监护权的父母

\-\-\-\-\-\-\-\-\-\-\-\-\-\-\-\-

子女

图 11–2　有监护权的父母与子女间的人际界限

对于一个完整的核心家庭而言，在图 11–2 与图 11–3 中所呈现的信息都是不完整的。

母亲

\-\-\-\-\-\-\-\-\-\-\-\-\-\-\-\-

子女

图 11–3　母亲与子女间的人际界限

很显然，父亲被排除在外了。不管他是否积极地参与其中，他依然存在于这个家庭结构中。如果他处在疏远的状态，就说明他需要担负起责任。换句话说，需要让他与母亲和子女建立起更加紧密的联系，如图 11–4 所示。

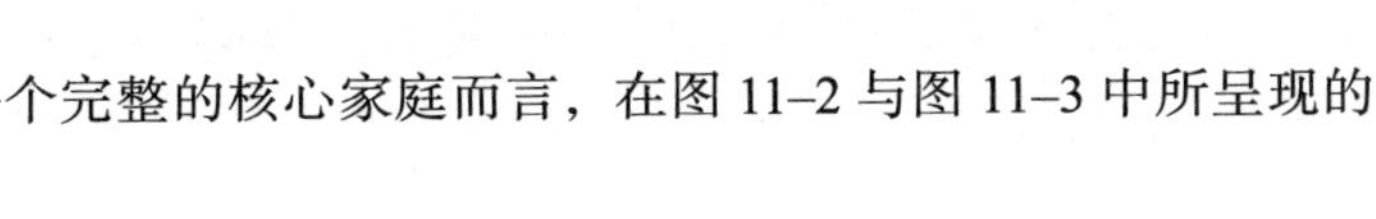

图 11–4　令父亲与母亲和子女建立更加紧密的关系

一位单身父亲或单身母亲与其子女具有相似的结构性需要。换句话说，在这位父亲或母亲和子女之间应当存在清晰的界限，而且父母应当在亲子关系之外，持续介入子女的生活。例如，关心一下子女的朋友、家庭、工作，以及子女的男友或女友，如图 11–5 所示。

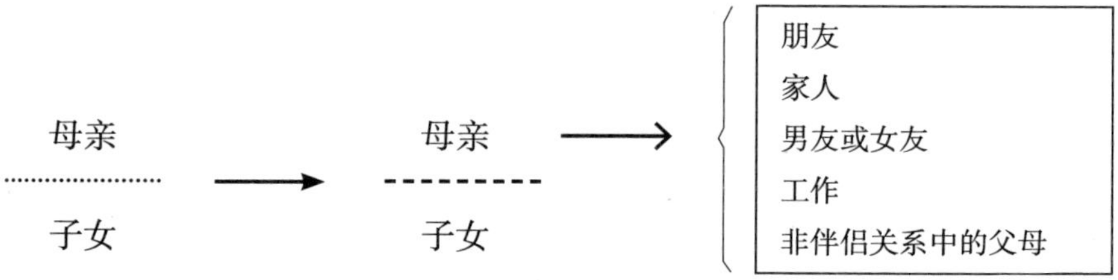

图 11–5　母亲与子女之间保持清晰的界限并持续介入子女的生活

探视无监护权父母（通常是父亲）权利的丧失与子女对父母离婚的适应问题有关，而探视子女权利的丧失与父亲的问题有关。拥有唯一监护权的母亲称，她们因单独承担照顾子女的责任而备感沮丧。为了防止——或者说最大限度地减少——这些问题的出现，正在闹离婚的父母应当保持足够的礼貌，以便在他们其担养育责任时能够进行协调——无论他们与子女处于何种亲子关系中。

离婚后，父母子系统变成了有限的伙伴关系。能有清晰的界限是最好的。一些人会问："难道我们不能成为朋友吗？"友好相处没有任何错误，但保持纠缠状态是另外一回事。纠缠可能呈现两种形式：两人可能试图维持他们的亲密关系，也可能继续争斗。

如果父母离婚后还在争吵，年长的子女可能会疏远他们两个人，年幼的子女则会选边站队。大多数子女都希望和父母保持一种自然的关系。父母不应该彼此攻讦，致使他们的子女因选边站队而产生矛盾。

对已经离婚的父母而言，当子女学会在父母离婚后对不同家庭之间的矛盾进行利用时，父母对子女的纵容经常会变成一个特别的问题。当你感到孤独、困惑，尤其是当你依赖子女的陪伴时，便很难维护父母的权威性。如果每个家庭都有明确的规则，那么子女便可以自如地来回转换身份。由于一些父母为过去发生的事情感到愧疚，因此当孩子们说出"爸爸让我们随便看电视节目"这样的话时，父母都会选择让步。非对称性家庭具有明晰的规则对孩子们的感情调整很重要。

因为子女把自己当作客人，所以无监护权的父亲在招待他们时往往会感到压力。一位父亲可以为子女的来访安排特殊活动，如滚轴溜冰、看电影、吃大餐，但无法想出有意义的对话。他或许可以用“黄金时光”[①]的想法安慰自己，但真有了时间却不知如何是好。

愧疚感和距离感结合在一起让无监护权的父亲对自己的权威性产生怀疑。一些父亲喜欢给子女训话。由于自己和子女不怎么见面，因此他们也没有什么讨论的机会，而一旦抓住机会就给子女猛灌心灵鸡汤。很多无监护权的父母心里总是惴惴不安，担心子女在今后的生活中讨厌他们。这让他们非常敏感，并产生过度反应。我将通过下面的案例做进一步阐述。

* * *

巴里已经离婚两年，目前和珍妮特住在一起。每隔一周，巴里就会驱车 245 英里去接他的孩子，并把他们带到他的公寓过周末。无论是他还是珍妮特都很担心孩子们的感受，而且总有心神不定的感觉。一个周六的晚上，珍妮特告诉八岁的玛吉，轮到他洗澡了。当玛吉开始发牢骚时，珍妮特厉声告诉他，不管他怎么想，轮到他洗就得洗。玛吉哭着跑上楼去。巴里走进玛吉的房间，在问清事情原委之后，安慰他的儿子说不要担心：“珍妮特和爸爸都爱你。”（这跟爱有什么关系呢？）珍妮特在楼下可以听到巴里和玛吉说话，她感觉自己成了外人，于是她走上楼，并对刚才发生的事开始了一番冗长且毫无必要的解释。

听到这个故事后，我很为他们三个人感到遗憾——都是焦虑惹的祸。假如我处在类似的情境中，我就会始终提醒自己，继续把他们当孩子对待（如果他们想抱怨就随他们去，但希望他们听大人的话），而且如果我语气坚定地和他们说话，那么我并不担心他们不再爱我。

① 黄金时光（quality time），父亲、母亲或双亲保留的专门讨论家庭和子女等相关事务的时间。——译者注

* * *

并没有什么证据表明，离婚率的上升与人们对婚姻的幻灭感有关。80% 的离异成年人在三年内再婚，开启新的人生机会，但也带来很多新问题。

再婚家庭的融合

再婚家庭在逐渐形成复杂的新规则和新传统之前，必须处理好过去尚未了结的事情。再婚家庭本身就是因缺憾而诞生的——比如，有亲人死亡或离婚。家庭结构遭到破坏，学校和朋友被抛在一边。孩子们经常心生怨气、感到受伤。他们需要确保他们能够过得幸福并且有足够的时间舔舐伤口。

在父母离婚阴影下的儿童经常萌生很多可怕的想法。他们目睹了父母彼此不再相爱的场景。对于一个孩子来说，这就像看到脚下的土地突然开裂。最糟糕的并不是看到他的父母决裂，而是对被抛弃的恐惧。

再婚父母最需要牢记的是孩子对家庭结构的需要。孩子需要安全感和可预见性。无论是在感恩节期间、圣诞节期间，还是在暑假里，他们都需要知道下周要去哪儿。

为了构建一个清晰的家庭结构，孩子的父母要重视发扬团队精神。否则的话，父母很容易与孩子或新的伴侣形成三角关系。新伴侣通常很清楚与“前夫或前妻”的爱恨情仇消耗了太多的情感力量。因此，如果他们缺乏安全感的话，为了让自己感到心安理得，他们会继续把前夫或前妻视为终极恶棍、一座储存愤懑情绪的仓库，以及一只承担未来问题的替罪羊。

有些离婚后的父母在谈及前夫或前妻时，总是狡猾地说“你父亲”或“你母亲”，这是很令孩子们讨厌的。对他们来说，那还是他们的“爸爸”或“妈妈”。同样，期望他们叫一位继父母（一个陌生人）妈妈或爸爸也是很不公平的。直呼其名可能更好些。孩子们不应当被强行推入与他们继父母的关系旋涡中。谁说继父母和孩子应当彼此爱对方了？

你不是我母亲

当孩子们抱怨一位继父母不是他们真正的父亲或母亲时，他们是对的。最有效的办法是亲生父母对自己的孩子负责。亲生父母在教育自己孩子方面是唯一具有道德权威的人。继父母应当首先担任助理父母的角色，然后随着时间的推移，慢慢转变成为投入更多感情的角色。

不过，凡事都存在两面性。尽管亲生父母依然对子女的成长肩负主要责任，但亲生父母应当教育孩子要尊重继父母的权利。

我治疗过这样一个家庭：父亲担负起了他与前妻的两个孩子的全部教育责任。这个家庭之所以来诊所求助，是因为继母抱怨孩子不尊重她。由于她并不扮演教育者的角色，因此她不确定自己该做什么。我的意见很简单，我建议这位父亲告诉他的孩子们："这是我的妻子，你们要尊重她，否则我要找你们俩好好谈谈。"这种策略似乎起效了。

和一个人发展关系的最佳途径是增加与其单独相处的时间。然而，这种事最好不要强推。一开始，孩子与继父母单独相处的时光应当是简短、轻松的——也许就是一起走着去商店、一起看场电影或者一起做游戏。应当设身处地地揣摩孩子的心理。假设你的父亲或母亲与另外一个人产生了恋情，突然之间，你与一个陌生人争夺你的父母的时间和情感。你会怎么想？

这次一定会成功的

"失败"了一次之后，再婚父母通常在第二次创建幸福家庭方面会感受到巨大压力。很显然，这对刚刚结合在一起的夫妻需要独处的时间，但同样显而易见且令人遗憾的是，他们很容易忘记与孩子们相处的压力。

* * *

在我所诊治的一个案例中，家中的男主人离过两次婚。他因为自己两段失败的婚姻可能对孩子们带来的伤害而充满了愧疚感，所以非常在意他的孩子们。他的妻子是初婚，同样很在意孩子们内心的敏感，并热切地期望被他们接受。两位伴侣都如此担忧他们的孩子，以至于他们都不情愿将其排除在他们的任何活动之外，结果是大家被勉强地捏合在一起。孩子们没有时间享受做孩子的乐趣，夫妻二人也没有私密时间。虽然他们一直担忧孩子们再次遭受心灵创伤，但在他们想到通过治疗帮助自己在夫妻关系与亲子关系之间划出一道界限之前，此番担忧几乎已经变成一个自我满足的预言。

孩子可能是家庭中最脆弱的成员，但一个家庭的活力取决于夫妻关系是否牢固。

* * *

沙伦和斯图尔特并未离婚。是的，他们想到了离婚，但有件事又把他们凝聚在了一起。

第 12 章

叛逆的青少年

时间很有趣，不是吗？你滞留在机场，等待一架延误的飞机，一个小时的时间似乎无比漫长。接着有一天，你惊讶地发现自己又过生日了。转眼之间，你不再是 18 岁，你已经 30 或 40 岁了，你很好奇这么多年是怎么过来的。

* * *

沙伦几乎不敢相信詹森已经 16 岁了。不久之前他还是一个淘气的小精灵，而现在他已经是一个五大三粗的小伙子了。似乎仅仅在一夜之间，她的宝贝儿子的脸上就长出了胡须，由婴儿肥变成了肌肉男。希瑟也发生了很大变化。曾经那个开心的、瘦瘦的小女孩已经变成了一个郁郁寡欢的青春美少女，无法隐藏，但也没准备好接受自己正在发育的身体曲线。

希瑟依然会花很多时间陪母亲。她们一起上街购物，甚至交换衣服穿。沙伦喜欢说她们是最要好的朋友，但希瑟经常周期性地沉浸在自己的忧郁的小世界中。她从父亲那里继承了畏首畏尾的天性。

詹森的改变更加剧烈。他从一个任性的男孩子变成了一个愤世嫉俗的年轻人。无论是穿衣打扮、交友外出、吃喝、家务活、学习成绩，还是其他各种琐事，他统统与沙伦对着干。沙伦已经厌倦了各种争吵。但她害怕一松手就再也抓不住孩子，害怕詹森在充满诱惑和风险的成人世界里太过自以为是，无法做出正确的判断。

当孩子们还小的时候，这个家足以提供一个个私密的安全岛。现在沙伦感觉他们逐渐掌握了自主权，却没有给她留下空间。他们四个人就像城里的野猫，居住得过于拥挤，以至于无法避开彼此的领地。

等到詹森 13 岁时，沙伦做的晚餐已经让他提不起兴趣，他变得特别挑食。如果她命令他必须吃时，他就会抱怨说太难吃。

这个问题的根子其实不在饭菜上，詹森正在挑战掌控他们之间关系的规则。他正在变得越来越特立独行，越来越目中无人。但沙伦依然期待他吃自己准备的饭，她对他的挑衅行为既有怨恨也有焦虑。当她变着法子为他做出一顿可口的晚餐时，他还是选择拒不接受。在詹森的眼里，他们之间的关系应该越来越平等。在沙伦的眼里，虽然詹森已经长得像个小伙子，但依然是她的乖宝宝。

其实所有父母都会经历类似的对抗。唯一有出入的是父母的性格、孩子们的脾气秉性、兄弟姐妹之间的关系、父母对待每个子女不同的态度、孩子同龄人的影响，以及父母的夫妻关系，等等。

斯图尔特的风流事过后，虽然这对夫妻试图恢复他们的亲密关系，但斯图尔特反而更加远离这个家庭，而沙伦则把孩子们抓得更紧了。希瑟顺从，詹森叛逆。詹森的脾气变得一年比一年大，他用反抗与蔑视来恐吓沙伦。他经常在外面玩到凌晨 1:00~2:00，曾经有一次直到天亮才回家。他们尝试了各种惯常的惩罚手段——罚站、不给零花钱、做院子里的卫生，但好像没什么效果。此外，沙伦并不相信惩罚手段。她觉得詹森可能出问题了。

他现在有些变化无常。一天，他从她的钱包里偷走了 10 美元并在她质问时撒谎。第二天，他会扑上来给她一个拥抱，并希望她表现得更像一个母亲，不要总挑他的毛病。当詹森走进自己的房间时，沙伦总是不知道和他说什么好。

* * *

一个人是由很多不同形式的拼搏、心境、希望、恐惧以及好恶构成的。寻找自我（众所周知的“身份危机”）源自一种执着，不是为了创造什么，而是在这些拼搏、目标、愿望和理想中寻找和谐。

* * *

孩子可能偶尔看上去存在超出同龄人的、不可理喻的野心，此时父母应该表现出宽容，甚至欣赏的态度，并尊重青少年身份的波动特征。当一个 14 岁的孩子宣布放弃上大学的机会，想要参加海军或希望当一名摇滚歌星时，并不意味着这些目标是固定的或设定好的。其实他们是在试验、在寻找适合自己的身份。

多姿多彩的性格特征便是不同层面的人格隐喻在治疗过程中如此有用的原因。对一个青少年而言，承认她希望前男友回心转意或他讨厌母亲可能很难，因为这些事情仅仅是其复杂情感的一个个侧面。通常更有效的方法不是问年轻人是否以某种特定的方式去感受或希望获得某种特定的事物，而是询问他们是否在“某种程度上”自己是这样的。这并不是要花招，而是承认自己存在的矛盾心理。

* * *

希瑟在观察自身变化的过程中也在经历过同样的波折，但她想问的问题都是有关她自己的，而心中的疑惑也仅限于父母在她心目中的价值。她不像詹森那样爱争吵，她很安静。

为什么同一个家庭的两个孩子会如此不同呢？事实上，他们并非出生在同一个家庭。詹森出生在一个年轻的家庭，在这个家庭里，父亲专注于自己的事业，母亲热切地把自己的感情倾注到孩子身上。谁也没有准备好承受一个很难得到满足的孩子所带来的压力，而这种压力让他们产生嫌隙。希瑟是由一对更有经验的夫妻所生的，她的母亲身心俱疲，不太情愿为新生的宝宝付出一切；她的父亲意识到他不能把所有照顾孩子的负担都扔给妻子，所以他付出了比以往更多的辛苦。

另外，两个孩子在性情上也有所不同。詹森毛躁，希瑟沉静。甚至当此类差异可以忽略时，人的性情也不是静止不变的。就像家庭生活中如此众多的互补关系一样，这些差异也会出现两极分化的情况。

第一个孩子降生后，父母为他固定了人设。詹森是一个“活泼的”孩子——性格刚强、充满活力。无论詹森做了何种不符合这种形象的事都不会被承认。这样就形成了让一个孩子笃信的人格面具：我就这样，爱谁谁。

沙伦希望有一个外向、有闯劲的儿子，但她自己对女性的定位决定了希瑟不应当有那么强烈的欲求。沙伦并不希望女儿成为生活中另外一个激化矛盾的源头，而且她不希望女儿成长为和哥哥一样喜欢索取和不懂感恩的人，斯图尔特很高兴拥有一个朝气蓬勃的儿子和一个听话的女儿。詹森是一只活泼好动的小狗，希瑟是一只乖巧可爱的小猫。

当然，在孩子们当中还存在一种极化效应。詹森嫉妒希瑟简单、感性的生活方式，认为她是一只温顺的小绵羊，并转而促使自己的内心坚定起来。看到自己的妹妹还要和妈妈抱着睡，詹森会对自己仍旧存在依赖心理而感到很尴尬。而见证了詹森童年时代成长过程的希瑟所受到的影响更甚。

在年幼的弟弟妹妹眼中，年长的哥哥姐姐的行为表现就像一场道德剧。詹森和父母的争吵令希瑟深感恐惧，这让她暗暗发誓一定要做个乖乖女。为了避免争吵，她努力控制自己的情感，但过度压抑情感导致她出现了冷漠无情和退缩的精神状态。很小的时候，她便戴上了一副被动的面具。随着年龄的增长，这副面具变成了一所禁锢自己的监狱。

经历青春期时，我们可以纠正我们此前关于家庭的片面性认知，发现自己处在休眠状态中的潜力。但当这段人生真正来临时，一个孩子必须有足够的胆量去面对更为广阔的现实。希瑟与家的距离太近了。

希瑟的经验是不要对父母讲真心话，因为她不希望他们感到失望。她努力变成他们所希望的那种孩子，但她感觉自己做不到，因为她无法达到她所想象的他们的期望值。甚至当她带回家的成绩单上显示很一般的成绩时，斯图尔特还特意和希瑟说她很聪明，沙伦也安慰她说大家都喜欢她，尽管希瑟知道自己不是。沙伦和斯图尔特用很隐晦的方式让她知道他们什么时候感到失望，而希瑟解读这些线索的时候就像一个 12 岁的大侦探福尔摩斯。

沙伦和斯图尔特被詹森的顽劣搞得身心俱疲，所以他们认为希瑟的表现就很正常。她似乎从未遇到任何麻烦，想必一切都是顺顺利利的。在大约 11 岁的时候，她开始躲避他们，内心变得越来越封闭。14 岁时，她在他们眼里已经成了一个谜一般的孩子。

有时当希瑟旁观父母吵架时，她会想他们可能不是她的亲生父母，她并不属于这个家庭。母亲冲着父亲叫喊时，父亲通常不还嘴，只是静静地坐在那里。他会冲着希瑟和詹森发火，但他不怎么说他们的母亲。不过他偶尔也会失态。

母亲会和父亲唠叨一些鸡毛蒜皮的事，父亲最终被惹毛了，冲着母亲大喊大叫，用各种恶毒的语言羞辱她，直到她哭着跑出房间才会罢休。希瑟用惊恐的眼睛看着这一切，害怕这场风暴会将她吞噬。不过他们没有注意到她，仿佛她根本就不在那儿。

每当发生这种事情的时候，希瑟都会回到自己的房间并关上房门。只有待在自己的卧室里，她才会感到安全。她会让那只叫萨莉的猫咪陪着她。当萨莉还是只白色小猫咪的时候，他们就把它抱回了家。现在它已经很老了，已经基本上忽略这一家人了。它到处逮老鼠，到了晚上把其他猫咪从自己的领地赶走；但在白天的时候，它只是躺着睡懒觉。如果它在一个小时里伸两次懒腰的话，那就是不得了的事。家里人都觉得萨莉是全家人的猫咪，但希瑟的想法不一样。萨莉是她的，谁会像她那样爱它呢？

希瑟在躺到床上后会把萨莉抱在怀里。她轻轻地摩挲它那宛如绸缎般的软毛——她的动作必须非常安静，否则萨莉会跳下去，寻找一处睡觉时不会被打扰的地方。希瑟的爱抚非常舒缓，希望它会睡着，或者至少不再抽走自己的尾巴跑掉，能够屈尊留下来。希瑟不喜欢孤独的生活。

* * *

詹森和父母之间的关系愈发糟糕了。他越和他们对着干，他就越急切地在备受关注的青春期行为中寻求庇护：性、毒品和摇滚。

对于孩子们参与的这些行为，父母们几乎毫不知情。尽管他们可能有所怀疑，但在一般情况下，他们只能抓住某些蛛丝马迹。这些线索通常反映了孩子们最为纠结的心态——他们似乎希望父母前来发掘那些事。

我准备从两个角度剖析一下詹森的桀骜不驯。在他的父母看来，詹森的形象似乎是叛逆和自我毁灭型的。他们看到他在毫无理性地践踏他们“弥足珍贵”的规则。他们担心他或许在尝试毒品，但他们又不确定。他们担忧他在学校里越来越不服管教。在是不是应当出手干预这一方面，他们是存在困惑的，这让他们很难做出有效反应。可在詹森看来，他只是在做其他孩子都在做的事情。

沙伦掌握的“罪证”都是由她所发现的事情和詹森故意对着干的事情拼凑而成的。有一次，她在詹森的壁橱里翻出了几本《花花公子》和《阁楼》杂志，她最担心的就是孩子沉湎于色情了。斯图尔特却不太在意。他说这只是一个阶段内会发生的情况，不必担心。沙伦感到很恼火。她认为詹森正在毁掉自己的一生。她冲着他咆哮并看着他上了楼。当他步履沉重地走进自己的房间时，羞愧地发现自己有把柄落在她手里。但她正处在疯狂的状态，所以并未注意到詹森的表情有什么变化。她大喊大叫，用谩骂中伤他。詹森一赌气，离家出走。

当天晚上，詹森并没有回家吃饭，也没有打电话。当他最终在凌晨 2:00 走进家门时，沙伦觉得他好像喝醉酒了。“你喝酒了？”她说，努力让自己的语气听起来非常肯定。

“那又怎么样？”詹森回答道。

这句话听起来很新鲜。他惯常的抵制态度就够糟糕的了，不过这一次与以往有所不同。“那又怎么样？”比谎言更恶劣。这是对其权威的嘲讽。

沙伦的怒火竟然被一种无能为力的感觉遏制住了。她尽量使“回你自己房间去”这句话听起来语气很坚定，但她确实给吓坏了。

令人不快和尴尬的年纪

大多数父母在孩子即将跨过 13 岁的时候才开始注意到在他们孩子身上发生的变化。他们会说风凉话了，他们会反驳了，他们有点儿成年人的意思了。

我记得当我的女儿 12 岁的时候，我发现她开始用一种奇怪的腔调和我说话，我很难相信这是从我的乖女儿嘴里说出来的。她在找她的梳子时问我是否在客厅里看到过。我找不到后便说：“我不知道，亲爱的，我觉得它可能不在这儿。”“该死，它到底在哪儿呢！”她说。我无言以对。问题不在“该死”上，而在那种腔调上。

这些不敬与叛逆的早期信号都是青春期的标志，父母对此如何反应至关重要。

大多数父母都会忽视亲子关系的互动性。他们看到他们的乖宝宝变成了坏脾气的青少年，但他们并未注意到自己未能接受孩子日渐增长的自主性。而真正让人感到反感的是孩子坚决主张独立自主的那股劲儿。

父母之所以低估了自己与孩子互动的互惠性，是因为他们忽视了家庭的系统特征。孩子与父母共属一个单元，但这个单元现在被一种两相角逐的力量撕裂了：一方努力保护家庭的稳定性，另一方则奋力争取个体的自主性。

一个青少年既是这个家庭的一个成员，也是一个独立的人。在人生的不同阶段，一些人在家庭之外生活中的参与度要高于他们在家庭内部生活中的参与度。图 12–1 展示了詹森进入青春期时萨拉萨尔一家的生活状态。你可以看到一些家庭成员比其他成员更容易被这个家庭所包容。

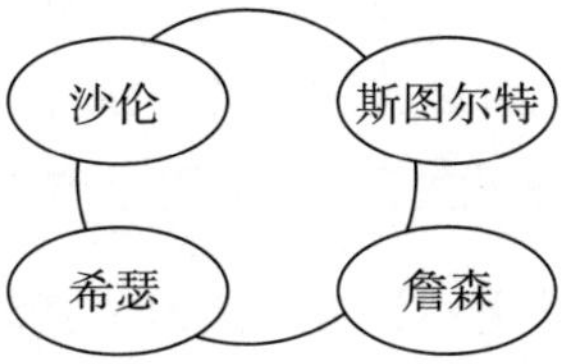

图 12–1　詹森进入青春期时萨拉萨尔一家的生活状态

而图 12–2 隐含的意思是，家庭成员假定这个家庭系统是静止的。就像沙伦和斯图尔特一样，所有家庭成员都忽视了这个家庭动荡不定的现实。詹森正要离开。

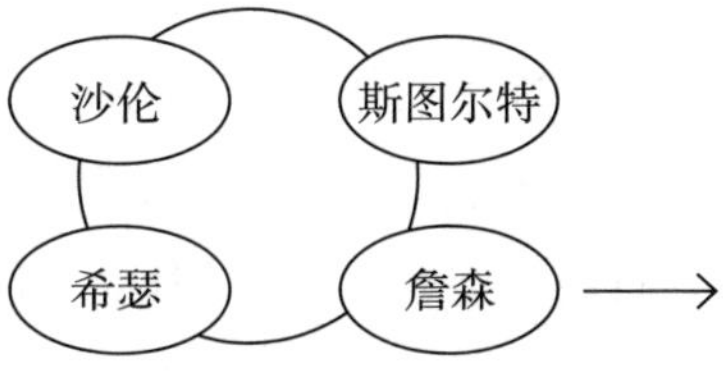

图 12–2　詹森正要离开自己的原生家庭系统

一方面，詹森在追求自主性；另一方面，他的父母在力求获得稳定。青少年努力摆脱家庭的束缚，父母努力维持家庭的凝聚力并执行家庭的规则（那些在过去有效的老规则）。另外，他们整个家庭也处在转变过程中。矛盾是难以避免的，因为父母希望减缓这种转变，而孩子则希望加快速度。

* * *

我曾经接待过这样一个家庭。这个家庭的问题是 16 岁女儿的“叛逆”行为。

事实证明，这种叛逆可以说令人忍俊不禁：她有时待在外面，过了规定时间 30 分钟才回家；需要提醒才会打扫自己的房间；每次在父母面前发飙时，都会走出屋子摔门而去！

除了她之外，这个家庭还有七个孩子。三个不到 16 岁的孩子与父母关系亲密，而且很听话。四个年龄大的孩子都不待在家里，他们与父母的关系都不融洽。

年长的这几个孩子中最小的那个（19 岁）最近被母亲赶出了家门。她犯了什么错呢？她与一个在教友联谊会上认识的男孩子结婚了。母亲很喜欢这个男孩子，便同意了这门婚事。她唯一的保留意见是，她感觉从订婚到结婚三个月时间太短了，但他们都固执己见，直到母亲告诉女儿（就像此前这个家庭曾经发生过的三次类似情况一样），如果她不服从的话，就要出去单过了。

如果说这个例子有些极端也不为过。然而，其动因却很普通。就这样，一个宁折不弯的家庭结构最终崩溃了。

* * *

青春期是对整个家庭的考验，但孩子在这一阶段并不一定就像我们所预想的那样逆反。对每位家庭成员而言，青春期可能是一段完全没有压力、甚至充满欢乐的时光。一般来讲，青春期是孩子通往外部世界的管道，给这个家庭带来新的行事风格、新的生活态度、新的信息，乃至新的说话方式。青春期的孩子有助于他们的父母跟上时代潮流。他们帮助父母了解情况，并保持警醒。不过，新思想的注入往往令人感到不安。

青春期的孩子都成了批评家——挑战父母的信念、打破偏见和揭露伪善。尽管父母可以接受这种挑战，并认为它对孩子和他们自己都有好处，但很多父母都感觉受到了威胁并予以回击，从而引发了一系列不断增加的矛盾。在很多情形下，这些矛盾永远得不到解决，只会在孩子们离家时中断。

大多数父母对于孩子们的青春期表现出一种矛盾的心态。他们恼怒、嫉妒，甚至感受到了竞争的压力，但与此同时，他们也对孩子们不断增加的自主性感到自豪。胸有成竹的父母会接受孩子想要自己做主的愿望，并报之以宽容和尊重。

当一个青少年渴望了解为什么自己必须在午夜前回家时，善解人意的父母会要求孩子表达自己的观点并认真倾听。在听取了孩子们的意见后，善解人意的父母会重新考虑之前立下的规则——未必会改变它，但不会不假思索地坚持执行它——并且重视孩子不断提高的独立决断能力，但保留家庭事务的最终决定权。孩子与父母由原来的从属关系（“因为我是你的父亲，这就是理由！”）转变为一种更为对等的关系（“因为当你外出时，我会担心你。要不，你说说你有什么想法？”）。父母所做的决定应当在孩子面前讲得通，即使他们不喜欢那个决定。

开心与骄傲是成熟父母面对子女成长的反应。虽然这些反应相当不引人注目——尤其是那些根深蒂固的和真实的反应——却是无处不在的。这些反应显示了父母作为个体的相对自我满足和作为夫妻的凝聚力。尽管青春期会带来焦虑感和矛盾冲突，但那些充满自信的父母（无论是作为个体还是作为家庭团体中的一员），都欢迎孩子这一新的人生阶段的到来。

一个深受这些支持性反应影响的孩子是如何经历青春期的呢？青春期依然属于动荡时期。但在面对这种动荡时，生活在开放家庭里的孩子拥有一面回音板、一块试验田和一个大本营。与此同时，这个年轻人正在创造一种独立的身份认同，同时还保留一种归属感——家庭身份认同。像詹森这样即将步入成年的男孩可以发现青春期对自己意味着什么，但他依然是萨拉萨尔家的一员。

* * *

父母在很多情形下会犯错：要么让孩子离开自己太早、想走就走，从而令他们失去家庭的支持；要么管教太严、管教时间太长，从而令其成为一支反对力量。清晰的界限为孩子提供探索的空间，但允许他们接受支持和指导。

需要牢记两条指导原则：（1）父母对孩子的控制仅限于家门以内。由于父母无法管控孩子在家庭之外的行为，所以他们不要试图滥用自己的权力；（2）虽然父母总想在控制太多和很少控制之间寻求平衡，但他们最应当做的是避免过多地给孩子们施加压力。有些父母控制欲极强，对孩子寄予强烈的期望。对于那些不幸受到这些父母驱使的孩子而言，如果他们无法在消极对抗中得到充分的解脱，他们就有可能通过毒品寻求完美的解脱。

一个充满压力的环境会催生释放压力的活动。对于像希瑟这样内向的孩子而言，她的逃避呈现为消极但带有抚慰性的爱好，例如她喜欢看电视、读言情小说和做梦——无穷无尽的梦。而对于像詹森这样外向的孩子来说，他的逃避所呈现的形式是参加派对和在外面待到很晚。

晚归的孩子们干什么了？相信他们的父母很乐意知道。如果问孩子们，他们通常会说去某某家玩去了。有时他们说的是真话，有时未必。

有时一帮孩子会聚在一起参加某个活动，如舞会或音乐会，但更多时候只是和朋友们在外面闲逛。一些孩子会逛商场、吃快餐或者去看电影。还有一些孩子忍不住压力和诱惑，到商店行窃、吸毒或偷尝禁果。他们在僻静的走廊里或停车场里做爱。一些人离开商场，找到某个可以厮混的地方。他们的关系通常是简单的、不具有约束力的。这可能也是青少年性伙伴不断增加的一个结果。

由于青少年的个体性差异非常大，因此我们很难对青春期性行为做出概括。但在过去10年里，高中生报告的发生性行为的比例由1995年的53%下降到2005年的47%。青少年约会时的浪漫行为在减少，而且正在被“一夜情”和“床伴”（只存在性关系的朋友）所取代。那些缺乏安全感，确实希望被接受、被需要的女孩子特别容易受到胁迫。

男孩发生首次性行为的中位数年龄是16.9岁，女孩是17.4岁。据估计，有半数性行为活跃的年轻人在25岁之前会感染上一种性病。

稍后我们将会在詹森这个案例中看到，青少年是如何与别人出双入对并尝试性爱的。孩子们吸毒与他们参与性游戏（以及严肃性爱）的原因相同——公然挑战权威、满足自己的好奇心，同时也是因为那种感觉很美妙。

接触瘾品的年龄可以始于任何年龄，但接触瘾品的年龄段一般始于中学阶段。那些没有自信心的孩子可能会发现，有人会卖给他们那种让他们感觉不错的东西，至少短时间内有这种效果。青少年尝试瘾品的主要原因是，它会带来一种前所未有的体验——逃避紧张状态并释放想象力。获得高潮的动机会在某种程度上影响瘾品的选择，瘾品的范围可以是从啤酒到可卡因的任何物质。然而，一个孩子若要体验某种特定瘾品经常需要一个偶然的环境。

大多数孩子接触瘾品都是从尝试啤酒开始的，有些人还经过了父母的同意。很多父母相信，“如果你喝不了啤酒，品尝一下总可以吧”。像詹森这样爱生气、不快乐、缺少管教的孩子都喜欢狂饮啤酒，经常把自己灌到麻木状态，试图证明自己是个男人。青春期的女孩也喝啤酒，但她们这样做不大可能是为了炫耀。在温暖的季节，他们偷偷溜到森林里；在寒冷的季节，他们找一处大人不在家的房子；如果附近有所大学的话，就找一间宿舍。他们开“连续痛饮啤酒桶派对”——打开一个啤酒桶的龙头，不停歇地狂饮，直到喝干为止。詹森过去便经常去一间大学宿舍，和一帮陌生的大学生围坐一起喝啤酒、看电视，玩“财富啤酒”[①]游戏：观看万娜・怀特（Vanna White）转动轮盘时得到的字母，进而决定谁是下一个将一夸脱啤酒一饮而尽的人。另一个版本的游戏在高中生中颇为流行，这就是“Love Boot”（“酒鬼”的意思）。学生们观看重映的电视剧《爱之船》（*The Love Boat*）时，[②]每个人被指定代表剧中一个角色。每当某个角色出现在屏幕上时，对应的那个学生就要喝下一杯啤酒。看谁能坚持到最后。很好玩，不是吗？

尽管反毒品运动（D.A.R.E.）[③]得到广泛宣传，但毒品作为一种反习俗和反权威的手段依然被某些年轻用来保持自己的魅力。尽管今天的孩子比以往更加担心毒品的危险性，但他们依然认为自己总能神奇地获得免疫。吸食毒品具有令人克服恐惧的惊人效果。

在美国，自从药物滥用在 20 世纪 90 年代达到顶峰以后，高中生使用主要非法药物的现象一直呈现衰减态势。尽管如此，在 2006 年，15.7% 的八年级学生、31.8% 的高一学生和 42.3% 的高三学生吸食大麻。吸入剂是第二流行的街头毒品，有 16.1% 的八年级学生报告称他们使用过吸入剂。对于成瘾性更强的毒品，12% 的高三学生报告使用过可卡因（8.5%）或快克可卡因（3.5%），使用海洛因的有 1.4%。使用摇头丸的学生稍有减少，另有 6.5% 的高三学生报告称自己定期使用摇

---

① 《财富之轮》（*Wheel of Fortune*）是一档由万娜・怀特主持的美国电视游戏节目。女主持人通过旋转巨轮完成猜字游戏，进而决定不同的奖励金额。此处是詹森和朋友们借《财富之轮》节目玩自己的游戏。——译者注

② 《爱之船》（*The Love Boat*）是一部以豪华游轮为背景的系列喜剧电视剧。——译者注

③ D.A.R.E.（Drug Abuse Resistance Education）是美国于 1983 年推出的药品滥用防治计划。——译者注

头丸。

自 20 世纪 70 年代以后不再流行的致幻剂如今在美国卷土重来，有 8.3% 的 12 年级学生使用过致幻剂。孩子们之所以使用致幻剂，是因为如果不刻意思考的话，通过药物诱发的视幻觉会很自然地降临到一群对视频游戏的强光和电子噪声成瘾的人的身上。他们开始自己的旅行。为什么说是“旅行”呢？因为视幻觉是一种超越时空、抛弃规则和压力的方式。其中一些压力是外在的（理论上的和社交上的），也有一些是内在的（自我怀疑、质疑权威、身份困惑以及轰轰烈烈的青春期心灵探索之旅）。

在美国，至少有三分之二的高中生偶尔喝酒，有一半的人抽烟，15.2% 的人抽无烟烟草。在高中生中，使用合成类固醇的人有所减少，有 2.7% 的高三学生报告使用过它们。甲基苯丙胺（冰毒）依然是被滥用的最危险的药物，尤其是在农村地区，有 4.4% 的高三学生报告称滥用过这种药物。

众所周知，处方止痛药的滥用依然是一个严重问题。过去一年滥用维柯丁的情况是：3% 的八年级学生、7% 的高一学生和 9.7% 的高三学生滥用这种药物。另外，奥施康定的滥用报告显示，2.6% 的八年级学生、3.8% 的高一学生和 4.3% 的高三学生滥用过这种药物。

父母应该如何关心他们青春期的孩子

当心理损害变得具有持续性、可预测性和无处不在时，父母开始担心他们处于青春期的子女，因为瞬态适应反应（transient adjustment reactions）的持续时间极少有超过三个月的。痛苦情绪通常是很明显的。处于青春期的子女在各个方面都存在快乐感降低的现象，如与父母的对立、糟糕的学习成绩、孤独感和孤立感。如果一个孩子连一个知心朋友都没有，那么肯定会出问题。另一个不好的预兆是这个孩子不再做有关未来的梦。如果某些身体症状（如持续性头痛、胃痛、睡眠障碍和食欲问题）变成慢性病的话，它们便成为值得重视的因素。有时从表面上看，一切正常，但孩子的内在体验很沮丧。这些孩子似乎无法从持续的压力中解放出来，或许他们只有依靠食物、酒精、烟草、毒品或咖啡因等外部手段才能让自己感觉舒服些。

近年来，自伤已经紧随暴食症和厌食症之后，成为青春期烦恼无声且严重的迹象之一。虽然这类行为起初让人很难理解，但显然割伤或烧伤自己的胳膊、大腿能够帮助某些问题青少年麻木内心所感受到的痛苦。此后，疗伤——很多自伤者还是很在意这一点的——是这次体验的最终环节。因此，自伤者扮演了一种虐待关系的所有角色：施虐者、牺牲者，以及日后安慰自己的人。

在确立自己和处于青春期子女之间的界限时，有些父母做得太过分了。他们中的很多人一心只想着人到中年的烦心事。那些几乎没有时间或不抽时间行管教之责的父母，只依赖与子女的“沟通”获取他们的信息。一些青少年明白，只需告诉父母最想听到的事情，他们便能为所欲为。

* * *

处于情感抑郁状态的女孩通常不会被人注意到，因为她们悄无声息的绝望之情被认为是典型的青春期烦恼而不是抑郁。这些被忽视的女孩很早就成了心理学的研究对象。

女孩刚一进入青春期便会遇到一些事情。她们的智商会降低，而且她们的数学和科学成绩会直线下降。她们失去了适应力和乐观的心态，并变得不再细心和不愿意冒险。她们失去了乐于助人的个性并变得更习惯于顺从、自我批评和沮丧。她们心事重重并充满矛盾。

轻度抑郁的很多症状——不安、厌倦、乖戾、焦躁、愤怒、睡眠过多或睡眠不足、自我厌恶、疼痛、独自在房间内哭泣——都被认为是正常的青春期烦恼。最需要关注的是这些征状的持续时间和强度。

和一个成年人诉说自己的烦恼会强化这样的女孩的适应能力、减轻她的压力。抑郁的女孩可以和她们的父母或治疗师交流，但不会真的说出她们的生活中发生了什么事，因为她们担心自己没有达到家长的期望值。可以问一些具体的问题，不要只是“在学校过得怎么样”，而是“今天在学校食堂是挨着谁坐的”“你喜欢听什么类型的音乐”“你所有朋友的穿着都一样吗”。了解一下她的生活中存在的压力和发生的变化，了解她参加体育活动的情况。在身体发育期间，定期参加某种类型的体育活动有助于青少年感受与自己身体的联系，让他们感觉心情舒畅。

问她担忧什么。让她在一张具有 10 个回应等级的量表上判断这种担忧的严重程度。她正在如何应对这些事？你怎么帮助她？谁能帮助她？

父母通常无法确定该给青春期的孩子留下多大空间。在不介入和过分介入之间寻找平衡是件很难的事情。研究人员发现，那些与孩子始终保持良好沟通的父母更有可能发现孩子是否有抑郁症状。

* * *

在 15 岁的儿子被家庭法庭法官判处缓刑之后，塞金夫人便带着他来见我。里克早就因长期旷课而被学校提交法庭处理。这个问题属于普通的行为不端，孩子的上课出勤问题通常会通过父母的监督和强制执行来解决（如果做不到就可能表明亲子关系比较疏远）。首先，需要确定的问题是，在孩子、家长、学校的三角关系中，父母与学校的关系。就像父母必须同心协力、执行纪律一样，假如确属学校的问题或者与可能涉及孩子的其他机构有关，他们也必须与学校共同发挥作用。其次，需要确定的问题是父母与子女之间的界限。如果界限是刚性的，父母就可能不知道他们的孩子在做什么；如果界限是模糊的，父母就可能没有足够的权威执行规则。

塞金夫人“太忙”，所以无法与学校保持联系。不过这种情况很容易补救。她也因为太忙而无法监督和管教她的儿子。原则上讲，第二种情况也是容易补救的，但在了解到一直以来里克都在随心所欲地做事之后，我还是感到非常震惊。

我们很容易找到塞金夫人在管教孩子方面如此懈怠的原因。在里克三岁的时候，她的丈夫就搬出去住了。自此以后，她开始喝酒。等喝酒演变成酗酒之后，她被送进了戒酒中心。塞金夫人的饮酒行为有了节制后，她便回去上班，里克也去了幼儿园。他是一个好孩子，独立性强，而且非常讨人喜欢，所以所谓的纪律约束也落不到他头上。这就是他的情况。塞金夫人养成了让里克自己照顾自己的习惯。这个规矩执行得一直很好，不过随着年龄逐渐增长，他开始做与大人的期待相反的决定。在里克的案例中，这种迹象很早就出现了。

转眼到了七年级，里克进入初中阶段。他在适应阶段变化方面遇到了麻烦，尤其是沉重的课业负担。与此同时，塞金夫人的丈夫不再为孩子支付赡养费，而她也日渐消沉。就在她的儿子开始逃课并晚归时，她因太过沮丧而无法做出有效的反应。

里克回家的时间越来越晚，逃课也越来越频繁。他一门课不及格，紧接着另一门也不及格。最后，学校校长得出结论，里克出问题了，他应该采取行动。到现在，所有问题都已积重难返。你如何帮助一位过度操劳且抑郁的母亲管教一个 15 岁的男孩呢？要知道，这个孩子在过去三年里一直是自行其是的。

时至今日，最简单的解决方案——制定并执行规则——几乎已经变得不可能。重获你已失去的控制权需要耗费巨大的精力。如果你在这个孩子面前已经丧失权威性，而孩子正处于青春期，那么在没有外部机构——包括警察和法庭——仲裁的情况下，重新获得控制权是不可能的，即使在当时也不容易。塞金夫人从未真正对里克负过责。最终，他辍学回家，并找了一份工作。她承认自己无法阻止他辍学，并因此维持了目前他们之间的关系。所以当他说出自己的打算时，她选择了接受。她希望将来有一天他会重返校园。在这种情形下，这也许是她所能做出的最好的决定了。令人遗憾的是，她未能早点采取行动。

* * *

聪明的父母会为孩子建立起规则并期待他们遵守。当一条规则建立后，最好明确无误地宣布出来，并给出理由："请在 22:30 前把车开回来，因为我担心你可能赶不回来，而且我还要睡觉呢。"期望对方服从，但又要容忍对方的抱怨。服从意味着承认将父母置于家庭等级中的管教地位；而抱怨只是表达情感的一种方式。不要反应过度。

父母应当认识到他们的控制能力是有限的。他们可以制定并执行约束孩子在家庭内部的行为规则，如晚上何时回家；但他们无法执行有关孩子在家庭外部的行为规则，所以在这方面他们不应该去尝试。制定他们无法执行的规则只会侵犯他们既有的权威。

切记，处于青春期的孩子有和父母协商规则的权利。在这个阶段，父母无论怎样约束孩子都要给出明确的解释，而指导亲子关系的原则也应制定出来。孩子 6 岁时，父母是不容置疑的老板；10 岁时，可以给出解释；13 岁时，各种规则都要经过协商，但父母最后说了算；18 岁时，父母应主动和孩子讨论规则和问题，但也应该清楚，此时的孩子对于自己的行为有最终决定权。父母应当充分表现出灵活性。父母犯的最大错误是将孩子寻求自主权的探索变成孩子针对家庭的一场战斗。

* * *

在这场与处于青春期的孩子争夺人身控制权的战斗中，你不会取胜。喝酒、抽大麻、吸迷幻药、性行为、辍学、与行为不端的同龄人鬼混，父母绝对不想看到他们的孩子做这些事。但无论他们多么苦口婆心，一些青少年都会去尝试。实际情况可能还要复杂。

父母的言传身教会潜移默化地内化为孩子的行为指南。正是这种内在的声音现在开始对青春期孩子的决定施加最强大的影响力——但前提是，此时父母并不处于支配或惩罚地位。只有当没有他人监督、指导时，孩子才会主动思考什么是对，什么是错。

* * *

“是的，不过，”一位家长问，“一方面，我们需要了解孩子生活中将要发生什么，以便获得足够的信息为孩子提供保护；另一方面，我们也需要让孩子获得自主权和隐私权。在这两个需求之间，我们该如何实现平衡呢？作为家长，孩子对我们隐瞒什么是我们可以接受的，什么又是我们不可以接受的呢？我们该如何与孩子沟通这种事呢？”

问题确实很尖锐，不过治疗师的表态应当是描述性的而不是规定性的。你可以说，那些不想放松对子女控制的父母通常只会激发更多的反抗。而且你可以指出，在某些事情上，孩子觉得父母可能会让他们感到难堪。一般来讲，他们宁愿保守秘密。至于父母会得出什么样的结论，就先不去管它了。

父母怎样才能获取必要的信息来让孩子远离危险的活动呢？他们可以问孩子

们准备去哪儿、和谁一起去、去干什么，以及什么时间回来。这些问题都是很有用处的，主要让孩子知道父母感兴趣和关心的内容是什么。父母很难控制处于青春期的孩子的行为。

尽管一些父母滥用自己的权威，试图控制孩子在自己视野之外的行为，但大多数争执一般都是关于发生在父母眼皮子底下的事情的，如把垃圾带出去、把脏衣服放在收纳筐里或晚上什么时间回家等。父母应该明白，尽管很难控制处于青春期的孩子的行为，但可以影响他们的决定，这样父母便可以在不放弃自身影响力的情况下减少与孩子的争吵。

这个时期的青少年可能不希望再像童年时那样被控制，但他们的父母赞成与否依然对他们很重要。不赞成但也不控制或惩罚，是父母可以对处于青春期的孩子行使最强大影响力的方式。当孩子破坏规则时，父母应当直面孩子的所作所为，并表明反对态度。这种做法比威胁、训斥和惩罚更为可取。“我不喜欢你的做法”这种话说出来不太容易引发争吵。

当孩子破坏规则时，为了减少争执，父母可以做出以下反应：

- 明确表态规则已遭破坏；
- 强调这样的行为是不可接受的；
- 声明规则依然有效。

请看下面这种情景：

“你昨晚回家超过了规定时间。这是无法接受的。我希望你22:30之前回家，今后要守时。”

“但22:30太早了。这不公平！别的孩子这个时间还都在外面玩呢。你不能让我那么早回家。”

“你说得对。我不能强迫你。但我希望你记着回家的时间。”

“我才不在乎呢。”

但孩子实际上很在乎，而且22:30这一规定时间会继续在他们每次外出时给他们施加压力。

孩子可以说他们不愿意遵照父母的旨意，这样说话不冒任何风险。实际上，他们可能并不愿意挑战父母的权威，但即便那样说了也不会损失什么。

关于控制权的争夺战

当父母认为孩子在蔑视自己时，他们会犯两个错误：（1）他们将自发的抗争与固执己见混为一谈；（2）他们忽视了亲子互动的辩证法。

多数青少年都很有主见，但他们并不与父母表现为对抗关系。他们努力获得独立性和自主性，而且无论多么困难，他们都在努力。他们是否努力，或者说他们的行为是否极端，在很大程度上取决于父母为了保住控制权而顽强抵抗的程度。

一个男孩子总想自己布置自己的卧室，但在无法达到目的时，他有可能戴上一只耳环或者吹个爆炸头，以此来表达不满。如果他无法打赢与父母争夺控制权的战争，那么他和父母的对抗便可能会进一步升级（晚上拒绝回家或与父母发生肢体冲突）或诉诸暗中的反抗（偷偷喝酒、商店行窃、吸毒）。

令人遗憾的是，很多父母并未看清这场战斗的对阵双方。他们只看到了孩子"不可理喻的"行为，他们认为自己的所作所为是入情入理的。其实这种目光短浅的情况由来已久。

幼儿意志行动能力的提升直接导致其与成年人形成新型的人际关系。当婴儿想要什么的时候，他们除了哭之外几乎无计可施。蹒跚学步的幼儿可能会尝试着触碰妈妈闪亮的水晶球，而当爸爸说"过来"的时候，他们却可能跑开。这是一场精彩的博弈！孩子们希望行使自主权，成年人感觉有必要行使控制权。由此，在自主性培养和维护父母权威之间开始建立起一种复杂而密切的联系。

第一次真正意义上的自主性浪潮大约出现在孩子两岁的时候。此时，孩子的肌肉开始变得强健起来（由此带来更大范围的意志行为和意志控制），成年人或许开始将这个孩子描述为"任性""倔强""执拗"。这是一种片面的描述，是成年人偏见的产物。两岁大的婴儿不会质疑成年人的权威，他们只是希望想做什么就做什么。这并不代表孩子要否定父母的权威，而是他们有决心的表现。

随着孩子渐渐长大，意志控制的范围也逐渐扩大。如果父母对孩子的权利、意志和能力比较敏感，这种转变就有可能轻轻松松地发生，但在孩子的成长过程中所发生的亲子互动可能会以各种形式干扰孩子行使自主权。

即便亲子间存在矛盾，也不应将其咎为父母的固执和愚钝。事实恰恰相反，孩子的自主意志和父母控制的冲突可以被放到家庭动态环境中去理解。由于情感纠缠，亲子关系变成了父母与子女意志较量的竞技场。父母施加（或尝试施加）强制性权威，可能会导致孩子因充满焦虑而服从、准备屈服与妥协，或者令孩子出于一种本能反应，愤怒地抗拒权威。

说到这里，我们想到了萨拉萨尔一家：希瑟的顺从和詹森的叛逆。

第 13 章

萨拉萨尔一家的家庭治疗

Inside Family Therapy
A Case Study in Family Healing

萨拉萨尔一家的治疗过程

在看到萨拉萨尔一家解决问题的尝试如何受制于他们的线性思维之后，我们现在可以把视角转回这一家人的家庭治疗上了。萨拉萨尔一家的处境类似兔子与柏油宝宝的故事[①]，因为每个人都以一种自我挫败行为的连锁模式扮演着他们的角色。

在第一次治疗课上，我们听到沙伦抱怨詹森叛逆和"沉迷于"色情。考虑到其刺耳的攻击性语言，我们或许以为沙伦是一个泼妇——带有那种心胸狭隘、盛气凌人的人格。不，沙伦并不是泼妇，或者蛮不讲理的人。我们往往把这样一些修饰词不公平地用在受困于一种纠缠 – 疏远模式中的母亲身上。

多年来，我已经见过很多容易轻信别人、内心脆弱的年轻女性发生这样的事。我们不希望看到这种情况出现，即把对一方的指责转移到另一方身上。尽管犯了各种错误，但斯图尔特已经尽其所能做到最好了。然而，这并不意味着他是无可指责的，或者他是无能为力的。这仅仅意味着他的行为，就像沙伦的行为一样，是可以理解的。

我们看到沙伦和斯图尔特的婚姻已经变得如此荒芜，失去了活力。现在，这段婚姻似乎已经死亡或接近死亡。可悲的是，曾经如此相爱的两个人已经因各自的哀情而渐行渐远。

当然，在上第二堂治疗课时，我还不清楚这一切。但我知道他们正在遭受伤害，而且他们很重视这次治疗，所以他们和大多数人没什么区别。在明白这一点

① 源自非洲民间传说。美国黑人女作家托尼 · 莫里森（Toni Morrison）的小说《柏油娃娃》以这个非洲民间传说为切入点，讲述了黑人青年森和同为黑人后代的雅丹之间的情感纠葛。在小说中，作者通过隐喻的方式，将黑人青年森比喻为柏油宝宝，将受过白人教养的雅丹比喻为小白兔。——译者注

之后，我决定放慢治疗进度，希望了解他们的焦虑并避免过早出现对抗的情况。如果希望治疗显现出效果，就要做到谨慎协调。在实施治疗的过程中，治疗师应当表现出同理心和理解力，接受个体的观点，并适应家庭结构。接下来，我将深入剖析萨拉萨尔一家的问题。我是这样问的："你们告诉我的事情并不真实，都是你们的一面之辞。"为了挖掘事实真相，稍后我将做出清晰的解释。

从结果看，第二堂治疗课与第一堂课有诸多不同。这一家人已经从他们在第一堂课上剑拔弩张的状态中缓和下来。为了避免之前家庭成员彼此对抗的局面再次出现，沙伦和和斯图尔特达成了一种心照不宣的默契。这种避免冲突的做法反映了他们愤怒的程度，以及他们对问题是否能得到解决的怀疑程度。就连詹森似乎都意识到如此公开的对抗并不妥当。在家里时，家庭成员可以完全避免正面冲突，或在争吵升级时选择走开。在治疗课上，逃避的大门是关闭的，至少在一个小时内是这样的。

第二堂治疗课证实了我在第一堂课上看到的结构模式：詹森和母亲处于纠缠状态，和父亲处于疏远状态。从图 13–1 中可以很容易看出来。

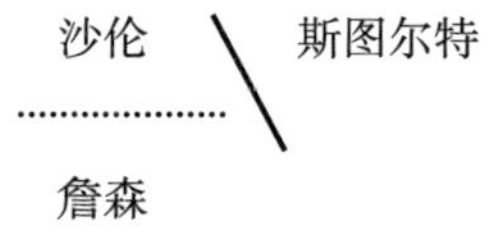

图 13–1　斯图尔特、沙伦和詹森之间的人际界限结构模式

令人遗憾的是，家庭结构越清晰，就越难改变。在萨拉萨尔一家治疗期间，为了考验他们的灵活性，我尝试了一些常见的激发家庭活力的方法，但并未削弱他们之间的结构刚性。

我的计划是将詹森和他的母亲分离开——强化他们之间的界限，如图 13–2 所示。

图 13–2　强化詹森与沙伦之间的人际界限

但我无法在他们彼此隔绝的环境下实现这一设想。我应该让斯图尔特与詹森和与沙伦的关系都更亲密些，如图 13–3 所示。

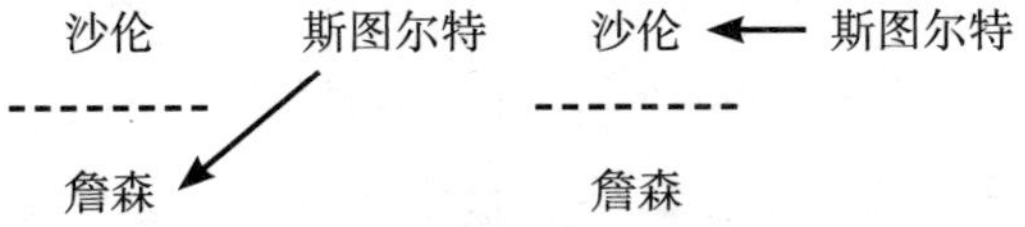

图 13–3　增进斯图尔特与詹森和沙伦的亲密关系

希瑟太安静了，她如何融入进来，我还没想好，但她似乎和母亲很亲密。

我开始了第三堂治疗课，旨在阻止沙伦和詹森的争吵并找到一个托词，鼓励在夫妻之间和父子之间开展对话。当然，我有我的计划，他们也有他们的一定之规。

* * *

当他们一走进治疗室时，我就能猜到要发生什么事情了。詹森是第一个进来的，他没有表现出惯常的那种不服不忿的劲头，而是垂头丧气地坐在办公桌附近的椅子上。他避免直视自己的母亲，但她在注视他，即使他将脸扭向别处，也能感受到母亲那锐利的眼神。斯图尔特似乎也很沮丧，他坐在妻子身边，并试图拉起她的手，但她突然躲开了。希瑟是唯一表现得无动于衷的人，和往常一样，她坐在那里读书。

等我一关上门并坐下来，沙伦便冲着詹森说："你愿意把你做过的事告诉医生吗？"

詹森没有答话，他只是看着自己的脚。

沙伦又朝我扭过脸来，说："上次我们离开后，我让他保证把那些淫秽杂志从家里扔出去，而且不能再带回来。他向我保证一定做到。我觉得我应该相信他。但昨天，当我偶然清理他的衣柜时，发现了满满一箱子的黄书。现在我不知道该如何是好了。这孩子太恶心人了，他现在满嘴瞎话。你会让你的儿子把那种污秽的东西带到你家吗？"

看到我没有说话，她追问了一句："医生，您是什么意见？"

“我不知道。”我有些信心不足地回答。

“好吧，但我不打算容忍这种事！”然后，她又继冲着詹森说：“而且这还不算。我告诉他，如果他希望按照自己的方式生活，他只能搬出去住。你知道他怎么做的吗？他开始朝我大声吼叫。他告诉我不要再挑他的毛病，还说如果我不闭嘴，我会后悔的。这孩子总是控制不了自己的脾气。你根本不知道他会干出什么事。”

她接着说：“我走进厨房，他在后面跟着我，还在大喊大叫，像疯子一样。接着斯图尔特走进来，要詹森安静下来并向我道歉。詹森和他说见鬼去吧，斯图尔特气急了，扇了詹森一巴掌，然后两个人便在地板上扭打起来。我简直不敢相信。我们生活在一个疯狂的家庭里。”

我想打断她，但她却没有停下来的意思。相反，她又开始怼詹森：“你一点都不尊重我和你的父亲。如果你说话不客气点儿，你很快就会发现自己睡到大街上了。”

詹森冲动的行为有所收敛，他试图无视她。他朝我做了一个恼怒的表情，然后扭过脸看着窗外。斯图尔特看上去很痛苦，但他似乎不知道该怎么做。希瑟假装在那里读书。

所以，你看到这间治疗室里正在上演这个家庭的精彩故事：父亲缺乏参与意愿，女儿畏缩，儿子很自然的尝试，以及母亲的愤怒。我恨不得立刻纠正这个女人的行为，告诉她不要对儿子这么刻薄。但为什么我要这样做呢？

每当治疗师产生了在一个家庭中扮演某种积极角色（比如管教孩子、同情一个遭到无视的伴侣，或挑战一位家长的粗鲁态度）的冲动时，治疗师应当考虑清楚，谁应该做这件事？在本案例中，答案是显而易见的：斯图尔特并不情愿为了保护儿子而遭到他的妻子的训斥，因为他不希望她把愤怒发泄到自己身上。他不能（也不会）仅仅为了拉近他们之间的距离而令自己遭遇激烈的情感冲突。

由于我清楚他在面对妻子发火的时候肯定会遇到麻烦，所以我决定让局面稍稍平静下来。缓和一个家庭的危机很简单（虽不复杂，却也不轻松），只需对情绪失控的家庭成员做出倾听的姿态，且不让他人打断他的倾诉即可。令冲突持续升级的诱因是，一群反复无常的人重复摆出自己的理由，却没有耐心倾听别人的理由。在他们平静下来之后，我可以督促他们开始沟通。我将扮演调停者的角色，但只是暂时的。

在接下来的几分钟里，我引导沙伦摆脱糟糕的情绪，并对她的遭遇表示同情，这并不难。等到她不再纠结詹森的叛逆和丈夫缺乏同情心之后，她的怒火开始平息。“他总是”“他从不”变成了“我太担心他”“我不希望他出任何事”。这种转变是引人注目的。

现在是迫使斯图尔特和妻子展开交流的时候了。虽然他根本无法扭转她对詹森行为的认识，但也不再刺激她，他把这块阵地让给了她。关键不在于他们之间达成妥协，而在于打破阻隔他们的那堵墙，这样他们就能变成一个父母团队，并开始重建夫妻关系。

“你的妻子担心你的儿子，但我认为她并没有感觉到你的支持。”我所表达的态度并不坚决，我本应施加更大的压力来刺激这位总是很勉强的伴侣。“我认为你对于詹森的行为有不同意见，但你又害怕表达出来。你似乎希望不惜一切代价避免发生争吵。在这种情况下，我担心你的最终代价是让儿子失去父亲，让妻子失去丈夫。除非你更多地参与到家庭生活中，否则我并不认为这个家庭会发生任何好的改变。事实上，我发现情况正在变得越来越糟。”

我的这番话有了效果。斯图尔特转向沙伦并告诉她，她有些关心过度了。“詹森其实并不是一个坏孩子。为什么你就不能多给他一点自由空间呢？”

“你说我太关心这个孩子，那是谁的错呢？”她说。沙伦被丈夫的话刺痛了，但她的愤怒中带着悲伤。“有人真的不配当家长，不配当丈夫，不是吗？家里的事都是我一人承担。”

他们你来我往，唇枪舌剑，每个人都那么脆弱，每个人都有不同的弱点。沙伦的情绪是愤怒中带着无助；斯图尔特害怕她发火，希望通过退缩控制事态的发展。但现在，由我的关注所产生的压力令他们努力交流下去。在各自诉苦的同时，他们也说到了詹森，说到了他们的关系。他提到她的批评给他造成的伤害——如果她希望他多多参与家庭生活的话，为什么总是挑他的毛病呢？她则提到试图让他回归家庭生活时的那种挫败感。“这么多年来，我乞求你注意我，把你的宝贵时间留给我一点儿。但是你没有，你每天就是读书、写字。我觉得你把那么多时间投入到工作上就是为了躲避我。我觉得你根本不敢面对你已经结婚的事实。”

我不希望这样的对话在孩子们面前持续太久，但何时中断对话始终是个问题。在沙伦说完斯图尔特是一个差劲的丈夫之后，我立刻介入进来会强化互动的消极意义。我不希望这堂治疗课以那种方式结束。

于是，我向沙伦问了一个比较中性的问题，我问她是否认为斯图尔特听到过她的心声。“他听到过，”她说，“他以前听到过。”

“我不这样认为，”我说，“我认为当你这样指责他时，他并没有听到心里去。正像人们会握紧拳头一样，他也会‘合上’自己的耳朵。我认为他并没有领悟到你所遭受的那种伤害和孤独感——因为我认为你害怕将其充分表露出来。”

沙伦开始啜泣，起初轻微，接着就变成了痛哭。她什么话都没说，也没必要说。斯图尔特坐在那儿，一副束手无策的表情，他受到了触动，但不知如何是好。“你们渐渐疏远彼此的做法令人感到悲哀，”我说，“我认为她需要你。”斯图尔特抓住沙伦的手，这一次她没有再把手抽出来。下课时间到了。

* * *

在接下来的两堂课上，我分别找沙伦和斯图尔特谈话。我了解了他们的婚史。“当你们第一次对视时，你在想什么？”“你是什么时候知道自己坠入爱河的？”“你希望婚姻是什么样子的？”这些问题触发了很多苦乐参半的情感。

不过，此番探索揭开的不仅仅是他们的情感脉络。询问来访者的婚史可以让他们有机会以一种不掺杂指责的方式说出他们对彼此的期望。家庭成员不会因没有实现的愿望而相互指责，而是开始了解对方期待什么、希望什么，以及他们希望在事态恶化之前如何让对方读懂自己的内心。

沙伦和斯图尔特还告诉我很多他们谈恋爱时和办婚礼时的事情；他们的宝宝和他们所承受的难以置信的压力；宝宝们是如何长大的，以及抚养他们有多难。他们讲述了他们的嫌隙是如何出现的：希望与挫折——讨厌的事一件接一件地发生；那段婚外情；吞噬夫妻关系的距离感（他们有时都暗自疑惑，自己的婚姻是不是只剩下一个空架子），以及现在的詹森。

当然，这些都是过去时了——他们都经历过了。但在回顾这些往事时，我为他们提供了一种新的交流方式，甚至不同于普通的交谈。我为他们提供的是一次被倾听的机会。

从训练沟通技能到分析原因，治疗师的各种建议在于传授相互理解的技巧。但在所有这些宣教中，“唠叨”的意义超过了信息本身。提升相互理解力的途径是把人们对彼此的理解呈现出来。

对于沙伦和斯图尔特而言，二人在倾听我和他们其中一个人的交流时，就好像在偷听两个陌生人的对话：你只管听好了，不必做出什么反应。他们谈到了经过这么多年的误解和无视后彼此心里所积聚的刻骨铭心的伤痛和失望。因为他们正在向我倾诉，而不是他们之间正在交流，所以在宣泄这些往日的悲痛时，他们更多的是在寻求对方的理解，而非互相攻击。因为他们都听到了对方说的话，或许现在问题的症结变得有些清晰了，他们开始审视彼此间行为的相互作用。

沙伦和斯图尔特之间的距离开始拉近，但我不希望像很多治疗师禁不住去做的那样：用一个问题儿童揭示一个家庭中的婚姻问题，认为婚姻才是真正的问题的关键，然后把所有精力都投入到大人身上，认为只要夫妻关系改善了，孩子的问题也就迎刃而解了。

沙伦和斯图尔特的问题并不局限于他们的婚姻。他们曾经努力做一对美满的夫妻。是的，他们都有各自的问题，但如果他们没有被一两个小家伙——詹森和希瑟——搞得心烦意乱的话，这些问题本来是可以解决的。这种从两个人的家庭向三个（或多个）人的家庭的转变绊倒了很多人。

我给沙伦和斯图尔特上的治疗课帮助他们把问题的焦点从母子关系上移开，使其专注于夫妻关系，问题的核心本就出现在这里。在某种程度上讲，在问题的焦点被转移后，詹森平静了下来。

我希望和詹森单独聊聊，但在此之前，我略施小计，引导斯图尔特嵌入沙伦和詹森之间，进而拉开那两个人之间的距离。我说我觉得（毋庸置疑）在抚养子女方面，沙伦所做的工作已经超出了自己的限度，而且她太累了。事实上，从专业角度看（我喜欢这样说），她很抑郁。我停顿了一下，好让大家领悟到这一点。沙伦点点头，斯图尔特看上去也若有所思。

“詹森已经失去控制了，”我说（对此不必说谎），“但现在，我认为沙伦需要休息。斯图尔特，在这个男孩的教育问题上，你需要承担更多的责任，而且基于这个原因，我希望单独为你和詹森开一两堂治疗课。”

接下来的两堂课就是为这对父子开的。我们在课堂上交流的一些内容是詹森需要改进自己的行为，还有一些内容只涉及父子俩多花些时间在一起。比起一种过分亲热的关系，致力于发展一种自然、平淡的关系更容易些，而且这两个人在增进亲密度方面很快取得了进展。

看到父子俩的关系变得融洽起来还是很有趣的，但我知道我不应该长时间将沙伦排除在外。在没有把一个孩子“拴”在另外一个地方的情况下，便试图把一位过分介入的父亲或母亲从孩子的身边拉开，这个孩子会像弹簧一样出现回弹。我把这一家人再度召集起来，在评估治疗效果的同时，刻意对詹森在行为上取得的进步轻描淡写。我不希望让这件事听起来好像斯图尔特做得比沙伦好。于是我说：“我希望为詹森开几堂课。他到了该对自己的行为负责的年龄了。”

我想和詹森谈谈色情书刊的事——我觉得对一个十几岁的孩子来讲，这不是什么大不了的事。但对于其他事，比如毒品、学校、女孩，我不敢肯定。通过单独和他交流，我希望强化他和母亲之间的界限。青春期性爱是一种私密体验，孩子不太可能与他们的父母交流这种事。

但首先我必须和他交流。你不要和一个你以为是小混混儿的青少年干坐在那里说：“好吧，把你的问题都交代出来吧。”

* * *

有一种方式可以让我们与顽劣的青少年形成同盟关系，即承诺帮助他们得到他们希望得到的东西。相对于把他们交由青少年审判庭或学校纪律委员会处理，这或许是非常仁慈的待遇了。但不要把这种约定当作一种单方面的协议。告诉孩子："你要让我相信，如果我冒险为你出了一次头，你可不要让我失望。"

还有一种对青少年的抗拒心理表示支持的途径，就是和孩子一起说服他们的父母这个孩子不需要任何治疗。与孩子合作可以让他们的父母不再烦扰他们。我经常告诉青少年，父母之所以生气肯定有很充分的理由，而我希望从他们嘴里听到他们的故事。

* * *

起初，詹森很固执，不愿意配合。他倒是准时前来，在这里熬一个小时的时间，但很少说话。不管怎样，我算是他父母的权威的延伸（他当然不必付给我治疗费），而且他并不希望暴露自己的心思，向我袒露他自己的情感会让他变成透明人，他不希望自己表现得比他已经感受到的更脆弱。于是，我耐心等待，问了很多问题，目的是让他保持说话的状态，但不会把我们的会面变成问答式的治疗课。

詹森在一步步地试探过我之后，从安全的话题慢慢地转向不太安全的话题。他向我介绍了学校的情况以及在学校里遇到的某些烦心事。他告诉我，当他和朋友们感到厌烦的时候，便一起逃课并出去喝啤酒，在外面待到深夜。当他和我说到"财富啤酒""爱之船"时，他试图从我的眼神中观察到不赞成的迹象。

我确实不赞成，我还没有糊涂到认为孩子喝得酩酊大醉是一种无害的乐事，但我尽量不表露出来。我没有批评他过度纵酒，因为那种做法会把我塑造成控制欲极强的家长形象，这种角色会遭到无视。我的问题大多涉及他自己的经历，希望帮助他发现自己不良行为的后果。最能体现我的不赞成态度的一个问题是：是不是他的一些朋友还非常年轻，所以想不到喝酒会让他们惹麻烦。这个策略比较拙劣，但我很幸运。詹森说："是的，有很多朋友都不大。我喝酒只是为了帮助自己放松心情。"

过了一会儿，我们聊到了性。我们并不是绕来绕去进入这个话题的，是我主动提起的，詹森当然不会主动讲。这个问题标志着我的立场发生了转变，从单纯的倾听变成了刺探。对于一位治疗师来讲，最简单的做法是接受一切并始终保持同情心。这是一种流行的治疗模式：治疗师是朋友，这是一种很珍贵的友谊。

詹森告诉我，他接触性已经有很长一段时间了。最近，他认识了金姆，一个很显然会刺激到母亲的女孩子。金姆很早就因为卖大麻被学校开除了，现在与爷爷奶奶一起生活，他们基本管不了她。沙伦不许詹森再见金姆，所以这对小情侣把约会转移到了地下，每周有一两次，詹森都是等父母休息后，从自己卧室的窗户爬出去，匍匐着穿过屋顶，跳到地面上，然后蹬上自行车，骑两英里路来到金姆家，爬到屋顶上，从窗户溜进金姆的卧室。

由于厌倦了循规蹈矩的日常生活，再加上内心充满期待，詹森计划与金姆过一个特殊的周末。实际上，这个主意还是金姆提出来的。尽管她的年龄比詹森小，但胆子比他大。她说："我们出去找个地方过周末吧，还可抽点儿 LSD①。""好啊。"詹森说。虽然他有保留意见，但他憋在心里，没说出来。

一旦接受了这个提议，他便有了一个在虚构场景中充分发挥想象力，并且能够骗过、"战胜"母亲的良机。圣诞节前一周，詹森看似很随意地和母亲提出，在圣诞假期后，他可能会去凯文家过周末。

当这个热盼的日子终于到来时，詹森说："妈妈，我准备去凯文家度周末，您还记得吗？"

"有什么家庭作业吗？"

"只有一点儿化学作业，凯文和我在去看电影前会先把作业做完。"

"好好玩吧。"

詹森走到凯文家，两人再开车去金姆家。凯文带他们去了乡下，并在一处废弃的谷仓附近把他们放下。这是他和詹森发现的。下车后还要走一小段路，但由于要蹚过没膝的积雪，再加上带了一大包食物和毯子，所以他们还是走了好几分钟。等到詹森用力打开谷仓的大门进到里面，他的内心变得愈发兴奋，也有一点害怕。

他们决定先吃些东西，然后再嗨一下。他们吃了花生酱和果冻三明治，还有

① LSD 的英文名叫 Lysergic acid diethylamide，中文名叫麦角酸二乙基酰胺，是一种强烈的半人工致幻剂。——译者注

金姆带来的夹馅面包。接着，她抽了一支大麻烟，詹森则吃了堂兄从大学里带回来的半块大麻饼干。他发誓在此之前，他还从未把烟气吸到肺里。

接下来，他们都吃了一片 LSD。詹森在一次派对上曾经尝试过 LSD，那时他还比较警觉，只吃了半片。这一次，药劲更强大了：煤油灯看上去就像一根忽隐忽现的彩色长气球；谷仓外的积雪呈现出一排排万花筒般变幻的色彩，蓝白色、粉白色，好一个绚丽的世界！

詹森开始把自己想象为疯狂的麦克斯[①]。当他告诉金姆时，她说："噢，我爱梅尔·吉布森。"接着便开始亲吻他。整个周末就像一场缠绵的春梦。

詹森是一个想象力丰富的说谎者。此前，我没有理由怀疑他的诚实。现在，他的故事中事实与虚构掺杂在一起，难以区分。我们通过电话聊过几个小时，他谈到了女孩和他母亲对这种事的唠叨，这些都我相信。他没有勇气要求"好女孩"和他一起出去玩，这我也相信。但我想说，他自己所交代的"女友"数量与交往程度，以及他现在几乎不看色情书刊这件事似乎让人不太相信。

当我问他是否依然在房间里藏匿色情杂志时，他断然否认。不过，他义愤填膺的样子却出卖了他。人们在说谎时都伴随着坚决的否认，而真相很少引发如此激烈的反应。他的谎言，可以肯定就是谎言，令我很尴尬。直接点破只会激发更强烈的否认，而会令我们产生矛盾。显然，他把判断真伪的责任推给了成年人，而我并不想接下这份差事。从另一个角度讲，如果我表现得好像自己真的相信了他，会让我看上去像个傻瓜，而且会侵蚀彼此坦诚相待的态度。于是我说："真的吗？太让人惊讶了。"我的言语之中既包含一丝怀疑，又流露出一丝不信任。

面对我不露声色的挑战，詹森的反应是岔开这个话题。他虽然改变了话题，但在这个过程中，他尽可能详细地告诉我，他的性经历仅仅是幻想而已。

他讲述了入迷后的感觉，言词中带着一股科学幻想的味道。他花了好长时间阅读对不同世界的各种奇幻事物的描写，并让自己迷失于未来的幻梦中。这对我

---

① 疯狂的麦克斯是 1979 年上映的同名澳大利亚影片《疯狂的麦克斯》中的男主角，由梅尔·吉布森饰演。——译者注

们来说是一个很好的话题，因为我知道“嗑药”与科学幻想是风马牛不相及的事情。不过，这让他觉得很在行。他还教给我了一点摇滚乐的知识，解释了重金属、速度金属和硬摇滚之间的不同。詹森喜欢重金属的雷霆万钧之势，他甚至喜欢某些“老派的”音乐家，如感恩而死乐队（Grateful Dead）和吉米·亨德里克斯（Jimi Hendrix）。对詹森来说，重要的是他们都很真实。

既然我们已经处在相互尊重的层面，我决定向詹森解释他与母亲争吵和他父亲对家庭漠不关心这二者之间的联系。出于多方面的考虑，我向詹森介绍了家庭三角关系的概念。我希望他明白他与母亲这场“战争”背后的动因，并且告诉他仅仅从争吵中抽身而出是徒劳无益的。如果没有别的办法，我希望这个家庭保持平和状态，直到詹森高中毕业。

我解释道，他母亲与他开战是因为母亲把他当成了他父亲的一个替身。我还向他解释她是如何使每次争吵持续下去的，直至证明他是错的，她是对的。而且我希望他明白，退一步海阔天空，他可以获得更多的控制权和更大的自由度。有时这意味着他要躲开她，但有时是无法躲避的，所以也要学会说软话，如“是的，妈妈，你是对的。”

詹森似乎抓住了这个三角关系的精髓，这让他觉得自己不再像个弃儿，也让我们成了“同谋”：我们联合密谋“战胜”他的父母。只不过他似乎无法停止与母亲的争吵。他的脾气可以控制一两天时间，但接下来就会爆发。他的母亲让他挂掉电话，他马上就冲着她哇哇乱叫，直呼她的名字，并拒绝让步。愚蠢，愚蠢，愚蠢。我无法相信他会这样做。但我转念一想，他或许必须这样做。

为什么一个人要这么处心积虑地与父母作对呢？詹森的某些行为似乎具有自我毁灭倾向，但这些行为确实是有目的性的。在某种程度上讲，这与增强自尊心有关。但那又怎么样呢？

我觉得我不应该与他的非理性行为针锋相对。出于某种原因，如果我想方设法和他对着干，这就正好满足了他的期望。他的母亲爱唠叨，而他总是冲她吼叫，从而不可避免地爆发激烈争吵。可悲的是，其结果是可以预测的，就像一只飞蛾会义无反顾地扑到灯泡上一样，虽然在这个过程中，它的众多同伴都会被烫死，但它还是会这样做。

詹森也在和我作对，不过我一开始没反应过来。他说“忘记了”我们前面的讨论，而且也“没打算”向我道歉。这个家庭的情况似乎更糟了，连我都快被逼疯了。

他对待我与对待其他人没什么两样——引发对抗，这是他唯一会玩的把戏。当然，我没想得到什么特别的优待。我只是在努力帮助他，即便在操纵他也是为了他好。真的！

是的，我有些生气，但我控制住了自己的情绪。为了了解他的感受，我尽量让自己保持冷静。

我指出，他所谓的“忘记了”的事，必定间接指向某种他无法公开做的事。我在想，他可能无法抑制与母亲争吵的冲动。他的反应让我很惊讶。

他也在生我的气。他对我的反应与我想的不太一样。在他看来，我是一个设法控制他的人。“你让我做这个，让我做那个。你和她是一伙儿的！”他忘记向母亲道歉是拒绝屈服于我的操纵的表现。他和我说话时，还没开口，你就觉得那份神态与他和自己的母亲说话时一样，即在你面前我要表现出男子汉气概，这种做派是我从父亲那里学来的。

这是本次家庭治疗的一个转折点。你可以看到詹森正在努力获得自主权，这种做法不是父母教给他的，甚至也不是他自己揣摩出来的，这是我们的本能。

治疗师喜欢将这种抗拒归因为移情（transference）。这是一个很好的概念，它将过往的矛盾视为尚未得到解决的情感，而且让治疗师谨慎地相信治疗对象（所说的话）。詹森抗拒我的时候就仿佛我是他的母亲（傻孩子，我不是你的母亲，我只是在行为方式上像她而已）。

* * *

父母之所以与他们处在青春期的子女争斗，一是为了让他们不犯错误，二是为了保护父母的权利。而青少年做出回击是为了赢得做自己希望做的事，以及自认为正确的事的自由。这场争斗的主题是自主权，这和纯粹的自由不一样。自主权意味着为你自己考虑，却并不是毫无限制地做事。

* * *

詹森之所以希望获得自由，深层的原因是他受到了自我分裂的困扰。他受到了吸引，但同时又感到害怕：他希望在这个世界上赢得一席之地，但面对这个世界时，他又畏缩不前；他渴望获得自由，但又害怕拥有自由。这是存在于我们每个人身上的矛盾，而且从未得到解决。

但詹森把他与父母（尤其是与他的母亲）的矛盾公开化了。他无意识地为母亲分配了以她之口说出他的压抑和恐惧的角色，而她也欣然接受。这是一个封闭系统。母亲必须战胜儿子，而儿子不仅要战胜自己内心的恐惧，还要“战胜”他的母亲。难怪他们两个会步履维艰并深陷痛苦与愤怒之中。

我给詹森上的治疗课具有降温作用，消除了他的一些怨气，并为他提供了一个同盟者。单独考察一个青少年可以被算作一个重组技巧，能够固化亲子界限，并鼓励青少年探索家庭之外的世界。而且这种做法可以适时地冻结青少年充当替罪羊的过程。与孩子直接合作意味着不必要求他的父母做出改变。

我担心因控制权引发的争吵正在令差异问题复杂化。允许差异（或者个性）的存在并不意味着让一个孩子缺乏管教，而是意味着家庭成员各自的身份需要澄清。虽然我不希望看着他像自己的父亲那样养成虚假的独立性，但我更不想帮助詹森在这个家庭里获得完全的自由。斯图尔特表面上的独立性是情绪反应的产物。只有当他被屏蔽了情感接触时，他才会平静地思考。如果情况再严重些，他就会变得和詹森没什么区别了。只不过，他们的行为方式走了两个极端：斯图尔特疏远他人，而詹森纠缠他人。但在内心深处，在面对焦虑时，他们在独立思考方面面临同样的困难。

是时间与这一家人再见个面了。我心里有两个目标：差异化和创造界限。塑造独立身份认同的关键在于孩子与父母的关系。我希望詹森有自己的身份认同和自己的想法，而不是不假思索地反对父母的期望。我还希望帮助沙伦和斯图尔特学会在不损害詹森处于萌芽状态的自我意识的前提下订立规矩。父母不应该害怕表明立场，要告诉孩子“这是我们的信念，这是我们对你的期望”。青少年需要有选择地接受和拒绝父母的价值观。

转变中的界限

孩子步入青春期时，家庭结构需要做出改变。父母和孩子之间的关系必须有所发展，要让孩子们拥有尝试的自由和独立成长的空间，应当允许他们稍稍偏离兄弟姐妹的圈子，并给予其逐渐增大的自主权和与其年龄相称的责任感。图 13–4 中所呈现的结构证实了在由父母 – 儿童关系过渡到父母 – 青少年关系的转变过程中存在一条清晰的界限。

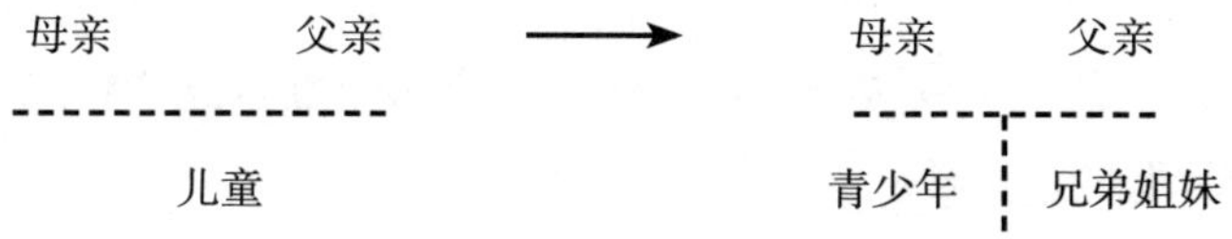

图 13–4　由父母 – 儿童关系过渡到父母 – 青少年关系的转变过程

父母中的一方或双方可能都会抗拒与一个处于青春期的孩子之间的关系发生改变，因为这种变化不是孤立发生的。在此过程中，父母之间的关系也需要发生改变。像沙伦这样的女人与丈夫的关系比较冷淡，她在帮助孩子成长方面可能会遇到麻烦。正如我们已经看到的，疏远型的父亲或母亲可能与孩子形成一种秘而不宣的联盟，来对抗纠缠型的母亲或父亲。

对于离异的父母而言，当孩子进入青春期时，他们的生活尤为艰难。作为监护人的父母可能更在意孩子不断增长的自主意识和对尝试新鲜事物的需求；作为非监护人的父母则可能主张加强对孩子的控制，因为这种做法在过去是有效的，因为作为非监护人的父母当初的生活环境可能就是这个样子的。如果父母再婚了，继父母的态度会增加矛盾的复杂程度。

就像纠缠型父母选择放手的能力受制于其在其他方面的掌控能力一样，处于青春期的孩子对自主性界限的争夺实际上也体现在两个方面：在家庭内部获得自主权和与家庭之外的世界建立联系，这二者是直接相关的。

代际之间的界限应当足够清晰，这样青少年才能拥有自己成长的空间，但依然需要保持父母与孩子开展对话的通道。父母需要放松他们的控制，但不要忽视他们，孩子毕竟是孩子。他们需要父母倾听他们的烦恼、愿望和志向，甚至是遥不可及的梦想。有的孩子会在尝试不同身份的过程中萌生很多疯狂的想法。有的孩子在表达某个特定偏好时可能并不是出于强烈且持久的兴趣，而是将其作为一种策略，以此试探自己的父母是否能够容忍他偏离既有的家庭规则。如果父母允许孩子偏离规定，那么无论这个孩子做出何种选择，其兴趣都不会持久。

* * *

在与子女发生激烈冲突时，父母常常过分关注眼前的问题，而看不到这些争吵的实质：子女希望获得越来越多的尊重。令人遗憾的是，只要父母坚持在所有争吵中获胜，孩子就得不到尊重。他们的反应要么像詹森这样加剧矛盾、不走正道；要么像希瑟那样选择顺从。

一些父母担心，如果承认子女是正确的一方，自己就会成为错误的一方。他们还害怕让孩子们获胜就意味着自己失败。事实上，真实情况正好相反。

并不只有家庭成员的行为在塑造青少年的人生，具有同样功能的还有他们对于彼此行为的刻版印象。父母与处于青春期的子女之间的对立关系会因为彼此之间相互“贴标签”而得到强化。双方都将彼此的互动简化为一系列令人懊恼的反应。那些认为青春期子女“不负责任”（仿佛已经成为这个群体的代名词）的父母收到的评价很有可能是“漠不关心”。同样，那些将子女概括为“懒惰”的父母在子女眼中“太爱挑毛病”。这些并未公开的评价令参与家庭生活的每个个体都走向了极端。

治疗师如何摆脱这些概括性观点的束缚呢？了解例外情况，也就是那些并不总会被注意到的时刻。例如，“不负责任”的孩子主动给家人做顿饭或写了一份真很有深度的期末论文；当孩子欣赏完一场音乐会后，那些“漠不关心”的父母开车把他们接回家；当孩子做家庭作业时，这些父母在一旁陪着熬夜。

在控制论隐喻（cybernetic metaphor）的提醒下，我们看到家庭成员在家庭功能失调的反馈回路中苦苦挣扎，彼此以毫无意义的方式开展互动。而在叙事隐喻中，我们不仅学着审视家庭成员在相互关系的约束下所做出的行为，也学着如何剖析他们争吵的原因。他们的经历（“不负责任”的成员和“受到批评”的成员）不仅影响到了他们注意到的（迟到、训斥），也影响到了他们如何解读自己注意到的。只要父母注意到孩子们不礼貌的行为，就会一个劲儿地批评和控制他们。只要孩子认为父母说到底就是在挑毛病，就很有可能维持消极的和叛逆的心理。家庭成员彼此之间的反应刺激他们做出更多相同的反应，并进一步强化敌对行为。

只要代沟两端的家庭成员依旧维持两极分化的观点，他们就有可能因为忙忙碌碌而无法思考自己的愿望和追求。在不幸福的家庭里，人们可能就是因为极力避免成为他人希望的那种人，所以才没有时间思考如何实现自我价值。

* * *

周四，也就是我们周六治疗课开始的前两天，斯图尔特在办公室度过了特别糟糕的一天。他的一个学习最差的女学生正在参加博士论文答辩，斯图尔特不得不在同事面前忍受自己一手带出来的庸才带给他的难堪。等一切结束后，他竟然盼望着回家了。

他回家后发现了什么呢？厨房里并没有做好的饭。餐桌上放了一张纸条，告诉他希瑟到玛利亚家吃饭，沙伦要到市议会参加一个会议。詹森蜷缩在沙发上看 MTV，脚边的小地毯上还扔着沾有残羹冷炙的电视餐[①]餐盒，他还没有喂猫，没有倒垃圾，看样子也没做家庭作业。斯图尔特呆呆地站在那里环顾着整个房间，他感到很疲惫，连抗议的力气都没有了。

詹森能感觉到父亲在盯着他看。他没有转身，他本应和父亲打个招呼的，但他不想听到一大堆嫌房间脏乱的唠叨。斯图尔特很好奇詹森平时是怎么生活的，但他没有问，儿子也没有回答。斯图尔特就是站在那里，抚慰自己沉重的伤感。此时此刻，又一股自哀自怜的情绪涌上心头。

---

① 电视餐（TV dinner），兴起于 20 世纪 50 年代的美国冷冻或冷藏成品餐食。——译者注

齐心协力，开启新生活

萨拉萨尔一家仍旧存在问题。基于这样的判断，我或许可以和这一家人形成一种长期的治疗关系。沙伦孤独吗？我认为是这样。斯图尔特孤僻吗？我会帮助他勇敢面对沙伦的批评，并帮助他理解沙伦的抱怨，乃至她的悲伤。我会对他施以援手，并帮助拉近二人之间的关系。我会推动透明、公开的沟通。希瑟很害羞？我会帮她树立信心并鼓励她。詹森希望通过维持与母亲的“战争”来抗拒长大？我会支持他养成他自己的兴趣爱好。我和斯图尔特不一样，我可以随时为詹森提供帮助。我和沙伦也不一样，我会让詹森发挥主动性。我会成为他们的英雄，为他们提供一种神奇的赋能关系。他们会接纳我，我会一直采取这样的方式帮助他们消除分歧、抚慰受伤的情感，并把所有事情都搞定（如果你反对某一立场，你会令其看上去荒唐可笑，不是吗）。

虽然我竭力反对治疗师扮演皮格马利翁[①]的角色，但治疗师往往就会蜕变成这样的人。有一位治疗师忙前忙后地协调代际关系、平息争执，并在每次危机爆发时有效地掌控危机，谁还想要改变自己呢？

尽管关于萨拉萨尔一家这个案例有太多事情要做，但我感觉我的职责是，每当他们遇到困难时帮助他们越过那个坎儿。他们不仅需要处置突发的危机，也要重新调整导致和詹森产生矛盾的人际界限。然而，只要我帮助他们建立起一个功能更加趋向于完备的家庭系统结构，并针对他们对重构的需要教给他们一些技巧，从而让这个家庭与孩子一起成长，我就会把责任交还它所从属的地方——这个家庭。届时我会撤出，这样他们将继续生活下去。

我已经开始了创造界限的过程，这个界限将父母与他们的儿子分开，将他们的情感力量送回他们二人之间，并为詹森释放自由成长的空间，剩下的就是将这些改变固定下来并做好收尾工作。

在结束对萨拉萨尔一家的治疗之前，我还希望完成一件事情：让希瑟变得开

① 皮格马利翁（Pygmalion）是罗马神话中一位雕刻家的名字。他讨厌当时社会上的女人，便按照心目中的完美女人形象雕刻了一尊塑像，并爱上了它。爱尔兰文学家萧伯纳以此传说为原型创作了同名戏剧，也译为《卖花女》。——译者注

朗起来。我依然不太确定她是有抑郁症状还是仅仅有些害羞。在我看来，在看到她在几堂治疗课上孤独的表现之后，评估她的情绪中是否带有抑郁症迹象的做法似乎是合乎情理的。尽管我看到詹森注重强化自己的独立意识、摆脱了母亲的纠缠，但我并不希望希瑟渐渐脱离这个家庭。

为什么要单独和孩子们交流呢？其中有两个重要的原因：第一，要避免在交流过程中孩子与父母之间出现无休止的争吵；第二，孩子有些秘密是难以启齿的。另外，最好帮助父母处理好与子女的关系。我想知道希瑟的父母如何对待下面这个问题，即他们的乖乖女可能并不开心，需要获得更多关爱，而且我想知道我是否可以让兄妹俩的关系亲密起来。

希瑟并不希望自己被牵涉到家庭纷争当中。她在等待机会，那时便可以离开这个家，并将所有错综复杂的矛盾抛在脑后。如果她能真正成为詹森的一个盟友的话，那么他们之间的纽带就有可能为处于青春期的她提供力量，而这也将帮助詹森放停止与母亲的争吵。我并没有迫使他们结盟——你很难迫使任何年龄超过 12 岁的人做任何事——但我确实在努力促使他们坐在一起交流问题。

最让希瑟感到难办的还是如何告诉自己的哥哥，她对他惹了那么多麻烦感到很生气。她在与任何有同情心的人接触时，原本可以把这番心里话说出来。当她否认自己生气时，我说："我不相信。"我这是在让她做出两难的选择：要么在哥哥面前承认自己确实很生气，要么勇敢地面对我的质疑。她选择了中间路线并说："好吧，这是真的。"但她不太那么坚定、自信。

正是在那个时候，我向她的父母汇报了我的判断，希瑟有抑郁倾向，并提供了若干佐证，例如她总是闷闷不乐、她总在阅读，以及她回避参与争论等。我试图把皮球踢到他们一边，但他们在想方设法踢回来："你什么意思啊？她在学校表现很好。"（斯图尔特）"她看上去很开心啊，她从没抱怨过。"（沙伦）

"好吧，我说不清楚，"我说，"为什么你们不和她聊聊呢？"

没有丝毫悬念，沙伦首先开口了。"这是怎么回事啊？亲爱的？你听到这位医生说的话了。你不开心吗？"

希瑟在自我意识的驱使下感觉窘迫极了，嘴里含糊地说着什么，好像是"我很好，不要打扰我”。

在沙伦进一步探寻之前，我利用这一空当又略施小计：“我知道你们两个（意指沙伦和希瑟）关系很亲密。但真正令我担忧的是，她的意志很消沉，和任何人都不愿意说话，包括她的父亲。当一个孩子变得压抑时，她可能会糊弄她的母亲，又不会向其他人公开表达自己的态度。”

他们三个人都试图证明我错了。斯图尔特逼迫女儿说出她的生活中发生了什么事。希瑟努力把自己的意见表达出来，沙伦在旁边没有插话。

父亲和女儿谈了大约 10 分钟，这证明开启一段自然、平淡的关系要比让一段风雨飘摇的关系平静下来容易得多。在他们谈话的过程中，我们了解到，这个沉静女孩的内心世界竟然如此丰富。

希瑟谈到了她是多么讨厌父母总是与詹森吵架，谈到了她在学校是多么形只影单，而且还讲述了对自己的不满，其态度相当偏执。她感觉自己一无是处——长相不好、性格不好、不喜欢运动，甚至都不忠于自己的原则。至于她为什么吃得那么少，她说吃饭令人厌恶，他们屠戮动物为的就是为了让和她一样的人有肉吃。

令人感到宽慰的是，我发现尽管希瑟很不开心，但她没有临床上的抑郁症状。她郁郁寡欢，把大把的时间花在独自思考上，但她并未表现出抑郁症的典型特征：慢性抑郁情绪、扭曲的消极思想、快感缺乏，以及精神和身体机能放缓。希瑟是一个不开心、喜欢沉思的孩子，但她还没有失去集中注意力的能力，而且没有亮起典型的危险信号：无望和绝望。在这种情况下，我没有必要介入。我要看她的父母如何反应。

为了让希瑟开朗起来，沙伦和斯图尔特奋力一搏，至少这一次他们齐心协力。他们说他们很爱她，而且指出了她身上的优秀品质。对希瑟来讲，这种话听起来更像“振作起来，你没有理由不开心”。不过，至少这一次她告诉了他们，她心里在想什么。她说他们并不真正关心她，他们心里想的只有詹森。尽管只是为自己的不开心辩解，但她终于出手捍卫自己的权利，这对她是有好处的。

我很欣慰。看来事情正在朝着正确的方向发展。冲动之下，我决定促使斯图尔特对希瑟表现得更亲近些：我给他留了一项家庭作业。在我看来，在没有他人在场的情况下，这个极端内向的男人或许会做出更大的改变。

我说希瑟在成长过程中并没有真正了解自己的父亲，这种情况太糟糕了，毕竟他是一个女孩的生活中最重要的男人。“我想知道，”我说（我希望能激发他的兴趣），“你是否愿意做一个小实验？”

“可以啊，为什么不呢？我同意。”

鉴于他是一位作家，我建议他花些时间对处于青春期的女孩加深了解。他应该进一步和希瑟解释，她所喜欢的生活与她所渴望的生活之间是有区别的。接下来，我希望他写一篇有关一个害羞女孩的短篇小说，大致以希瑟为原型。“大致”的意思是，我希望斯图尔特发挥自己的想象力，描写一个很像希瑟的女孩可能会经历什么，而且我感觉如果我鼓励他虚构这个故事的话，他在粉饰这个女孩不开心的一面时就不会感受到什么压力。

当这个家庭在第二周的周六上午到诊所来上治疗课时，斯图尔特只字未提自己的小说。事实上，在本周，他找了好几个机会和希瑟交流，而且他确实写了一篇有关一个青春期女孩（一个和希瑟有点儿类似的害羞女孩）的短篇小说。他之所以什么都没说，是因为他感觉很尴尬。“你可以读一下吗？”我问道。

斯图尔特的小说《特蕾莎素描》（*Sketches of Theresa*）很吸引人，其中明显可以看到希瑟的身影，虽然有些美化的成分，但已经很接近现实了。

特蕾莎是一个害羞的女孩，她在公共场合是那么安静，几乎没有人意识到她那么敏感。她的内心坦诚、勇敢、充满活力，并渴望冒险。她的情感已经非常丰富。但她很害怕。

和大多数女孩一样，特蕾莎和母亲要比和父亲的关系亲密得多。她很愿意和母亲交流，但无法和母亲分享太多（读到这里时，希瑟的脸红了）。当她变成一个女人时（斯图尔特把少女初潮描写得如此之美），性格变得愈发自恋。起初，这种变化反映在她逐渐沉迷于自己的外貌上。特丽萨观察自己的身体，一点一点地看，在穿衣镜前一站就是好几个小时，在自己的衣帽间里试个没完（希瑟的脸变得更红了）。她有很多衣服，但没有一件是刚好满意的。要是她穿了一件新的、有点儿特别的衣服，或许能给她带来她所希望的满足感。有时，她甚至练习微笑的技巧。镜子里的自己也以微笑作答，但总显得不那么得体。渐渐地，她开始对自己的相貌失去兴趣并开始思索：我是谁？我要去做什么？

特蕾莎希望自己表现得更出众些。她看到其他女孩打情骂俏、刻意打扮自己，但当她模仿她们时又觉得自己非常做作。于是，她开始抑制自己，收回自己最讨人喜欢的一样东西——友善与本真。她为自己打造了一幅颇为引人注目的人格面具，但只供自我欣赏。她的母亲试图帮助她，带她去商场买新衣服，教给她友好待人的技巧——如何让一个男孩知道你喜欢他。但母亲没有办法让自己的女儿享受众星捧月的感觉（沙伦瞪了斯图尔特一眼，但什么都没说）。

特蕾莎独自待在自己的房间里，心中充满了渴望，就好像一架飞机挣脱喧嚣的地表空间来到了寂静而纯粹的云端之上（詹森听到这番华丽但老套的描写后做了一个鬼脸）。特蕾莎渴望得到的东西太多了，尤其是那些无法得到的：光洁无瑕的肌肤、一夜长大、交更多的朋友。毕竟，她渴望着被爱。她对爱的渴望被一系列转瞬即逝的幻想具体化了：电影明星……”

“耶！”詹森突然插话道，“外星人！”

“闭嘴！”希瑟说道。

斯图尔特继续读他的小说：“……电影明星、大男孩，有时甚至是看上去很和蔼的青年教师。”

然后，这个故事莫名其妙地就结束了。

当斯图尔特读完小说后，谁也没有说话。长时间的沉默后，我问：“这个结尾对特蕾莎意味着什么？”

“我不知道。”斯图尔特说，眼睛里饱含热泪。

希瑟想开口说话，接着又改变了主意。她走到父亲面前，伸出胳膊抱住他说：“我爱你，爸爸。”斯图尔特抱了她足足有一分钟。

在所有人还沉醉于刚才的情景时，我宣布这堂课到此结束。但当他们正要离开时，我又说了一件事：“沙伦，你做得不错。斯图尔特已经明白了怎么做一个好家长。”

在下一堂治疗课上，和往常一样，沙伦还是带着詹森一起来的。沙伦收到一张异乎寻常的高额电话账单，而当她核对信息时，发现有人曾经三次拨打某个色情电话[①]号码。她说：“我并不认识这个号码，它可能来自加州某个地方，于是我把电话打过去，然后听到一段录音，里面有个女人，正在说着她想和我做那些淫秽的事。那些傻瓜才不会费劲核对是谁打来的电话呢。”

很好。我希望再抓住一个机会，强化詹森和母亲之间的界限，而与此同时，打破那条将斯图尔特阻隔在这对母子关系外围的界限。我也喜欢处理一些比较好解决的问题，但无论他们抛给你什么问题，你都得接着。就比如沙伦一直担心的这件有关色情读物的事，它很严重，而且依然没有得到解决。

“听着很严重，”我说，“你们两个打算怎么处理这件事呢？”

沙伦扭头看着詹森，“为什么你对我做这种事？为什么你那么讨厌我？”

令我感到奇怪的是，斯图尔特主动回答她的问题：“沙伦，这是大多数像詹森这个年龄的男孩子都会经历的一件事。当你处在那个年龄的时候，满脑子想的可都是性。”

如果这两个人一直配合这么协调的话，我就没有参与进来的必要了。但他们不是这样，而我也不是这样。我说：“我认为你们两个都对。问题确实很严重（沙伦明显放松下来）。但这个问题并不仅仅是色情书刊的问题。詹森的问题在于，他并没有享受到充分的社交生活，所以没有办法以他喜欢的方式来疏导这些关于性的感受。”

我接着说：“斯图尔特，你能简单介绍一下当你处在詹森这个年龄时，是如何对待约会的吗？还有，你的父母当时做的什么事对你帮助很大，他们应该怎么做才能对你更有帮助呢？”

① 色情电话是美国出现的一种以电话作为兜售淫秽思想的传播业务，每个打电话听取色情语言的人要交费。仅纽约市从 1983 年 2 月起，就陆续出现 7 条黄色电话专线。一天 24 小时的任何时候，只要拨其中一个号码，就能听到色情电话，很多家长在看到电话账单上这种电话费时，才发现自己的孩子偷偷挂这些电话。国会通过法律，要求联邦电信委员会阻止让未成年人接触这些东西。——译者注

斯图尔特讲到，他在这个年龄的时候很害羞，很渴望约女孩出去，又害怕遭到拒绝。我补充道："我觉得詹森与色情书刊的问题具有循环性。他在看过那些东西后，自己感觉很羞耻，但他会用看更多的色情书刊来慰藉自己的羞耻感。我认为这个孩子需要你们两个人的帮助。他需要你们帮助他重拾信心，而且他需要你们尽可能支持他的社交活动。"

这种要求在沙伦看来有些过高了。她说："为什么要我表扬他呢？没有人交代我要我照顾这个家庭。"

这个家庭受困于一种不开心的模式，事情做砸了，大家都注意到了，但事情做得好时（我看了一眼希瑟），大家却都视而不见。最后，我说（有些得寸进尺）："如果你做了那么多事，但没有人欣赏你，这让你感觉很受伤，那么你这番话只对着斯图尔特说，而不是把同样的情绪传导给孩子们，是不是更好些呢？"

我能够这么直截了当地和他们说话是一个很好的迹象，这说明他们变得更加坦率了。在剩下的几节课的课堂上，我说得越来越少，并对这个家庭正在借助我的一点点外力来解决自己的问题感到很满意。对于如何处理和孩子们的关系，斯图尔特和沙伦越来越多地一起商量，而且尽管斯图尔特通常都是附和沙伦，但他偶尔也会表达不同的意见。为了适应孩子们独立意识不断增强的需要，我帮助斯图尔特和沙伦在重新协商家庭规则时搞了些新花样。我向他们建议，让孩子们写下针对某种特殊情形的规则的看法，然后让他们二人先行讨论这条规则，并重新宣布新的规则。事实证明，詹森和希瑟的请求通常都是很有道理的，而且这种采取结构化讨论模式的治疗课充分保证了斯图尔特的参与度。我的目标是在不损害父母权威的前提下，减少他们的过度反应。

最引人注目的变化发生在希瑟身上，这是最让我感到自豪的事。她正在成长的事实只是一个巧合。

沙伦先行一步，她利用与希瑟的亲子关系鼓励她走出家门。沙伦做的第一件事是为她们两个人报了一个有氧舞蹈班。接下来，她想尽办法帮助希瑟找个事由与朋友共度周末。起初，这种改变的动力来自沙伦，但过了一段时间，希瑟自己开始主动起来，如看电影、打篮球、和朋友去逛街。

在穿什么上学的问题上，希瑟与母亲第一次当面吵了起来。社会上正在流行超短裙，所以希瑟希望穿超短裙上学。“在咱们家不行，我的大小姐！只要我是你的母亲，你就不能穿得像小混混一样去上学。”我以为希瑟会知难而退，但她没有：“噢，妈妈，您别这么烦人好不好，女孩子都这么穿。”很显然，与顶撞母亲相比，希瑟更害怕赶不上青少年穿搭潮流。最终，他们达成了妥协。希瑟被允许穿一两件相对保守的超短裙上学，还有几件不太保守的超短裙可以在派对上穿。

* * *

事情发展得很顺利。我如何判断我的任务何时算完成了呢？大多数治疗师都在寻求特定的改变，并以此确认自己工作已经结束。我也在寻求改变，但我主要是从这个家庭中找到我的线索。当来访者的家庭生活变得和谐的时候，治疗课就开始变得乏味。课堂上没什么可说的。一句话，这个家庭不再需要治疗师的帮助了。萨拉萨尔一家就是这种情况。在经过为期三周有关“谁在做什么的”一系列断断续续的讨论之后，我发现有关进步的报告比解决问题的报告还多，于是我提出他们在周六上午或许有更重要的事情要做，而且不用再找我了。

一开始没有人说话。他们已经变得依赖这些治疗课了，每个人都在寻找不同的理由。接着，沙伦说：“好吧，如果你这么认为，那就这样吧。”

我问她是什么想法。她认为事情确实在向好的一面转化，但接着补充道：“我想如果事情变糟的话，我们一直可以给你打电话。”

我说我并不认为事情会变糟，詹森已经过了需要激怒父母的阶段，斯图尔特会继续提高参与度，而希瑟会继续探索家庭之外的生活。我忍不住补充道：“或许这对你很难，沙伦，让希瑟自己成长吧，或许你会找到某种方式让她保持长不大的状态，这样你就依然有个孩子需要照顾。”

沙伦不这样认为，但也没什么可说的了。

有关家庭治疗技巧的说明

萨拉萨尔一家的治疗过程说明，有关青少年的家庭治疗正在面临某些挑战。

在这些涉及技巧的最终观察报告中，我首先重新审视、评估课题，并在第 1 章结束的时候蜻蜓点水般提及了相关内容。在任何复杂的项目中，无论我们怎样过分强调开门红的重要性都不为过。

为了思考其他人如何参与进来，系统评估的第一步是以一种暴露问题的方式了解既有矛盾。这一步就是将普通治疗模式转变成家庭治疗模式。

这个阶段的技巧在于仔细挖掘既有矛盾，但并不接受这个家庭的共识，即问题根植于被考察患者的内部机制。如果一个青少年心情压抑或行为不羁，我们有必要刨根问底。他 / 她的抑郁程度如何？他 / 她到底在做什么？虽然已经了解了细节，但家庭治疗师依然要对老生常谈的解释持怀疑态度。家庭成员会说："他做了这个，她做了那个。""那他 / 她还做了什么呢？"家庭治疗师问道，"而且当他 / 她那样做的时候，你们是什么反应？"

探索既有矛盾意味着获得细节，并发现每位家庭成员都是如何参与其中的。出现什么迹象就能证明贾尼斯抑郁了呢？是她待在家里闷闷不乐，还是她没有和新邻居交朋友？是她每天哭着醒来，还是她想吃下一瓶阿司匹林？谁更担心她，妈妈还是爸爸？他们是如何想方设法为她提供帮助的呢？

家庭成员在表达他们的抱怨时，通常都会坚信问题出在某一位家人身上，如汤米行为不端，杰克逊先生和妻子不说话。系统治疗师会通过考察那些抱怨所涉及的人际关系背景，扩大调查的重点。每当汤米行为不端时，他的父亲会做何反应呢？在如何管教孩子的问题上，父母达成共识了吗？为什么杰克逊先生不和妻子说话呢？他们一直就是这个样子吗？当治疗师把他们一家请到治疗课上交流时会发生什么事情呢？

系统评估的第二步是考察家庭成员如何让既有问题久拖不决的。就萨拉萨尔一家的情况而言，我们不难看出，沙伦的攻击性是詹森叛逆的动力，也不难看出，正是斯图尔特的疏远推动了沙伦靠近詹森。好消息是这些动因很容易看到，坏消息是这些很容易看到的动因通常很难改变。

不过，在此我必须坦白。尽管讨论深层动因（entrenched dynamics）听上去非常合乎情理，但实际上我在第一堂治疗课上并未提及任何动因。我见了沙伦和斯图尔特，还有他们的孩子。而且，说实话，我也被沙伦的唠叨搞得不胜其烦，对斯图尔特不敢勇敢面对沙伦感到不快，而且我认为詹森故意与母亲对抗是愚蠢的行为。至于希瑟，我有些捉摸不透。

事实的真相是，大多数治疗师偶尔会遇到我们不喜欢的家庭成员，如失职的父亲、专横的母亲、多管闲事的姻亲。与这些人打交道的正确方式不是顺着他们说话，而是坦诚地对话。

“坦率地说，我不明白为什么你那么不情愿与孩子多多交流。我猜你是有原因的，而且我很想倾听。”如果你认为我这番话是真诚的，不带谴责的意思，那么你也许会从中发现某种有趣的东西。

“很显然，你应该对孩子更严格一些；所以，我猜测你不严格是有原因的。或许这其中有我无法理解的东西，但我想听。”

一些心肠软的父母会表现得不知所措；其他人则觉得当他们面对一个独断专行的伴侣时，或当他们的孩子遭受某种损失时，必须对其给予补偿。无论人们做什么事都是有原因的，试图让他们做出改变，却不去了解那些造成现在这种局面的原因，是不太可能取得成功的。

你可以回顾一下萨拉萨尔一家的治疗过程，我也强迫自己抽时间思考詹森与母亲对抗的过程。但令人遗憾的是，在没有搞明白那些冲突对詹森，乃至对这个家庭造成何种影响之前，我就试图让他停止自己的挑衅行为。这种不妥当的做法到现在还让我颇为遗憾。

你在本书中读到的大部分内容，如斯图尔特和沙伦恋爱和婚姻阶段的故事、美好时光与悲情时刻，都是我试图深入了解他们，以及为什么他们会做出那种行为的产物。这种探索是系统评估第三步的一部分。这一步骤的目的是，在暴露既有矛盾并思考家庭成员如何让问题变成痼疾之后，探究家庭成员是如何形成当前有限的沟通方式的，以及困扰他们的问题是如何形成的。

在家庭治疗的初始阶段，揭开过去的伤疤是令人不悦的事情。家庭治疗着眼于当下，而非过去，最擅长解决家庭当前存在的问题。而过去的家庭生活状态是那些刻板的精神分析法的主战场，即致力于发现导致家庭矛盾的性格根源。在这些有关“过去 VS 当前”主题的教条之争的背后，我们可以看到互动行为观和更为复杂的认知驱动型互动行为观之间的差异。当前反映的是目前存在的问题，而过去限定了同龄人互动观念的形成。因此，系统评估的第三步是对家庭的过往进行简短而集中的探索，这样可以帮助家庭成员了解他们是如何形成当前观点的（当然，这样做并不总是富有成效的）。

治疗与给出建议的区别在于，治疗试图揭示为什么人们会做对自己不利的事情，而不仅仅试图让他们停止做这些事。了解家庭成员过去的经历有助于理解他们当前的行为，这不是要暴露他们的思想，而是把那些经历置于一个更容易理解的环境中。在很多情况下，这种了解过去的过程可能是相当简短的，大约有半堂治疗课的时间就足够了。在更复杂的环境中（就像萨拉萨尔一家这个案例），这一步骤则可能需要几堂课的时间，而且治疗师可能需要与这个家庭中不同组别的成员交流。

需要指出的是，我之所以建议调查家庭成员过去的经历，还有一个具体的原因：令家庭成员陷入困境的家庭生活观似乎是逐渐形成的，我需要了解一下家庭生活观形成的过程。因此，在探究他们的家庭史之前，确定和澄清那些家庭生活观势在必行。了解他们如何渐渐得出“某件事是有问题的”这一结论是很有意义的；了解他们如何渐渐得出“某件事情理所当然”这一结论是没有什么意义的（“那么在您的家庭背景下，是什么原因让您相信孩子们是需要爱的？”）。另外，我们针对过去的调查也不应当只着眼于家庭成员个体的行为，而应当重点考察家庭成员是如何学会把他们自己与其他成员的行为方式关联起来的。

第四步是在确保评估准确性的同时还要保证治疗的效果。在清楚了解了让一个家庭陷入困顿的原因，以及他们如何沦落到这种状态之后，他们和治疗师应当讨论谁需要做出什么改变，以及谁愿意、谁不愿意做出改变。这一步骤把评估过程从一项针对一家人所实施的行动变成了所有家庭成员需要主动参与的联合行动。如果没有该步骤，治疗过程就会把人们推到自认为不应该去的地方，所以他们抗拒也就不足为奇了。

从开始治疗到结束治疗是一个极其复杂而且很难总结的过程，其中的一个原因是治疗师有自己的工作方式。对于我来说，我会督促自己遵守以下两个普遍原则。

第一个普遍原则是，要想实现具有可持续性的改变，可能需要一个家庭发生某种结构上的转变。基于这种原因，我认为，如果不思考家庭组织方式以及这种方式可能存在的问题，那么任何家庭治疗过程就都不太可能实现任何持续性的改变。

第二个普遍原则是，任何卓有成效心理治疗的精髓都是帮助来访者看到自己的行为及其后果，人们曾经称之为洞察力。洞察力的逻辑是，人们越了解自己，就越会自如地按照符合自己最大利益的方式行事。在我自己的工作中，我很少会主动告诉人们应该做什么或者他们应该怎样做出改变；相反，我会集中精力帮助他们看清楚他们的行为会导致什么结果。他们利用获得的信息做什么完全取决于他们。

通过考察我的来访者在家庭复原力方面对自己的信心，以及他们在担当最佳改变施动者方面对自己的信心，我找到了结束治疗的方法。回想一下，当沙伦·萨拉萨尔说他们希望总能回来请教我时，我说我认为他们没有这个必要。如果治疗是有效果的，以后家人们确实可以时不时回来上几堂治疗课。然而，我不赞同这样的策略，即告诉准备结束治疗的来访者，如果他们需要可以随时回来。这会暗示来访者，他们可能还没有足够的能力自己处理问题，否认这种合作关系已经结束的现实，甚至还可能暗示治疗师不愿意放手。

第 14 章

放手

Inside Family Therapy
A Case Study in Family Healing

萨拉萨尔一家的美好结局

现在是周四早上 7:30。每周四我都希望早些到诊所，在诊所员工晨会之前喝一杯咖啡，阅读我的诊疗案例笔记。不过，今天早上距离圣诞节还有三周，我正在翻阅我的通讯簿，琢磨着该给谁寄贺卡。通讯簿上的联系人大多是朋友和同事，但当我翻到名字以 S 开头的联系人时，我看到了“沙伦和斯图尔特·萨拉萨尔”，便将其列入了必发贺卡的人群之列。已经三年了，我很想知道这一家人怎么样了。

治疗师是一个很有意思的职业。有人走进你的生活，而你也想了解他们，就像一个人可以了解另一个人一样。终于有一天，他们不再需要你，并且从你的视野中消失。当患者的治疗结束后，一些治疗师与他们成了朋友，而我站在专业角度会刻意与他们保持一定距离。你永远不知道一个患者什么时候会再次需要你。所以，对我来说，没有消息就是好消息。然而多年以来，那么多人不再联系你，依然是件令人难过的事情。

我决定给萨拉萨尔一家寄张贺卡，有必要送上节日祝福。我一时心血来潮，又留了一张便条，请他们给我回个电话，以便让我知道他们的近况。

一周后，沙伦打来电话。每个人都很好：詹森现在上大二，这次假期肯定会回家；希瑟也上高三了，还将被推荐为国家荣誉生；斯图尔特研究斯科特·菲茨杰拉德的专著已经出版，而且已经开始写下一部书；“至于我嘛，我很好，依然在大学里上班，而且经常和朋友们在一起。”她说。

听到詹森都上大学了，我很高兴。其他方面听着也都不错，但我还是很好奇，希望多了解一些情况。于是，我向沙伦提出，是否愿意过来参加一次跟踪治疗课。“这就是一次进度报告会，”我说，“这对我和你们都有好处，不另收费。”“可以，”她说，“我们很愿意来。”

不过，那天只有沙伦和斯图尔特来了，两个孩子都不想来。没见到詹森和希瑟让我感到很失望，但我觉得这样也好，只有大人参加的话，讨论可以更深入些。

我们先聊了最近的降雪、停车情况，还有即将到来的节日。接着，沙伦告诉我，她已经把詹森的卧室改成了一间缝纫室。“他从学校回来时，惊讶地发现我重新粉刷了他的房间，还把他的旧玩具和运动器材都收拾到阁楼上了。他原来放立体声收录机的地方现在摆上了我的缝纫机。当詹森看到它时，他说，‘那是什么？’我说，‘它肯定不是一只大狗熊，若要是的话，它早就把你吃掉了。’他并没有觉得这件事有什么好玩的。詹森还是老样子。”

詹森还是老样子，但沙伦似乎变化很大，她更安静了，而且独立性更强了。她不仅把“混乱的圣地”清理出来，甚至替换了某些“圣物”。她应该已经适应了自己的新生活。

当我看到他们现在非常平和、稳定的生活状态后，我很想知道他们是如何从紊乱的旧时光中挣脱出来的。我问：“在你们结束治疗之后，究竟发生了什么？记得当时詹森还在上高一，对吧？”

“在结束家庭治疗课后，詹森沉稳了很多，他似乎不再故意挑衅我们了。”她说。

“那就好，”我说，“你们两位想必做得也不错。”

“我不知道，”沙伦回答道，“我认为变化主要发生在詹森身上。他长大了，开始意识到我们不是敌人，而且他渐渐开始思考自己的未来了。我认为我们两个的变化不大；詹森真的变化很大。事实上，我一度都想放弃他了。如果他愿意把生活搞得一团糟，那就随他去好了。但他开始走上正路着实令我感到惊讶。”

“我认为沙伦说得对，”斯图尔特说，“家里的情况在向好的方向转变，但我们所做的也没有什么特别的地方。不过，我确实认真做了一件事。那年春天，我多花了一些时间陪家人，所以我对詹森的社会交往投入了更多的关注，而且多多监督他。”

“是的，他做到了，”沙伦附和道，“这只是其中一件事，斯图尔特还做了很多工作。而且当詹森因为某件事总想和我们吵架时，他不再把矛头仅仅指向我。”

所以，我认为这听起来像是一个很重大的改变：沙伦想放手，而斯图尔特变得积极起来。不过，他们并未将詹森行为上的转变归功于己。他们做得很好。是詹森首先出了那么多问题，所以后来的进步也是他自己努力的结果。这就是他们具有洞察力的体现。

* * *

在高三前的那个暑假，詹森在温特尔修车行找了一份工作。就在这个夏天，他变得成熟了很多。尽管他从未表现得非常出色，但他还是努力完成每天的工作。有时他很晚才回家，但第二天坚持正常上班。“我简直不敢相信，这是同一个孩子，”沙伦说，“在暑假临近结束的一个周末，詹森同意修剪草坪。我周日早上提醒他，他说别烦他了，他肯定会做的。但那个周末来了又去，然后又拖到下一个周末，他依然没有丝毫动作。我记得我当时真的生气了。我说，‘你对你的工作都能做到尽职尽责，但为什么对你自己的家不能负起责任呢？’他说，‘啊，老妈，这是有区别的。温特尔先生是我在外面的老板，您是我这个当儿子的老板。这是不一样的。’”

那年秋季开学后，詹森开始认真对待自己的学业。他下定决心要考上大学，不过要想实现自己的目标，就要把自己的名次提上来。在此之前，他的学习成绩和其他普通孩子没什么两样。但在那年，他似乎换了一个人。

詹森开始步入正常的人生轨道，但与此同时，希瑟却变得不那么可爱了。沙伦有时候忍不住暗自忐忑，噢，不要啊，难道我还要和这个孩子把所有那些问题都重新经受一遍吗？但希瑟的叛逆——如果这也算叛逆的话，有所不同。

詹森过去总是面对面地与父母吵架，怒斥他们的行为，说他们愚蠢、错误、不公平。他的言辞通常过于粗鲁，让人无法与他正常交流。希瑟不一样，她表达愤怒之情时总是喜欢拐弯抹角、冷嘲热讽。她是一个安静的、心怀不满的旁观者。

她会看着母亲把蛤蜊浓汤里的牛奶熬干了，这让沙伦感觉自己很不称职。她还会默默瞟着父亲在晚餐前匆匆喝杯酒。她总是能准确地看穿父母的意图、发现他们的弱点，她神秘莫测、令人生畏。她那副轻蔑的表情令他们对自己产生怀疑，这是处于青春期的孩子加诸父母身上的另一种形式的惩罚。沙伦和斯图尔特渐渐产生了这样一种感觉，好像他们在与拉尔夫·纳德[①]（Ralph Nader）一起生活。

这是一个有趣的悖论。詹森正在放弃将自己与母亲绑定在一起的争吵，而他的妹妹则在树立敌对情绪，并以此拉开迫使自己出巢的序幕。詹森的职责一直是把父母从彼此的矛盾冲突中解脱出来。这是一项他从未自愿承担的工作。不管怎样，他还是充分满足了这种需要。多年以来，他们三个人一直被锁定在一个情感三角关系中；而现在三角关系中的一方要上大学了。这样想来，希瑟也许要接詹森的班了。

希瑟开始像哥哥一样萌生坏脾气，但她的恼怒披上了社会意识的外衣，而她与父母的关系从未真正变糟。

* * *

对家人来说，一个孩子离开大家庭可能是一个重大的时刻。我很想知道沙伦和斯图尔特将如何面对詹森的离开。"当詹森上大学时你们是什么感觉？"

两个人几乎同时说："很好。""很糟糕。"这种反应很让人奇怪。沙伦感觉"很好"，而斯图尔特感觉"很糟糕"。

当你搬出父母的家、离开伴你长大的家乡、与你的孩童时代渐行渐远时，这算是一件人生大事。这固然是件人生大事，但人们不能总是沉溺其中。詹森站在自己宿舍的台阶上，他就要踏上新的人生里程。但就像父母告诉他的那样，他在按照新的生活方式思考时，内心里还缺乏情感上的转变。在沙伦和斯图尔特看来，他似乎既没有思考过去（过去都被他抛在脑后），也没有思考现在（告别的时刻），他只是在思考不久的将来：他的室友抽烟吗？大学生活到底有多酷？好找女朋友吗？说到底，这个特殊时刻对他来说没有什么特别的含义。但在父母眼里，它意义重大。

沙伦在自己的孩子身上投入了 18 年的心血，但她的负担过于沉重了，以至于詹森的离开竟然给她带来一种如释重负的感觉。她已经预料到了一切，并为此做

---

① 拉尔夫·纳德是美国当代律师、作家、公民活动家，曾五次参加美国总统选举。——译者注

好了准备。她帮他填写表格，开车送他去学校参观，她已经想到了詹森的成长和离去，所以就这样逐渐接受了现实。她依然需要照顾希瑟，但这与其说是一种负担倒不如说是一种乐趣。她已经准备好翻开人生新的篇章。

斯图尔特与沙伦担心詹森是否能够攒足精神，顺利入学，但斯图尔特没有过多思考詹森的离开。在他们帮着詹森安顿好宿舍后，斯图尔特希望多待一会儿，比如再看看校园的景色。但詹森似乎很焦急地盼望他们离开，他并不希望父母在这里耗费时间。

在开车回家的路上，始料未及的情感充斥了斯图尔特的内心。他回忆起自己的小儿子步履蹒跚地走过来，拉着他的手去吃晚餐："到吃饭饭的时间啦，爸爸。"还有比那些奶声奶气的童音更让人心醉的事情吗？斯图尔特觉得沙伦的心情肯定也不好受。"我们的宝贝儿子终于长大了，不是吗？"她的回答让他感觉很诧异："是的，感谢上帝。"

斯图尔特告诉沙伦，詹森要离开家了，这让他感觉心里空落落的，此时有一种异样的感觉在心头涌动。一反常态的是，他想把自己的感受倾诉出来。沙伦对他的这种感情流露感到很奇怪。她很想知道，他这是怎么了？

很快他们便陷入沉默中。如果他们不在相同的心境下，就很难交流下去。斯图尔特打开电台，拨弄旋钮，听到比莉·哈乐黛（ Billie Harolday）的歌声传出来，然后调高音量。聆听这位歌手甜蜜中掺杂着苦涩的声音，就像把一块热毛巾盖在晒红的皮肤处——毛巾的热度把皮肤表面的热量带走。电台播放了《天佑稚子》《女士唱起布鲁斯》《我爱的男人》①。那粗糙、嘶哑的低吟直接穿透他的心房，刚硬、柔软、温暖、悲伤……各种情感不期而至。当歌手唱到她在熟悉的地方见到自己的爱人时，斯图尔特被深深打动了。在黑暗中，他热泪盈眶。过了一会儿，沙伦沉沉睡去，斯图尔特关掉了电台。他收回自己的思绪，决意拉近与詹森的距离，并利用在家的时间陪陪希瑟。

---

① 它们都是美国爵士乐歌手、作曲家比莉·哈乐黛演唱的作品。——译者注

* * *

随着詹森的离开，家里仿佛突然之间变得空空荡荡。当然希瑟还在，但她似乎总是无法融入进来。沙伦想拾掇一下詹森的房间，这是她急着要收回自己被占据的空间的体现。她希望斯图尔特帮助她重新布置詹森的房间。她在房间里走来走去，总想着怎么让它更适合居住。

当斯图尔特收拾房间时，他把一个书架从墙边移开，发现电源插座上插着一个防触电保护块时突然间，他回忆起两个圆滚滚、粉嘟嘟的小宝宝在地上爬的情景。他多想再抱一抱他们啊！他竟然没有充分利用和他们在一起的机会，真令人感到悲伤。就在这时，他听到一阵敲门声。

“爸爸？”是希瑟的声音。

“哦，嗨。进来吧。”

“爸爸，我能借用一下家里的车吗？妈妈说如果我想开车去超市，就管您要。”

“当然可以，亲爱的，先坐会儿。”希瑟走到角落里那把堆满杂物的椅子旁，小心翼翼地坐在扶手上。

“还好吗？”斯图尔特问道。

“很好，爸爸。但我得走了。”

“好的，亲爱的。好好玩。”他目送她离开，接下来，不知为何，他走到窗前，站在那里向外观望，一直等到汽车开出车位，消失在街道上。

* * *

那一年的秋天，詹森的大学给家里寄来一份家长周末活动通知。令沙伦惊讶的是，斯图尔特说想去参加。但当那天到来时，他们却没有去成。沙伦的父亲突发心脏病，沙伦和斯图尔特一起去医院看望他。经过几日的煎熬，南森先生证明自己的恢复能力还是很强的，他终于度过了危险期。

为了补偿上次错过的家长周末活动，斯图尔特决定一个人去看看詹森，也借机参观一下学校，陪陪儿子。

当出发的日期临近的时候，他童心大发，恨不得立刻赶到学校并见到詹森。这种感受也曾出现在他与父亲一起出去钓鱼时的珍贵记忆中。现在，他就像当初讨好父亲一样讨好儿子，而且充满焦虑感。詹森愿意进城吃顿豪华午餐吗？如果自己和他的一些同学坐在一起，他会介意吗？

詹森似乎很高兴见到父亲。他领着斯图尔特看了自己的宿舍，逛了校园。詹森说学校食堂的饭太难吃了，还说学习非常紧张，以及为了准备考试和写学期论文自己如何熬夜，这些都是大一新生最爱抱怨的。斯图尔特这么多年来无数次听到自己的学生发出同样的抱怨，但坦诚地与詹森交流这些感受还是让他感到很高兴。詹森似乎也很乐意和爸爸待在一起，而且很关心他的父亲，但他似乎并不是很热心向朋友们介绍自己的父亲，仿佛他并不希望把他所处的两个世界混为一谈。

当斯图尔特提出在晚餐前去城里喝一杯时，詹森欣然同意，这是对其成年人身份的认可。他们去了斯图尔特将要入住的酒店，在预订了晚餐之后，这对父子去了酒吧。这是一次男人与男人之间的交往。

詹森闲聊了几句学业和生活上的事情，然后就把话题转向了足球队。他们这个赛季踢得顺风顺水，有机会赢得联盟冠军。斯图尔特感觉话题扯得有些远了，他希望多了解詹森在做什么，包括他的社交生活、他喜欢什么课程，以及对未来有什么规划。他还希望詹森会问及他的生活情况，但都落了空。

斯图尔特每次试图将对话转移到更私人话题上时，詹森都会变得焦躁不安。斯图尔特说了几句玩笑话（这是他最得意的调侃方式），但似乎没什么用。最后，斯图尔特说他为詹森感到自豪，而且他希望他们两个人会成为朋友。詹森说："当然，我也希望这样。"但他似乎很尴尬。

斯图尔特不再奢望聊什么有意义的话题，这也遂了詹森放松心情的愿望。他现在觉得在这儿住一晚上可能是一个错误的决定，于是他告诉詹森，他需要赶回家去。他开车把詹森送回宿舍，并道了晚安。他很想拥抱一下自己的儿子，但又觉得这可能让詹森感觉不舒服，于是他为了安慰自己，还是与詹森握了一下手，踏上了回家的路。

这次见面没有达到他的期望，但接下来斯图尔特意识到，或许他的期望太高了。

我很高兴他并未由此心生怨恨。

＊＊＊

在经历过两年的大学生活之后，詹森终于进入了自己熟悉的状态。在大一秋季学期，每件事都“很糟糕”：作业太多、吃得太差、没有社交活动。11 月时，詹森给家里打电话说：“这个地方太乏味了，也许我应该转学。”但第二个学期，他不再提转学的事。他加入了滑雪俱乐部，交了一些朋友，似乎也适应了学习的节奏。在上大二时，他和另外三个孩子租了一套房子。此时的他似乎开心了很多。他不再经常给家里打电话了，而且即便是打电话，从他嘴里说出来的也是对某事感到满意，而不是满腹牢骚。

家里的其他人也在改变。詹森走后的第一个学期，沙伦和斯图尔特很担心他的生活。他能认真对待自己的学习吗？他会交朋友吗？他会表现自己吗？他吃得好吗？渐渐地，他们的担心越来越少，詹森似乎可以照顾好自己。

对于詹森的离开，沙伦觉得斯图尔特的心态调整得不如她好。她说：“我们开车把他送到学校后的那天晚上，你开车回家的举动太夸张了。另外，你还记得第二学年我们帮他搬到那所老房子住的事吗？那个地方简直糟透了。客厅中间摆着一个旧浴缸，还有一条旧毯子塞进了冰箱里。你认为这件事非同小可。其实每件事他都处理得挺好的，不是吗？”

“我想是这样的。”斯图尔特表示赞同。

＊＊＊

事情都过去了。虽然结尾并不像童话般美好，但自此以后，他们的生活还是相当幸福的。

父母在帮助子女成长时可能会遇到困难。正如我们所看到的，除了受到家庭成员之间的私人矛盾影响之外，出现上述困难的原因与整个家庭系统对改变抗拒也有很大关系。当家庭港湾变得空落落的时候，母亲未必有多么难受。事实上，很多母亲都会产生一种解脱的感觉。在当今社会，当孩子们离开家时，经常是他们的父亲感受到巨大的失落感。他们意识到自己对孩子们是那么思念。这太令人感伤了，因为现在做什么都于事无补。

离开家庭生活可以被认为是一种个人成就，是成长过程中的一个里程碑，但对整个家庭来说，这是一种转型。这个家庭的两个子系统——父子系统和夫妻系统，可能会随着子女的离开发生剧烈的改变。除非家庭成员能够适应这种改变，否则子女可能无法成功地获得独立的地位。

放手与接手：子女独立生活

子女离家生活是一个放手与接手的互动过程。走出青春期，进入成年期，一个年轻人必须着手寻觅爱情、寻找工作。与此同时，从根上说，家庭成员之间的人际界限必须改变。子女离家后，亲子关系并未终结，只是有所不同。

一些孩子离开大家庭时会出现问题。一些人变得吊儿郎当，一些人会寻求帮助，因为他们无法面对自己生活中的不确定性，但如果他们变得很愤怒，而不是变得很悲伤，也可以避免离家的痛苦。在突然离家、负气离家之后，他们会遭遇挫折并回归家庭。这说明这些孩子还未真正长大。

离开家后，由于无法得到家人的支持，一些孩子的人生之路可能走得磕磕绊绊。我在一所大学的咨询中心工作时治疗了很多学生，他们的主要问题似乎是无法忍受离家的痛苦。他们的症状各异，有的暴饮暴食，有的吸毒，另外，沮丧情绪也很常见。不过最常见的或许是考试焦虑症。这些孩子平时学习很好，但不知怎的，却会因过于紧张而无法通过考试。标准的治疗方案是帮助他们学会充分放松，以便让他们在备受煎熬的考试中笑到最后。然而，事实上，有相当数量患有考试焦虑症的学生并不希望通过考试。其实他们是不想上学。

在接受过治疗的患者中，一些非常迷茫的学生会通过参加邪教活动来缓解思乡病。有一个女生总是感到不安，我对她印象很深。她无法忍受离家之苦，但自己又不愿承认这一点。有一段时间，她成了邪教组织中的一员，这让她感觉好了很多。他们组织了很多主题活动，如“充实生活的力量”，许诺入教者过上“幸福的生活”。但这个组织并不能真的如她所愿，为她带来家的感觉。于是，她按照一个“神秘女神”的指引，为了驱逐魔鬼（孤独感）而用头撞击暖气片。她反复自伤，结果被送进了医院。在经过手术治疗和依靠药物稳定病情后，她被送回了家，一直休学至今。

另一位女生通常每两周去一次学校医务室。她要么跌倒，摔断腿，要么莫名其妙地擦伤一块皮，然后裹上绷带，这带有儿童诈伤的特征。最后，她来咨询中心求助。此后不久，她意识到自己并不想上大学，她想回家。

在这些不开心的学生中，有一个非常有意思的年轻人，他问我的第一个问题是："你相信星体投射[①]吗？"我说我不太了解。一连三周，他援引各种理论说人们可以穿越时空，移动自己的身体。在第四周的时候，他告诉我他是怎么得到这么多消息的。他本人就是一个飞行常客，他自己每周都有两三次穿越时空。他去哪儿呢？当然是回家了。很遗憾，我犯了一个错误，太过心急地质疑他了。我问他，他旅行时看到了地面，是否出于他的想象，他后来回家是否也是自己的幻觉？他回答得很有礼貌：他当然看到了地面，他确实在旅行。但想必他意识到了我的怀疑，因为我再未见到他。

这些都是比较特别的案例，深陷其中的人都对家难以割舍。一种最常见的情况是负气离家。它通常导会致默里·鲍恩所谓的"情感截断"。一个人与过去截断得越彻底，这个人越有可能在未来的人际关系中重新出现问题。这个跑掉的人与从未离开的人在情感上具有相同的依赖性。

子女成熟的标志是顺利地离开家庭、融入社会。在理想状态下，当子女努力将他们与父母的关系从亲子型转变成朋友型的时候，就会发生这种情况。而在实际生活中，这意味着孩子要具有独立性，即能够独立思考，能够在不形成情绪对立的前提下表达自己的不同意见，而且父母能够在不害怕丢面子的前提下对其表示赞同。

进入社会受困是子女对离开家门感到焦虑和家长不想放手共同作用的产物。很多对自己的未来感到担忧和不确定的子女会把他们内心的纠结转移到父母身上，这样一来他们与自己的"战争"就变成了他们与父母的战争。一些子女（如希瑟）

① 星体投射（astral projection），一种类似灵魂出窍或清醒梦的精神体验。——译者注

会蓄意制造对抗局面，以便把他们自己推出家门。从某种程度上讲，对母亲持明确排斥态度的、处于青春期的男生（如詹森）就有可能这样做。他们为了强化自己的男子汉气概，便与自己的母亲断绝关系。向父母们指出这一点有助于他们观察子女敌对情绪的发展状况。

当一个家庭需要子女留在家里时，这种安排可能会妨碍或侵蚀亲密的家庭关系，此时，家庭人际界限变成了密闭型界限。莱曼·温尼（Lyman Wynne）提出过一个生动的隐喻，封闭型家庭界限就像一个"橡皮篱笆"，它具有伸缩性，但又不会伸得太长。此时，治疗师可以提供帮助，例如鼓励父母表达对子女的信任，如"我们相信你的判断"，但不鼓励他们干涉过多。

重回二人世界

子女离家是一件大事，对很多父母来讲，其困难程度超出了他们的想象。提前思考并讨论这件事可以让离别之苦缓慢释放。心理分析学家指出，对于创伤事件而言，如果留出准备时间，我们的自我意识可以非常自如地应对，因为此时我们的防御已经就位了。最后，治疗师应当告诉来访者，子女离开所造成的创伤需要父母双方共同承担。

想当年我考上大学的时候，我的父亲母亲都送给我一句临别赠言。我还记得他们说过的话，因为他们都没有讲什么大道理。我的母亲是一个很内向的人，她告诉我一定要广交朋友。我的父亲是个工作狂，他让我牢记，想要出人头地就只能玩命工作，把娱乐抛在脑后。我想我更愿意听到他们当时的感受。

如果父母的生活很充实，他们还是乐于看到子女从此走向自立。家庭成员有必要做出具有互惠性质的人际界限调整：为了让自己更坦然地允许子女获得更大的自由度，父母的关系必须更亲密，而且要把自己的兴趣扩大到家庭之外。这种界限调整过程可能会给婚姻带来一定的压力。

即使在一段美满的婚姻中，当家里因子女的离开只剩下两位伴侣时，伴侣都将感受到新的压力。在这段时间，父母有机会进行自省，重新定义自己的婚姻关系，那些有经验的伴侣会变得比过去更加善于表达自己对伴侣的期望。他们比年轻的时候、热恋的时候，以及恐惧的时候更渴望对方陪伴在自己身边。

当来访者的家庭成员的情感在离别时刻陷入低谷时，治疗师应当明白，他们的工作是推动这一家人完成情感上的分离。如果这种离别威胁到一个家庭的结构，治疗目标就应当是促进家庭的重组，以便让青少年顺利离家。尽量让父母提供支持和鼓励，而不是过分热情或冷嘲热讽。

如何对待子女的啃老与回归

如果说子女是父母的成绩单，那么越来越多的父母可能连及格都做不到。根据美国人口统计局的调查，2200 万美国年轻人正生活在父母的屋檐下，这一数字自 1970 年以来已经增长了将近 50%。到 20 世纪末，超过半数年龄在 20 到 24 岁之间的美国年轻人依然生活在父母家里。

啃老现象的增多存在各种原因。对很多年轻人而言，性革命以及随之而来的结婚年龄的提高意味着离家独立生活这种最常见的成人礼被推迟到了二十五六岁。不仅结婚年龄晚了，婚姻存续期也在缩短。离婚令很多年轻人在情感上遭遇重创，在经济上濒临崩溃。当你处于孤独和破产的境地时，你能去哪儿呢？在很多人心里，这个答案就是父母的家。不景气的经济也迫使越来越多的子女回到父母身边。教育和住房成本高涨，如果不住在父母家，很多二十来岁的年轻人是担负不起的。

这些都是年轻人回归老巢被普遍接受的原因。另外还有一些不太明确和不太引人注意的原因，如一些家庭需要子女的陪伴，如果没有他们，家庭就无法维持下去；一些父母再次燃起了关心子女的欲念，因为他们不想面对自己空虚的生活。

* * *

我认识的一位女士有两个女儿，她们只是刚刚见到成功的曙光。她们的学习还能跟得上，但只能用勉强来形容。她们都有朋友，但不太多。她们离家单过了，但似乎总是缺钱，要不就是总让家人开车陪她们办事。两个女儿都找过很多工作，但都干不长。她们的母亲变得很沮丧，她觉得自己作为一位母亲很失败。

后来，其中一个女儿的情况似乎更糟糕了。她丢了工作，男友也分手了，而且因为拖欠了三个月的房租被房东赶了出来。她的母亲先是感到心烦，接着就是生气。母亲为女儿的问题感到难过，但对女儿的不负责任并不报以同情。不管怎样，女儿需要一个住的地方，于是她搬回了父母家。母亲的抱怨没有减少，但她的抑郁感却得到了缓解。很显然，女儿的回归让这个家庭趋于稳定。

在写这些劝诫性质的文字时，我突然回忆起一件已经被遗忘的事情。我的亲哥哥是一个成功的企业主管，也是一个顾家的男人，他一直让我尊敬和钦佩，他在二十五六岁的时候也回父母家生活了几个月，所以我是不是有些吹毛求疵了呢？可能有点儿，但我记得我哥哥回家是有具体原因的（他正在换工作，一段时间内没有收入）。这只是在特定的一段时间内发生的事，而且无论是他还是我们的父母对当时的情况都有清晰的判断。我认为问题的关键在于：你可以再次回家，但不可以回到童年时代。

* * *

当成年子女问是否可以搬回家住时，父母会谨慎地说："可以，但要具体情况具体分析。"在谈到谁对这件事负责的问题时，进入青春期的子女经常听到这种模棱两可的话。而当成年子女准备回家时，这种话就显得更加模糊不定。基于这种原因，就双方所期待的内容达成一致就显得尤为重要。

在成年子女回归父母家之前，父母一方最希望明确的是：收多少租金、支付时间与支付方式、期望孩子给家里帮什么忙，以及交通问题如何解决。或许最重要的议题是这个寄居的子女预计要待多长时间。条件太过刻板没有必要，但提出这个问题是希望子女能明白，回家寄居是有限制条件的。

大多数年轻人都对回家啃老持消极态度。对于自身处境已经很尴尬的他们，通常对任何形式的批评、建议或规定都很敏感，他们需要理解。离家生活未必能一蹴而就。一岁的宝宝蹒跚学步，两岁的宝宝牙牙学语，年轻人可能只有跌一两次跟头之后才能获得独立。

我认识的一位女士总能以某种方式避免卷入自己成年子女的问题中，她会倾听但不会感到过于焦虑或给出建议。当我问她如何巧妙运用这种诀窍时，她说："很简单，我只是假装他们是我朋友的子女。我同情他们，但不试图控制他们。"

心怀愧疚令某些父母很难拒绝子女的要求，不得不为子女付账单、收拾子女留下的烂摊子。父母永远担心自己做得不够好，他们会假设自己当初如果能做得更好，能多陪陪孩子，尽其所能，孩子最终会变得自立起来，最终的结果是皆大欢喜。荒谬！父母几乎没有完美的，但大多数父母都会尽最大努力。再说，假如你是一个并不完美的父母，纵容一个 23 岁的成年人就能让你变得完美吗？

* * *

当刚刚进入社会的子女遭遇挫折并回归家庭时，我们通常认为他们还不够稳重，或许他们还没有做好放飞的准备，或许他们依然需要从父母那里获取什么。

在困难的环境下如何为人父母呢？一位中年患者的经历给了我很多启发。她给我讲了下面这个故事。

她的女儿是一个试验品。你们都见过试车跑道吧，就是检验汽车是否能够真正承受碰撞和颠簸的跑道，业内称这种测试为稳定性测试（torture test）。这个女孩就是她父母的测试产品。作为一个处于青春期的女孩，她几乎遭遇了你所能想象到的各种问题：毒品、乱交、偷窃、恶意破坏、人身攻击……你懂的。她离家后，在 17 至 20 岁之间几度回家居住。

她给人的感觉是似乎永远长不大，但在 22 岁时，她开始变得相对独立起来。她的第一份工作做了一个多月，她不再频繁地给家里打电话，而当她打电话时，也不总是当她遇到什么麻烦时才向父母求援的电话。

这种稳定状态持续了大约六个月后，女儿打电话告诉母亲，她被辞退了，原因是她顶撞老板。这一年的 12 月，她已经计划好了好长时间，准备和男友去佛罗里达玩两周。她应该找一份新工作，还是搁置这次旅行，还是应当找一份新工作然后告诉父母她正在度假呢？抑或是应该按计划去旅游并等回来后再去找工作呢？她母亲说："亲爱的，我没有办法告诉你该怎么做。但我听着你确实想去旅游。你一直盼望着这次旅行，而你也为此努力工作了。所以，如果你想去的话，等回来后再去找工作吧。"

女儿听了非常兴奋。这正是她想听到的话。这也是她一直想听到的话："好好玩，你值得拥有。”

很多父母都热衷于告诉自己的孩子应该做什么，所以孩子很少听到他们非常渴望听到的话：他们的父母很爱他们，为他们骄傲，而他们也应善待自己。如果父母能够告诉孩子，他们为其感到骄傲，亲子关系就将得以完善。这样做会对孩子有所帮助，可以把他们从与父母绑定在一起的、令人懊恼的期望中解脱出来。当然，一些孩子很难让父母说出这些话来，他们经常把事情搞砸，并让父母头疼不已，所以似乎不太可能让父母说出爱他们以及他们很棒之类的话。可恰恰是那些总把事情搞得一团糟的孩子可能最需要听到这类话。

* * *

当其他人为我们的生活制造障碍时，我们祈求那些人能做出改变。如果他们多一点合作精神的话，我们就可能会感到轻松并友善地对待他们。如果我们的孩子勇于担当并负起责任，我们应当赞扬他们。如果我们的伴侣多一分体贴，我们就应当感激他们，而且还有可能给予答谢。不要等待！行动起来吧！